岩土多场多尺度力学丛书

多尺度岩石损伤力学

朱其志　著

科学出版社

北京

内 容 简 介

多尺度本构建模基于材料微细观尺度的结构特征和力学特性,旨在建立能够反映细观力学损伤和破坏机制的本构关系. 多尺度岩石损伤力学研究相较于传统的宏观唯象模型具有明显的优势,本构理论和工程应用方面的研究成果引起了国内外学者的广泛关注.

本书将复合材料细观力学的研究成果用于裂隙岩石非线性本构关系研究,围绕裂隙发展引起的材料力学性能劣化和裂隙摩擦滑移引起的非线性变形两种能量耗散机制,进行了深入系统的理论分析. 内容涉及裂隙岩石有效弹性特性、裂隙单边接触效应、岩石衍生型各向异性、损伤摩擦耦合行为、细观力学强度准则、应力应变方程解析解、水力耦合本构关系、时效损伤与变形、强耦合问题数值算法和程序研制等.

本书可作为高等院校和科研院所相关专业研究生的学习用书,也可为固体材料本构关系研究提供一定的参考.

图书在版编目(CIP)数据

多尺度岩石损伤力学/朱其志著. —北京: 科学出版社, 2019.3
(岩土多场多尺度力学丛书)
ISBN 978-7-03-060689-1

Ⅰ. ①多… Ⅱ. ①朱… Ⅲ. ①岩石力学–损伤(力学)–研究 Ⅳ. ①TU45

中国版本图书馆 CIP 数据核字 (2019) 第 039328 号

责任编辑: 惠 雪 高慧元 / 责任校对: 彭 涛
责任印制: 赵 博 / 封面设计: 许 瑞

科学出版社 出版
北京东黄城根北街 16 号
邮政编码: 100717
http://www.sciencep.com

北京厚诚则铭印刷科技有限公司印刷
科学出版社发行 各地新华书店经销
*
2019 年 3 月第 一 版 开本: 720×1000 1/16
2024 年 4 月第六次印刷 印张: 14 3/4
字数: 300 000
定价: 119.00 元
(如有印装质量问题, 我社负责调换)

"岩土多场多尺度力学丛书" 序

　　为了适应我国社会、经济与科技的快速发展, 深部石油、煤炭和天然气等资源的开采, 水电工程 300m 级高坝、深埋隧洞的建设, 高放核废料的深地处置、高能物理的深部探测等一系列关乎国计民生、经济命脉和科技制高点的重大基础设施建设正紧锣密鼓地开展. 随着埋深的增大, 岩土工程建设中的多场 (地应力、动载、渗流、温度、化学条件等) 耦合效应与多尺度 (微观、细观、宏观及工程尺度) 特性更加突出和复杂. 例如, 天然岩体是完整岩石与不同尺度的节理/裂隙等不连续系统组成的复合介质, 具有非均匀性、非连续性、非弹性等特性, 其力学行为具有显著的多尺度特性. 岩石的微观结构、微裂纹之间的相互作用、孔隙和矿物夹杂均影响着岩石细观裂隙系统的演化, 而裂隙的扩展和贯通与宏观上岩石的损伤和破坏密切相关, 也决定了工程尺度上的岩体稳定性与结构安全性. 因此, 研究岩土多尺度力学特性不仅对岩土工程建设至关重要, 同时可以促进岩土力学研究向理论化与定量化方向发展. 近年来, 岩土微观与细观实验技术与几何描述方法、细观力学损伤模拟方法、从细观到宏观的损伤模拟方法等细-宏观等效研究方法已基本确立了细观到宏观尺度上的沟通桥梁. 但这还不够, 建立微观-细观-宏观-工程尺度上系统的分析方法才能全面地处理好工程建设中复杂的岩土力学问题. 大型岩土工程建设还普遍涉及复杂赋存环境下岩土体的应力和变形、地下水和其他流体在岩土介质中的运动、地温及化学效应直接或间接的相互作用及相互影响. 以岩土渗流与变形耦合作用为例, 渗流是导致岩土介质及工程构筑物发生变形和破坏的重要诱因, 国内外因渗控系统失效导致的水库渗漏、大坝失稳与溃决、隧洞突涌水等工程事故屡见不鲜. 渗透特性具有非均匀性、各向异性、多尺度特性和演化特性等基本特征, 揭示岩土体渗流特性的时空演化规律是岩土体渗流分析的基础, 也是岩土工程渗流控制的关键问题. 因此, 对于处于复杂地质条件和工程环境中的岩土体, 揭示其多场耦合条件下多尺度变形破坏机理、流体运移特征、结构稳定性状态及其演化规律是保证岩土工程安全建设与运行的重中之重.

　　近年来, 岩土多场多尺度力学研究领域成果丰富, 汇聚了 973、863、国家自然科学基金项目以及其他重大科技项目的科研成果, 试验和理论研究成果也被进一步广泛应用于重大水利水电工程、核废料处置工程及其他工程领域中,取得了显著的社会效益和经济效益. 在此过程中,我们也欣喜地看到,岩土多尺度、多场耦合理论体系在与工程地质、固体力学、流体力学、化学与环境、工程技术、计算机技术、材料科学、测绘与遥感技术、理论物理学等多学科不断融合的基础上日趋完善. 更振奋人心的是,越来越多的中青年学者不断投身其中,推动该研究领域呈现出生机勃勃的发展态势."岩土多场多尺度力学丛书"旨在推介和出版上述领域的相关科研成果,推进岩土多场多尺度力学理论体系不断发展和完善,值得期待!

"岩土多场多尺度力学丛书"涉及近年来在该领域取得的创新性研究成果,包括岩土力学多场多尺度耦合基础理论、多场多尺度岩土力学数值计算方法及工程应用、岩土材料微观细观宏观多尺度物理力学性能研究、岩土材料在多场耦合条件下的理论模型、岩土工程多场耦合计算分析研究、多场耦合环境下岩土力学试验技术与方法研究、复杂岩土工程在多场耦合条件下的变形机制分析以及多尺度、多场耦合环境下的灾害机制分析等方面的内容.

相信在"岩土多场多尺度力学丛书"的各位编委和全体作者的共同努力下,这套丛书能够不断推动岩土力学多场耦合和多尺度分析理论和方法的完善,全面、系统地为我国重大岩土工程解决"疑难杂症".

2018 年 11 月

前　　言

作为天然非均质材料,岩石有其细观结构特征和局部力学特性,而复杂地质环境必然赋予岩体复杂多场耦合行为.在构建岩石本构关系时,我们总是希望能够更多地考虑岩石作为固体材料的本质特性,用最少的方程体现尽可能多的材料损伤和变形机理、破坏机制和多场耦合过程,总是希望本构方程包含尽可能少的模型参数,数值程序研制简单、收敛性好.多尺度岩石损伤力学研究通过理性方式回应上述期待,已有成果令人鼓舞,前景可期.

在法国高等教育与科研部的资助下,作者有幸以准脆性材料细观损伤力学为博士研究课题,并走上学术之路.十多年来,虽受限于专业背景、知识结构和个人能力,却也潜心研究,笔耕不辍.然研究体会日深,前行难度愈大,迫切期待更多的青年同行关注和从事岩石多尺度本构关系研究.将现有成果加以整理和介绍不失为一个好的方法,于是便成此拙著.

全书分为三篇,内容衔接紧凑.第一篇介绍张量运算、不可逆热力学原理、连续损伤力学理论等基础知识;第二篇介绍基于均匀化方法的各向异性岩石损伤本构理论,涉及衍生各向异性、单边接触效应、损伤摩擦耦合分析、细观力学强度准则、水力耦合效应等岩石力学本构研究的基本内容;第三篇介绍各向同性简化下的塑性损伤耦合分析,涉及本构方程解析解、收敛数值算法、强度准则、时效变形和损伤等.

全书内容围绕岩石裂隙扩展这一关键科学问题,写作过程遵循以下原则.

(1) 理论严谨.尽可能完整地介绍多尺度各向异性损伤本构关系的构建过程,以张量为基本工具,理论推导力求简洁,避免大量使用数值模拟算例.

(2) 机理明确.用细观力学方法研究岩石力学问题,充分体现岩石非线性变形、渐进损伤和破坏过程涉及的主要力学机理和机制,避免追求拟合效果而随意引入经验公式.

(3) 框架统一.将非均质材料均匀化方法与基于内变量的不可逆热力学原理相结合,在同一理论框架下研究裂隙损伤问题、闭合裂隙摩擦滑移问题、水力耦合问题以及瞬时损伤和时效损伤行为,为进一步开展热力耦合和热水力三场耦合研究奠定基础.

　　本书涉及的研究工作得到了法国高等教育与科研部博士研究基金项目、中国国家自然科学基金青年项目 (11202063) 和面上项目 (51679068)、国家"青年千人计划"和江苏省"双创计划"等项目的支持. 法国里尔大学邵建富特级教授与法国皮埃尔和玛丽·居里大学 (巴黎第六大学)Djimédo Kondo 教授给予了作者长期的关心和指导,博士研究生赵伦洋参加了近期研究工作,博士研究生尤涛对书中的部分插图进行了文字处理,河海大学岩土工程学科对本书的出版提供了经费支持,在此一并表示衷心的感谢. 同时,对科学出版社有关编辑的辛勤付出,对在写作过程中参考的国内外文献作者一并表示感谢. 特别感谢家人和朋友在本人的学习、工作中长期给予的关心和支持,对在成书过程中对孩子的疏于陪伴深感歉意.

　　岩石力学、连续损伤力学和复合材料力学等领域的研究内容非常丰富,限于作者的学识和水平,书中难免存在疏漏之处,恳请读者和学界同行不吝指出.

作　者

2018 年 9 月于南京清凉山麓

目　　录

第二篇 裂隙岩石细观损伤力学

第三篇　各向同性塑性损伤耦合分析

参数符号表

第一类： **张量及其运算符号**

a 标量

$\boldsymbol{a}$ 向量，即一阶张量

$\boldsymbol{e}_i, i = 1, 2, 3$ 笛卡儿坐标系中的单位向量基

$\boldsymbol{A}$ 二阶张量

$\mathrm{tr}(\boldsymbol{A})$ 二阶张量 $\boldsymbol{A}$ 的迹

$\boldsymbol{A}^{-1}$ 表示张量 $\boldsymbol{A}$ 求逆

$\mathbb{A}$ 四阶张量

$\mathbb{E}^i, i = 1, 2, \cdots, 6$ Walpole 四阶方向张量基

$\cdot$ 张量间的点积

$:$ 张量间的双重点积或双点积

$\otimes$ 张量积 (tensor product) 或并矢积 (dyadic product)

$\otimes^s$ 对称化张量积

$\boldsymbol{\delta}$ $\delta_{ij} = \boldsymbol{e}_i \cdot \boldsymbol{e}_j$ 表示二阶对称单位张量，也称为置换张量

$\mathbb{I}$ $I_{ijkl} = \dfrac{1}{2} \left(\delta_{ik}\delta_{jl} + \delta_{il}\delta_{jk} \right)$ 四阶对称单位张量

$\mathbb{J}$ $= \dfrac{1}{3} \delta_{ij}\delta_{kl}$

$\mathbb{K}$ $= \mathbb{I} - \mathbb{J}$，四阶各向同性张量算子

$(\boldsymbol{a} \otimes \boldsymbol{b})_{ij}$ $= a_i b_j$

$(\boldsymbol{a} \otimes^s \boldsymbol{b})_{ij}$ $= \dfrac{1}{2} \left(a_i b_j + a_j b_i \right)$

$(\mathbb{A} : \boldsymbol{B})_{ij}$ $= A_{ijkl} B_{kl}$

第二类： **适用于各个章节的变量**

$\boldsymbol{n}$ 单位方向向量

$\boldsymbol{u}$ 位移向量

$\boldsymbol{\varepsilon}$ 宏观应变张量

ε_1、ε_2 和 ε_3	分别为大主应变、中间主应变和小主应变
$\boldsymbol{\varepsilon}^e$	宏观弹性应变张量
$\boldsymbol{\varepsilon}^p$	宏观塑性应变 (非弹性应变) 张量
$\boldsymbol{\sigma}$	宏观应力张量
σ_1、σ_2 和 σ_3	分别表示大主应力、中间主应力和小主应力
d	各向同性标量损伤变量
$\boldsymbol{s}$	$= \boldsymbol{\sigma} : \mathbb{K}$ 表示应力偏张量
p	$= \boldsymbol{\sigma} : \boldsymbol{\delta}/3$ 表示平均应力，并且 $p\boldsymbol{\delta} = \boldsymbol{\sigma} : \mathbb{J}$ 表示应力球张量
$\mathbb{C}^0$	岩石基质的四阶弹性张量
$\mathbb{S}^0$	$= (\mathbb{C}^0)^{-1}$ 岩石基质的四阶柔度张量
E_0	各向同性岩石基质的杨氏模量
ν_0	各向同性岩石基质的泊松比
μ_0	各向同性岩石基质的剪切模量
k_0	各向同性岩石基质的体积压缩模量
Ψ	应变自由能
Ψ^*	吉布斯自由能 (Gibbs free energy)
ψ	水力耦合系统的热力学势
F_d	与损伤变量 d 关联的热力学力，也称为损伤驱动力
$R(d)$	损伤抗力函数
$\mathbb{C}^{\mathrm{tan}}$	基于率形式应力应变关系的剪切弹性张量
$\boldsymbol{\sigma}^p$	与 $\boldsymbol{\varepsilon}^p$ 关联的热力学力，即作用在裂隙处的局部应力
λ^p	塑性乘子
Λ^p	累积塑性乘子
$\boldsymbol{b}$	二阶 Biot 系数张量
λ^d	损伤乘子
p_w	孔隙水压力
ϕ	特征单元体的孔隙率
ϕ_0	特征单元体的初始孔隙率
$\boldsymbol{q}$	热流矢量

第三类：　与特征单元体有关的变量

$\mathbb{C}^{\mathrm{hom}}$	特征单元体的有效弹性张量

$\mathbb{S}^{hom}$	特征单元体的有效柔度张量
$\epsilon(\boldsymbol{x})$	特征单元体内的局部应变 (应变场)
$\boldsymbol{\sigma}(\boldsymbol{x})$	特征单元体内的局部应力 (应力场)
k^{hom}	特征单元体的有效压缩模量
μ^{hom}	特征单元体的有效剪切模量
$\bar{\varepsilon}$	局部应变在特征单元体上的体积平均值
$\bar{\sigma}$	局部应力在特征单元体上的体积平均值
$\mathbb{S}_e$	四阶 Eshelby 张量
$\mathbb{P}_e$	四阶 Hill 张量

第四类：　与第 i 族裂隙相关的变量

d_i	第 i 族裂隙的损伤变量
φ_i	第 i 族裂隙占有空间的体积比率
$\epsilon^{c,i}$	第 i 族裂隙引起的非弹性应变
$\mathbb{C}^{c,i}$	特征单元体中第 i 夹杂相的弹性张量
$\lambda^{c,i}$	第 i 族闭合裂隙的塑性乘子
$\lambda^{d,i}$	第 i 族裂隙的损伤乘子
β	裂隙面相对开度
γ	裂隙面相对滑移向量
$\mathcal{N}$	单位体积内一个裂隙族中的裂隙数量

第五类：　模量参数和中间变量

$\mathbb{C}^p$	各向同性塑性损伤模型中的强化软化模量
r_c	临界 (最大) 损伤抗力
d_c	临界损伤值
α	裂隙面摩擦系数
η	裂隙固体的等效摩擦系数
γ	描述亚临界裂隙扩展速度的参数
c_n	$=\dfrac{3E_0}{16(1-\nu_0^2)}$
c_t	$=c_n(2-\nu_0)$

第1章

绪　　论

1.1　岩石基本力学特性

1.2　裂隙岩石宏观行为的细观力学机理

1.3　多尺度岩石损伤力学研究进展

1.4　本书的主要内容

对力学现象和损伤破坏机制的认识和理解是材料本构关系研究的基础. 本章简要综述岩石的基本力学特性、微裂隙存在及其扩展对岩石力学行为的影响规律、岩石损伤力学本构模型的发展现状, 分析岩石的损伤破坏与微裂隙扩展、连接和贯通过程的联系, 重点关注衍生型各向异性以及与裂隙面张开/闭合有关的单边效应及其对岩石力学行为的影响.

1.1　岩石基本力学特性

岩石是天然非均质材料. 由于矿物成分、成因、形成年代、地质演化历史等的不同, 各类岩石的力学特性差异较大. 开展室内试验和建立本构关系是研究岩石力学行为的基本手段. 室内试验目前仍是认识和理解岩石基本力学行为的主要方式, 常用的静力学试验包括单轴拉伸试验、常规三轴压缩试验、真三轴压缩试验、岩石流变力学试验, 以及水–热–力学两场或三场耦合试验等, 下面作简要介绍.

1.1.1　单轴拉伸试验

在单轴拉伸作用下, 岩石通常表现出脆性特征, 体现在没有明显征兆的突然破坏 (发生破坏时的非弹性变形很小) 以及峰后应力的快速跌落上. 在直接拉伸试验中, 标准岩石试样的破坏面近似垂直于加载方向, 也就是说, 表面垂直于加载方向的原生微缺陷得到优先发展, 引起材料损伤和破坏. 在单轴拉伸作用下, 通常是裂尖区域的张拉应力首先达到临界应力 (应力强度因子达到其临界值), 引起裂隙扩展, 破坏类型为张拉破坏[1].

1.1.2　常规三轴压缩试验

室内常规三轴压缩试验是使用最为广泛的试验类型[2], 其加载过程一般分为两个阶段: 首先在轴向和环向同步施加围压, 然后在轴向施加偏应力 (定义为轴向应力与环向应力的差值) 直至岩石破坏. 岩石常规三轴压缩试验得到的应力应变曲线具有明显的非线性特征, 并且大体上可以分为五个阶段: 初始非线性段、线弹性段、峰前非线性段 (应变强化)、峰后应变软化段以及残余应力段. 与金属材料不同, 岩石材料的力学响应具有较强的围压依赖性. 单轴压缩时脆性较为明显, 当围压增大时, 岩石强度逐渐增大, 峰后应变软化速度减缓, 中等孔隙度岩石常出现脆–延转变力学现象. 另外, 岩石受压强度和受拉强度的比值往往在 10 以上, 并且不同种类岩石的压拉强度比差异较大.

通过加卸载循环实验可以捕捉到岩石轴向和环向杨氏模量的演化过程, 从而观察到衍生型材料各向异性力学行为 (图 1.1). 在完整卸载时, 在轴向和环向均会出现不可恢复变形, 本构理论研究通常将此类不可恢复变形用塑性应变来描述. 另外, 当岩石的脆性特征比较明显时, 在常规三轴压缩试验的应变软化阶段可能会出现包含应变回弹的 II 类应力应变曲线[3, 4].

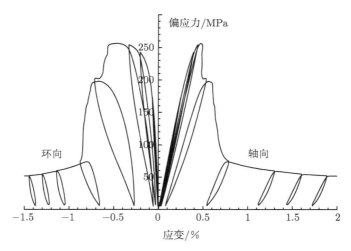

图 1.1 脆性岩石典型应力应变曲线: 以 10MPa 围压下的常规三轴压缩试验为例

图片来源: 赵星光等[5]

1.1.3 真三轴压缩试验

在真实地应力场中, 岩石通常处于真三轴应力状态, 也就是说, 地质体任一点的三个应力主值是不一样的 ($\sigma_1 > \sigma_2 > \sigma_3$), 现有研究表明中间主应力 σ_2 对岩石力学行为的影响不可忽略. 在常规三轴压缩试验中, 中间主应力和小主应力总是相等的, 因而无法准确反映岩体工程真实的地应力状态. 若想全面认识和理解岩石的力学特性, 单靠常规三轴压缩试验是不够的.

为了研究岩石在真三轴应力条件下的力学行为, 真三轴压缩试验设备被研发出来[6, 7], 用于测试的岩石试样一般为正方体或者长方体. 在试验时, 首先在岩石试样的三个主应力方向 (六个面) 施加预设的围压 p_0, 因此第一步加载结束时的应力状态为 $\sigma_1 = \sigma_2 = \sigma_3 = p_0$; 第二步, 保持小主应力面上的应力不变, 在其他两个方向同步施加偏应力, 直至达到中间主应力值 σ_2; 第三步, 在大主应力方向继续施加偏应力, 直至试样破坏.

图 1.2 给出了典型的真三轴压缩试验曲线[6]. 试样为美国 Westerly 花岗岩, 设定的小应力值 σ_3 为 60MPa, 中间主应力值 σ_2 为 180MPa. 三个主应力方向的应力应变曲线均表现出非线性特征, 中间主应力方向的非线性力学行为表明中间主应力对岩石整体的力学行为的影响不可忽视, 这一点在破坏面包线上得到了充分体现.

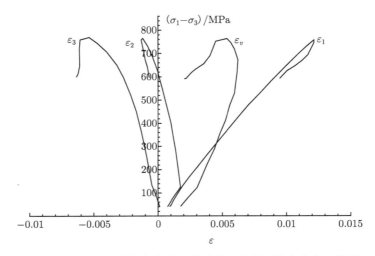

图 1.2   Westerly 花岗岩在真三轴压应力条件下的应力应变曲线

试验中, 首先将三个主应力同步增加至 60MPa, 然后保持 σ_3 不变, 将 σ_1 和 σ_2 同步增加至 180MPa, 最后保持 $\sigma_2 = 180$MPa 和 $\sigma_3 = 60$MPa 不变, 逐渐增加大主应力 σ_1, 直至岩石破坏进入软化阶段. ε_1、ε_2 和 ε_3 是分别对应于大主应力 σ_1、中间主应力 σ_2 和小主应力 σ_3 的主应变, ε_v 表示体积应变. 图片来源: Haimson 和 Chang[6]

1.1.4   岩石流变力学试验

岩石流变力学试验有两种常见的加载路径, 一种是蠕变试验, 另一种是松弛试验. 在蠕变试验中, 岩石试样的应力状态保持不变, 测量应变随时间的变化过程. 典型的蠕变曲线分为三个阶段: 初期蠕变或暂时蠕变, 二次蠕变或稳定蠕变, 加速蠕变或第三期蠕变, 最终材料破坏. 松弛曲线一般存在初期松弛和稳定松弛两个阶段. 不同类型岩石时效变形的细观力学机理不一样, 花岗岩等脆性岩石的流变变形与亚临界裂隙扩展有关, 而软岩的时效变形主要与黏塑性变形有关.

1.1.5 岩石水力耦合行为

  裂隙岩石内部孔隙水压力与应力的耦合作用受到学术界和工程界的广泛重视. 一方面, 在岩石破坏过程中, 应力引起的非线性变形会改变孔隙的大小和连通程度, 从而影响裂隙岩石的水力特性; 另一方面, 孔隙水压力的存在会引起水岩系统有效应力的降低, 导致岩石强度的降低, 高孔压作用甚至会诱发材料提前发生脆性破坏. 国内外学者对岩石 (体) 水力耦合行为做了大量的试验研究. Khazraei[8] 针对饱和砂岩开展了不同围压下的不排水三轴压缩试验, 获得了图 1.3 所示的典型的力学响应和孔隙水压力变化曲线. 结果表明, 在不排水条件下, 加载过程中孔隙水压力先增大后减小, 这一趋势与岩样的体积变形一致. Dropek 等[9] 以及 Green 和 Wang[10] 的研究也表明岩样体积膨胀会导致试样中孔隙水压力的降低. 根据有效应力原理, 孔隙水压力的减小引起有效应力的增加, 这种现象被称为"膨胀强化".

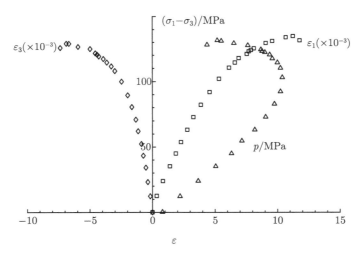

图 1.3 饱和三轴砂岩不排水压缩试验中的力学响应与孔隙水压力的变化

图片来源: Khazraei[8]

  为了研究不同损伤程度的岩石在孔隙水压力作用下的变形行为, Shao[11] 创新了水力耦合试验方法: 首先, 对饱和试样进行三轴压缩加载直到材料达到一定程度的损伤 (一定的偏应力水平); 然后, 保持外部宏观应力不变, 向试样内部注水逐渐增大孔隙水压力, 记录试验过程中轴向和侧向应变, 获得了不同偏应力条件下砂岩应变随孔隙水压力的变化曲线, 如图 1.4 所示. 从图中可以看出, 微裂隙越发展 (对应于更高的偏应力水平和损伤程度), 孔隙水压力对材料变形的影响越大, 并且侧向应变的增加明显大于轴向应变.

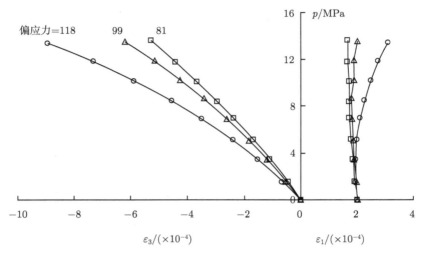

图 1.4   不同偏应力下砂岩应变随孔隙水压力的变化

图片来源: Shao[11]

1.2   裂隙岩石宏观行为的细观力学机理

岩石内部存在大量的任意分布的原生微裂隙, 如图 1.5 所示[12]. 岩石损伤破坏过程中的现象和行为有其内在的细观力学机理. 很多学者探讨了微裂隙的存在和扩展对岩石宏观力学行为的影响, 如 Paterson[13] 以及 Simmons 和 Richter[14]. Bieniawski[15] 首先开展试验研究来定性描述压应力条件下的岩石宏观行为与细观力学过程之间的关系. 20 世纪 70 年代以后, 受益于微细观光学观测技术的进步, 更为精准的图像处理技术得以广泛应用[16, 17]. Tapponnier 和 Brace[18] 以及 Wong[19] 把电子显微扫描技术运用于岩石力学研究. 关于微裂隙对岩石力学特性影响的早期研究成果可以参考文献 [13] 和 [20].

对脆性、准脆性岩石来说, 可以将室内力学试验观察到的主要现象与微裂隙扩展有关的细观力学机理建立起广泛的联系, 这里主要讨论以下几个方面内容.

(1) 非线性力学响应. 该响应主要是由原生裂隙扩展和新裂隙萌生以及它们的

贯通和连接过程的不同阶段决定的[21, 22]. 例如, 在常规三轴压缩试验中, 在初始压密阶段, 全部或部分原生微裂隙逐渐闭合, 应力应变曲线呈凹形, 切线斜率随之增大, 轴向杨氏模量相应增大, 这是裂隙单边效应的体现; 第二阶段近似为线弹性, 原生微裂隙基本闭合, 宏观杨氏模量达到稳定值, 同时没有新的微裂隙萌生; 第三阶段, 局部剪应力逐渐增大, 破坏了裂隙面的受力平衡, 裂隙开始扩展, 并有少量新的裂隙萌生, 此时裂隙处于稳态发展阶段, 岩石没有破坏风险; 随着裂隙进一步扩展, 出现裂隙间的相互连接, 在应力峰值附近, 微裂隙在一个或几个区域出现局部化现象, 导致宏观裂隙的形成和岩石的破坏, 这一阶段通常称为峰前强化阶段; 第四阶段, 应力应变曲线进入峰后应变软化阶段, 损伤加速发展, 裂隙进一步发展并局部化为明显的剪切滑移面; 第五阶段, 随着剪切滑移面的完全成形, 岩石进入残余应力阶段, 残余应力水平与裂隙面的有效摩擦系数有关.

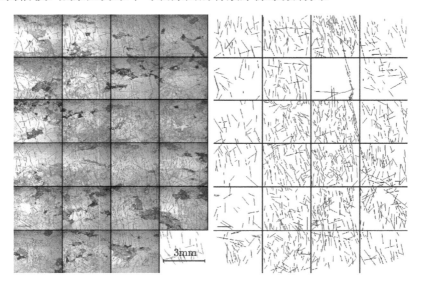

图 1.5 Vienne 花岗闪长岩的细观裂隙分布图

图片来源: Hoxha 等[12]

(2) 衍生型材料各向异性. 在外部荷载作用下, 裂隙发展在空间上并不是均匀的, 总是某些特定方向的裂隙得到优先发展, 并最终引起岩石破坏. 例如, 在直接拉伸试验中, 在单轴拉应力作用下, 裂隙面近似垂直于受拉方向的裂隙发展较快, 且裂隙扩展一旦启动, 很快进入失稳阶段, 贯穿岩样并引起脆性破坏. 在压应力状态下, 微裂隙先是进入稳态发展阶段, 随后在关键裂隙面得到优先发展, 裂隙连接贯通并引起材料破坏. 裂隙在空间上的不均匀发展导致岩石在宏观上表现出各向异性行为, 这种衍生型材料各向异性可以通过超声波波速测量等手段来确定[23]. 在本构关系研究中, 一般通过引入高阶变量或方向离散变量来实现对衍生各向异性的描述.

(3) 围压效应. 作为一种黏结摩擦材料, 岩石类材料区别于金属材料的一个重要特征, 在于其力学响应对围压的强依赖性. 对花岗岩等脆性硬岩, 围压对宏观力学行为的影响是通过作用在裂隙面的局部法向压应力来体现的, 法向压应力直接影响闭合裂隙摩擦滑移的启动和演化过程. 围压越大, 作用在裂隙面法向的压应力越大, 剪切滑移也就越不容易发生, 局部损伤演化和塑性流动受到抑制. 宏观上, 围压越大, 破坏应力越高, 峰值强度对应的变形也越大, 数学描述和模拟与围压有关的力学行为是岩石本构关系研究的基本任务之一.

(4) 受压受拉强度不对称. 岩石单轴受压强度和单轴受拉强度的差异非常大, 压拉强度的比值往往在 10 以上, 这是岩石类材料区别于金属材料的另一个重要特征. 压拉强度比与岩石的固有力学参数密切相关, 岩石压拉强度不对称主要与受压和受拉破坏模式的不同有关. 在拉伸情况下, 裂隙处于张开状态, 岩石破坏是一种张拉或拉剪破坏类型; 而在压应力作用下, 岩石一般表现为压剪破坏, 由于局部法向压应力的存在, 摩擦滑移启动和裂隙扩展比拉伸情况要晚得多, 裂隙扩展过程也更为复杂[24].

(5) 体积膨胀现象, 也称为剪胀现象. 在以压应力为主的加载条件下, 岩石在偏应力作用下的破坏过程往往伴随体积膨胀现象, 这主要与不光滑裂隙面和裂隙尖端翼型裂隙在剪切滑移时引起的法向位移不连续有关. 体积膨胀的程度依赖于裂隙面法向应力水平. 在常规三轴压缩试验中, 当围压水平较低时, 体积膨胀的程度较大; 当围压超过一定水平时, 裂隙摩擦滑移引起的局部剪胀受到抑制, 甚至不出现宏观体积膨胀现象.

(6) 单边效应. 与张开裂隙/闭合过程有关的力学行为或现象, 称为单边效应. 作为分散在岩石基质中的不连续体, 裂隙存在张开和闭合两种几何状态. 容易知道, 张开裂隙和闭合裂隙对岩石有效力学特性的影响是不一样的. 例如, 考虑岩石基质仅包含一族光滑平面裂隙的理想情况, 当裂隙完全闭合时, 裂隙面法向方向的杨氏模量将完全恢复 (剪切模量不变), 弹性张量发生跳跃, 但是应力、应变和自由能等状态变量保持连续. 数学描述单边效应及衍生各向异性是准脆性材料连续损伤理论研究的热点和难点.

(7) 孔隙水压力效应. 孔隙水压力是水利水电工程、石油储备库工程、深部岩体工程等需要考虑的重要环境因素. 孔隙水压力的影响在于改变作用在裂隙面上的局部应力 (Terzaghi 有效应力原理), 而其对宏观力学行为的影响是通过有效应力实现的, 裂隙岩石的水力耦合行为可以通过孔隙介质力学来研究. 问题的复杂性体现在裂隙岩石的渗透特性与力学行为存在强耦合关系, 孔隙水压力的存在能够诱发、促进裂隙的进一步发展, 而裂隙发展同时改变岩石的水力学特性, 有利于形成物质运移通道, 从而显著影响涉水岩体工程的长期稳定性.

(8) 强化软化行为. 对于张开裂隙情况, 岩石强化/软化对应裂隙扩展的不同阶段; 而对于闭合裂隙情况, 由于存在裂隙扩展和滑动摩擦两种主要的能量耗散方式, 岩石的强化/软化过程是裂隙发展引起的软化和滑动摩擦引起的强化之间相互竞争的结果. 岩石破坏不代表其抵抗外力能力的完全消失, 无论从力学行为描述的完整性还是从数值模拟的精细化来讲, 考虑岩石应力峰后的软化阶段都是很有必要的.

综上, 脆性、准脆性岩石室内试验观察到的主要力学现象与微裂隙及其扩展有关的细观力学机理关系密切, 可以归因于两种完全不同而又相互耦合的能量耗散过程, 即裂隙扩展引起的材料损伤和摩擦滑移引起的非弹性变形. 建立理论上统一、数学上协调的本构关系, 为岩体工程结构分析提供基本且必需的材料输入, 是岩石损伤力学的基本任务.

1.3 多尺度岩石损伤力学研究进展

1.3.1 损伤力学及其发展简史

固体材料内部存在的微孔洞、微裂隙、位错、夹杂等原生微缺陷以及外部荷载作用或温度、孔压等环境因素变化引起的衍生型缺陷统称为损伤. 连续损伤力学 (continuum damage mechanics, CDM) 研究由外部荷载作用或环境因素变化引起的材料内部缺陷的萌生、扩展、连接和贯通, 以及在此过程中材料力学性能的劣化直至最终破坏的非线性力学行为. 在热力学理论中, 损伤演化被认为是不可逆的能量耗散过程. 岩石是天然非均质材料, 在工程扰动和地质环境变动下易于出现裂隙等不连续面, 损伤力学被认为是研究裂隙岩石损伤力学行为的合适的理论工具. 对花岗岩等脆性岩石来说, 损伤力学着重研究裂隙扩展对岩石宏观力学行为的影响规律及其对渗透性等物理特性的改变过程.

材料 "损伤" 的概念可以追溯到 1958 年 Kachanov[25] 在研究金属蠕变断裂行为时提出的称为 "continuity" (连续性因子) 的场变量 ψ, 其后 $D = 1 - \psi$ 作为热力学意义上的内变量被引入材料力学研究. Rabotnov[26] 于 1969 年提出有效应力的概念. 在 20 世纪 80 年代, 基于热力学原理和细观力学方法, 逐渐建立起了较为严格的连续损伤理论. 1980 年国际理论与应用力学联盟 (IUTAM) 在美国辛辛那提举办的 "连续介质力学对材料损伤与寿命预测" 讨论班, 以及 1981 年由让·勒梅特 (Jean Lemaitre) 教授在巴黎近郊的卡尚高等师范学校举办的 "损伤力学" 讨论会有力地推动了损伤力学的发展. 有趣的是, 据勒梅特教授回忆, 损伤力学作为课程的第一次授课是在华中科技大学 (1983 年). 1992 年, 勒梅特教授出版专著 *A Course on Damage Mechanics*[27], 系统介绍了损伤力学的理论研究成果, 包括损伤力学的基本概念、基本理论和损伤模型在金属材料中的应用等. 一般认为, Dougill 等[28] 最早将损伤力学用于类岩石材料渐进破坏和应变软化力学行为的研究, Dragon 和 Mroz[29] 研究了裂隙扩展引起的位移不连续, 并注意到了准脆性材料损伤过程中杨氏模量的劣化现象和应变软化行为.

在国内学术界, 1982 年李灏教授在中国力学学会作过题为 "损伤力学与断裂" 的学术报告; 黄克智教授编写了《损伤与断裂讲义》. 1985 年 12 月召开了第一届全国损伤力学学术讨论会, 1988 年 5 月召开了全国断裂与损伤研讨会. 1990 年谢和平[30] 出版《岩石混凝土损伤力学》, 冯西桥和余寿文开展了准脆性材料宏细观损伤力学研究[31]. 郑泉水和杨强在损伤力学张量表示理论方面取得了大量的研究成果.

21 世纪以来, 材料科学、非线性连续介质力学、细观力学、计算力学等学科的快速发展进一步丰富了连续损伤力学研究的内容和内含[32]. 损伤力学目前仍处于发展完善阶段, 对不同类型材料损伤机理的认识和模拟还有待深入, 损伤演化准则的理论研究进展缓慢, 至今缺乏有效的理论工具.

1.3.2   细观损伤力学研究进展

非均质材料多尺度研究方法可以充分考虑材料的细观结构信息 (组分的体积比率, 夹杂体的几何形状、数量、尺寸和空间分布及其在加载过程中的演化过程) 和

局部材料特性 (各组分的弹性特性、损伤、摩擦、渗透特性、传导特性等), 在必要的和合理的简化下, 通过严格的数学推导建立材料宏观本构关系. 在这方面, Eshelby 夹杂问题解[33] 目前仍是研究非均质复合材料有效行为的基石. Eshelby 严格证明了无限大各向同性固体基质中单一等效夹杂体内的应变场是均匀的, 并给出了这一均匀应变与宏观应变之间的关系. 其后, 针对不同类型的夹杂体问题, 学者提出了多种估算材料有效力学和物理特性的均匀化方法, 见综述性文献[34]~[38]. 对于裂隙问题, 解决方法主要有直接基于 Eshelby 夹杂问题解的稀疏法、Mori-Tanaka 方法[39, 40]、自洽方法[41, 42]、微分法[43]、Ponte-Castaneda-Willis 方法[44], 以及我国学者郑泉水等提出的相互作用直推法 (IDD)[45]. 下面介绍裂隙岩石细观损伤力学的主要研究成果.

1. 有效弹性张量

在固体力学领域, Bristow 在 1960 年首先开展了估算固体有效弹性行为的研究[46]. 在岩石力学界, Walsh 根据 Voigt 模型和 Reuss 模型研究了裂隙对岩石弹性常数的影响规律[47, 48], 在理论推导过程中利用了无裂隙间相互作用和裂隙面方向任意分布的假设, 并把裂隙密度作为控制有效弹性常数的关键变量. 随后, 无相互作用近似 (non interaction approximation, NIA) 在研究裂隙固体有效弹性行为方面得到了广泛应用. 几乎是同一时期, Kachanov[49-51] 和 Schoenberg 等[52, 53] 建立了推导裂隙岩石有效柔度张量的理论模型, Hudson[54] 提出了以幂级数表示的裂隙固体的有效弹性张量表达式.

受益于复合材料力学的发展, 基于均匀化理论的多尺度方法在研究非均质材料有效弹性行为方面不断取得研究进展, 该方法着重于建立固体有效弹性常数 (如体积压缩模量和剪切模量) 与组分体积比率之间的解析关系[40,43-45,50,51,55-60] 以及上下界问题[61-63]. 对于裂隙问题, 主要研究在张开裂隙情况下特征单元体的有效弹性张量或有效柔度张量[35, 51]. 然而, 我们知道, 岩体工程一般处于压应力地质条件, 即便是在人类活动产生的损伤扰动区, 闭合摩擦裂隙也占有较大的比重, 因此仅仅考虑张开裂隙扩展对岩石力学行为的影响是远远不够的.

2. 裂隙间相互作用与衍生各向异性

在非均质复合材料研究中, 不少学者关注夹杂体间的相互作用对材料有效力学特性的影响[44,64-67]. Grechka 和 Kachanov 利用有限元方法分析了含多族裂隙固体的变形行为, 他们发现裂隙间的相互作用和相互交叉对裂隙材料宏观力学特性的影响很小, 无相互作用近似在描述裂隙固体力学特性方面具有很强的适用性[68]. 最近, Lapin 等[69]通过数值手段研究了二维情况下裂隙岩石的各向异性特征, 发现裂隙间的相互作用不影响裂隙固体的正交各向异性. Kachanov[50, 51] 认为, 在裂隙堆积排列中起主导作用的屏蔽型相互作用与共面放大型相互作用效果相反, 宏观上几乎能够相互抵消.

上述研究成果表明, 在建立多尺度本构模型过程中, 方法选择非常关键. 非均质材料均匀化方法的研究成果很丰富, 针对裂隙问题, 选择有效柔度张量为研究对象并忽略裂隙间的相互作用, 把裂隙对系统有效柔度张量的贡献考虑成简单的叠加关系, 可以大幅降低问题处理的难度.

3. 裂隙单边效应

损伤力学研究者很早就注意到了与裂隙张开/闭合相关的单边接触效应对准脆性材料宏观力学行为的影响, 并在建立本构关系时加以考虑[70–78]. 目前可以明确的是, 通过引入高阶损伤变量和运用谱分解处理单边效应问题均存在理论缺陷[79]. 细观力学方法在建立本构关系时通过考虑裂隙的方向性来建立单边接触条件, 有效地克服了宏观唯象模型遇到的理论困难[80–83]. 具体而言, 首先分别推导出裂隙张开和闭合摩擦两种情况下的局部状态变量, 然后利用连续条件建立描述裂隙张开/闭合临界状态的超平面函数, 这种方法具有理论上的协调性.

4. 闭合裂隙扩展和摩擦耦合效应

试验研究成果表明闭合裂隙面摩擦效应对岩石宏、细观力学行为有着重要的影响[15,47,84–87]. 研究损伤摩擦耦合效应的主要方法有: ① 使用高阶变量的介观损伤力学方法[88]; ② 断裂力学方法[50,81,89–92]; ③ 基于 Eshelby 夹杂问题解的跨尺度方法[81,93–99].

5. 水力耦合效应

Biot 的开创性工作[100–102] 构成了孔隙介质弹性理论的基石. 一些学者[55, 103]考虑孔隙水压力对岩石力学行为的影响. 在细观力学方面, 运用线性均匀化方法, 将 Biot 系数张量和 Biot 模量与裂隙固体的有效弹性张量建立起了联系[55,82,104–109]. Dormieux 等在文献 [82] 中基于细观力学分析推导出了 Biot 系数张量的表达式.

Xie 等[110] 在损伤摩擦耦合理论框架下研究了孔隙水压力对裂隙材料局部力学特性和宏观力学行为的影响；Jiang 等[111] 以及 Chen 等[112] 基于细观力学方法研究了裂隙岩石的渗流应力耦合行为. 另外, 本书作者理论研究了孔隙水压力对岩石强度的影响规律[113].

6. 初始各向异性

沉积岩往往表现出初始横观各向同性行为. 在均匀化过程中考虑初始各向异性的基础力学研究成果可以参考文献[114]、[115]. Qi 等[116, 117] 基于均匀化理论开展了初始各向异性和衍生各向异性的耦合分析, 关键步骤是通过数值手段确定横观各向同性基质–币形微裂隙夹杂问题的 Eshelby 张量.

7. 强度准则、解析解与数值算法

Zhu 和 Shao[98, 113, 118] 基于 Mori-Tanaka 方法实现单边损伤以及损伤摩擦耦合分析, 推导出了准脆性岩石破坏准则, 明确了岩石等摩擦黏结材料可能出现的三种破坏类型, 即张拉破坏、拉剪破坏以及压剪破坏, 并从理论层面验证了拉剪破坏的过渡性. 通过损伤摩擦耦合分析, 建立了细观力学参数与宏观试验数据之间的跨尺度联系[98], 得到了三种常规加载路径下的应力应变关系解析解[99].

1.4　本书的主要内容

多尺度岩石损伤本构关系研究的基本思路是, 从岩石细观结构特征 (微裂隙) 和局部力学特性出发, 通过严格的数学推导, 建立反映细观力学机理和机制的宏观应力应变关系, 其中, 建立岩石特征单元体的自由能是关键. 本书考虑两种主要的能量耗散方式, 即裂隙扩展引起的材料损伤和闭合裂隙滑移摩擦引起的塑性应变, 以及它们的耦合效应. 在建模过程中, 将通过理性力学方法处理衍生型材料各向异性和裂隙单边接触效应. 本书介绍的多尺度本构关系将结合非均质材料均匀化方法和基于内变量的不可逆热力学原理, 兼顾理论推导的数学严谨和本构关系的工程适用, 涉及岩石力学、细观力学、损伤力学、塑性力学、张量分析、强度理论、热动力学、计算力学等多个学科的知识.

全书内容分为三篇, 分别介绍多尺度本构理论推导必需的预备知识、裂隙岩石细观损伤力学以及各向同性简化下的多尺度塑性损伤耦合本构关系及应用. 各部

分主要内容如下.

(1) 本书主要以张量为基本工具进行理论推导, 第 2 章首先介绍张量运算方面的基础知识. 由于裂隙的方向特征, 将重点介绍方向张量和 Walpole 四阶方向张量基及其运算规则. 裂隙扩展和闭合裂隙滑动摩擦均是不可逆能量耗散过程, 可以把岩石裂隙–基质当作一个能量系统, 其中的内变量的演化过程受热力学条件的约束, 为此第 3 章介绍基于内变量的不可逆热力学原理, Eshelby 夹杂问题解是非均质固体材料均匀化方法的基石. 第 4 章介绍相关知识背景和基本问题解. 作为细观损伤力学分析的引子, 第 5 章介绍一维弹簧元件模型的构建过程, 其中考虑并联弹簧渐进断裂相关的宏观行为. 作为三维拓展, 最后介绍经典的 Lemaitre-Chaboche-Marigo 各向同性损伤力学模型[119, 120], 并引入有效应力概念和应变等价原理.

(2) 第二篇首先给出岩石基质–张开币形微裂隙特征单元体问题的均匀化路径, 介绍稀疏法、Mori-Tanaka 方法以及 Ponte-Castaneda-Willis 方法, 针对裂隙问题推导系统的有效弹性张量和有效柔度张量. 在单族裂隙和任意分布裂隙情况下研究弹性常数随裂隙密度参数 (损伤变量) 的演化规律. 根据有效弹性张量或有效柔度张量建立系统自由能表达式. 在热力学框架下, 第 7 章将推导出与损伤变量相关联的热力学力, 建立考虑单边效应的损伤本构方程和率形式应力应变关系, 给出简单加载路径下本构方程解的显式表达式.

岩体工程一般处于压应力地质条件, 研究压应力主导下的闭合裂隙摩擦滑移和裂隙扩展耦合行为尤为重要. 第 8 章详细推导含单族多族闭合裂隙的特征单元体的自由能、状态方程、内变量演化方程以及损伤摩擦强耦合力学行为. 通过强度变形耦合分析, 第 9 章介绍基于细观力学机理的岩石破坏准则, 分别建立莫尔平面和主应力平面上的破坏准则的解析表达式, 证明分段破坏函数的连续性和光滑性, 讨论受压和受拉强度的不对称性, 并讨论拉剪破坏的过渡性特征; 作为进一步拓展, 第 10 章利用均匀化方法和连续条件建立裂隙岩石各向异性水力耦合本构方程, 讨论孔隙水压力对岩石宏、细观力学行为的影响规律. 第 11 章介绍了方向函数球面积分的数值求解以及基于离散损伤值的连续方向函数构造方法.

(3) 各向同性塑性损伤本构模型在岩体工程结构分析中仍是主流的材料模型. 第三篇对第二篇建立的各向异性裂隙损伤模型进行简化, 认为材料损伤和塑性应变均是各向同性的, 第 12 章建立各向同性弹塑性损伤耦合本构方程, 推导出系统自由能、状态变量、基于局部应力的塑性屈服准则、基于应变能释放率的损伤演化准则、基于背应力的统一强化/软化函数. 第 13 章基于强度和变形耦合分析的破坏准则, 给出四种常规三轴加载条件下的应力应变方程的解析表达式. 第 14、15 章建立考虑孔隙水压力作用的水力耦合模型以及基于亚临界裂隙扩展的时效损伤模型. 第 16 章介绍与程序研制相关的数值问题以及基于 Abaqus 软件用户子程序 UMAT 的二次开发.

第一篇

理论基础

第2章

张量运算与方向张量

考虑本书后面章节细观力学分析的需要，首先介绍理论推导必需的张量符号和基本张量运算. 由于裂隙的方向性特征，高阶方向张量及其运算规则是理论推导的主要数学工具，也是本章的重点内容.

2.1　向量与张量

2.1.1　爱因斯坦求和约定

爱因斯坦求和约定可以显著简化涉及高阶张量的理论推导. 根据该约定，在任一代数项中，如果同一指标 (通常指上标或下标) 成对出现 (出现两次)，为了书写简便，可将求和符号 $\sum$ 省略. 例如，在求和代数式 $a_1 b_1 + a_2 b_2 + a_3 b_3 = \sum\limits_{i=1}^{3} a_i b_i$ 中，等号右边的下标 i 出现两次，即成对出现，则可以写成

$$a_1 b_1 + a_2 b_2 + a_3 b_3 = a_i b_i \tag{2.1}$$

成对出现的指标 i 称为哑指标，简称哑标. 表示哑标的字母可以用另一对字母替换，只要其取值范围不变. 在本书中，除非特殊需要或说明，张量运算均采用爱因斯坦求和约定.

2.1.2　向量

考虑三维空间笛卡儿坐标系下的单位基矢量 $\{e_i\}, i = 1, 2, 3$，有

$$e_1 = [1 \ \ 0 \ \ 0], \quad e_2 = [0 \ \ 1 \ \ 0], \quad e_3 = [0 \ \ 0 \ \ 1] \tag{2.2}$$

则任一位置坐标 (x_1, x_2, x_3) 与坐标原点间的有向线段定义了位置矢量 x (图 2.1)

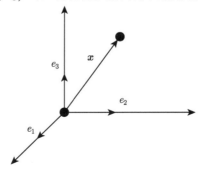

图 2.1　笛卡儿坐标系中的位置向量 x

$$x = x_1 e_1 + x_2 e_2 + x_3 e_3 = x_i e_i \tag{2.3}$$

式中，哑标 i 表示从 1 至 3 的累积求和. 更为一般地，我们称 x 为向量.

进一步，向量 x 定义了一个单位方向向量 n：

$$n = \frac{x}{\|x\|} \tag{2.4}$$

式中，$\|x\|$ 表示向量 x 的模，即

$$\|x\| = \sqrt{x \cdot x} = \sqrt{x_1^2 + x_2^2 + x_3^2} \tag{2.5}$$

对任意向量 $a = a_i e_i$ 和 $b = b_j e_j$，它们之间的向量积或点积定义为

$$a \cdot b = (a_i e_i) \cdot (b_j e_j) = a_i b_j (e_i \cdot e_j) = a_i b_j \delta_{ij} = a_i b_i \tag{2.6}$$

式中，δ 为克罗内克符号. $(e_i \cdot e_j)$ 可由行矩阵和列矩阵运算来理解，例如：

$$e_1 \cdot e_2 = \begin{bmatrix} 1 & 0 & 0 \end{bmatrix} \begin{bmatrix} 0 \\ 1 \\ 0 \end{bmatrix} = 0 \tag{2.7}$$

从而可以验证如下关系：

$$\delta_{ij} = e_i \cdot e_j = \begin{cases} 1, & i = j \\ 0, & i \neq j \end{cases} \tag{2.8}$$

δ_{ij} 也称为二阶对称单位张量或置换张量.

2.1.3　张量

向量 a 和向量 b 之间的张量积定义一个新的二阶张量 C：

$$C = a \otimes b = (a_i e_i) \otimes (b_j e_j) = a_i b_j e_i \otimes e_j \tag{2.9}$$

式中，$e_i \otimes e_j$ 表示二阶张量基；张量 C 具有元素 $C_{ij} = a_i b_j$. 在三维笛卡儿坐标系下，$e_i \otimes e_j$ 可以理解为由向量 e_i 和 e_j 构成的一个矩阵，其标明了元素 C_{ij} 在张量中的位置，例如：

$$e_1 \otimes e_3 = \begin{bmatrix} 1 \\ 0 \\ 0 \end{bmatrix} \begin{bmatrix} 0 & 0 & 1 \end{bmatrix} = \begin{bmatrix} 0 & 0 & 1 \\ 0 & 0 & 0 \\ 0 & 0 & 0 \end{bmatrix} \tag{2.10}$$

因此, C_{ij} 可以认为是 $e_i \otimes e_j$ 的线性组合系数.

由向量 a 和向量 b 也可以定义一个二阶对称张量:

$$C = \frac{1}{2}(a \otimes b + b \otimes a) = \frac{1}{2}a_i b_j (e_i \otimes e_j + e_j \otimes e_i) \tag{2.11}$$

容易证明:

$$C_{ij} = C_{ji} \tag{2.12}$$

将式 (2.11) 表示成如下简洁形式:

$$C = a \otimes^s b \tag{2.13}$$

事实上, 任意一个二阶张量都可以表示成二阶张量基的线性组合, 组合系数为该张量的元素. 例如, 应力张量 σ 和应变张量 ε 分别表示成

$$\sigma = \sigma_{ij} e_i \otimes e_j \tag{2.14}$$

和

$$\varepsilon = \varepsilon_{ij} e_i \otimes e_j \tag{2.15}$$

二阶张量的定义可以扩展到 n 阶张量. 例如, 固体材料的四阶弹性张量 $\mathbb{C}$ 可以表示成

$$\mathbb{C} = C_{ijkl} e_i \otimes e_j \otimes e_k \otimes e_l \tag{2.16}$$

类似于向量间的标量积, 二阶张量 A 和 B 的两次缩合定义为二阶张量间的双点积, 即

$$\begin{aligned}
A : B &= (A_{ij} e_i \otimes e_j) : (B_{kl} e_k \otimes e_l) \\
&= A_{ij} B_{kl} (e_i \cdot e_k)(e_j \cdot e_l) \\
&= A_{ij} B_{kl} \delta_{ik} \delta_{jl} = A_{kj} B_{kj}
\end{aligned} \tag{2.17}$$

二阶张量 A 与二阶对称单位张量的双点乘定义了张量的求迹运算:

$$\mathrm{tr}(A) = A : \delta = A_{ij} \delta_{ij} = A_{ii} = A_{11} + A_{22} + A_{33} \tag{2.18}$$

张量间的每次缩合 (点积) 消除两个自由标. 考虑四阶张量 $\mathbb{C}$ 和二阶张量 $\boldsymbol{A}$，则 $\mathbb{C} : \boldsymbol{A}$ 产生一个新的二阶张量：

$$
\begin{aligned}
\mathbb{C} : \boldsymbol{A} &= (C_{ijkl}\boldsymbol{e}_i \otimes \boldsymbol{e}_j \otimes \boldsymbol{e}_k \otimes \boldsymbol{e}_l) : (A_{mn}\boldsymbol{e}_m \otimes \boldsymbol{e}_n) \\
&= C_{ijkl} A_{mn} (\boldsymbol{e}_k \cdot \boldsymbol{e}_m)(\boldsymbol{e}_l \cdot \boldsymbol{e}_n) \boldsymbol{e}_i \otimes \boldsymbol{e}_j \\
&= C_{ijkl} A_{mn} \delta_{km} \delta_{kn} \boldsymbol{e}_i \otimes \boldsymbol{e}_j \\
&= C_{ijmn} A_{mn} \boldsymbol{e}_i \otimes \boldsymbol{e}_j
\end{aligned}
\tag{2.19}
$$

描述线弹性固体应力应变关系的广义胡克定律就是一个例子，即

$$
\boldsymbol{\sigma} = \mathbb{C} : \boldsymbol{\varepsilon} \tag{2.20}
$$

2.2 各向同性张量

2.2.1 二阶对称单位张量及其性质

在笛卡儿坐标系下，二阶对称单位张量

$$
\boldsymbol{\delta} = \delta_{ij}\boldsymbol{e}_i \otimes \boldsymbol{e}_j \tag{2.21}
$$

具有如下性质：

$$
\boldsymbol{\delta} \cdot \boldsymbol{a} = \boldsymbol{a}, \quad \delta_{ik}a_k = a_i \tag{2.22}
$$

$$
\boldsymbol{\delta} \cdot \boldsymbol{A} = \boldsymbol{A}, \quad \delta_{ik}A_{kj} = A_{ij} \tag{2.23}
$$

任意二阶各向同性张量 $\boldsymbol{A}$ 可用 $\boldsymbol{\delta}$ 表示如下：

$$
\boldsymbol{A} = \alpha\boldsymbol{\delta} \tag{2.24}
$$

式中，α 是 $\boldsymbol{A}$ 中的非零元素.

2.2.2 四阶单位张量及其性质

基于二阶单位张量，定义四阶对称单位张量：

$$
\mathbb{I} = \frac{1}{2}(\delta_{ik}\delta_{jl} + \delta_{il}\delta_{jk})\boldsymbol{e}_i \otimes \boldsymbol{e}_j \otimes \boldsymbol{e}_k \otimes \boldsymbol{e}_l \tag{2.25}
$$

或采用无下标形式:

$$\mathbb{I} = \boldsymbol{\delta} \otimes^s \boldsymbol{\delta}$$

本书后面章节的公式推导将略去张量基而直接采用符号形式或带下标形式. 例如, 向量 $\boldsymbol{a}$ 或 a_i, 二阶张量 $\boldsymbol{A}$ 或 A_{ij}, 四阶张量 $\mathbb{A}$ 或 A_{ijkl}, 二阶单位张量 $\boldsymbol{\delta}$ 或 δ_{ij}, 四阶单位张量 $\mathbb{I}$ 或 $I_{ijkl} = \dfrac{1}{2}\left(\delta_{ik}\delta_{jl} + \delta_{il}\delta_{jk}\right)$.

四阶对称单位张量具有如下性质:

$$\boldsymbol{A} : \mathbb{I} = \mathbb{I} : \boldsymbol{A} = \boldsymbol{A}, \quad \mathbb{A} : \mathbb{I} = \mathbb{I} : \mathbb{A} = \mathbb{A} \tag{2.26}$$

任意四阶各向同性张量 $\mathbb{P}$ 可以表示成

$$\mathbb{P} = a\boldsymbol{\delta} \otimes \boldsymbol{\delta} + 2b\mathbb{I} \tag{2.27}$$

或元素形式:

$$P_{ijkl} = a\delta_{ij}\delta_{kl} + b\left(\delta_{ik}\delta_{jl} + \delta_{il}\delta_{jk}\right) \tag{2.28}$$

根据 Sherman-Morrision 公式可得逆张量 $\mathbb{P}^{-1}$:

$$\mathbb{P}^{-1} = -\frac{a}{2b\left(3a + 2b\right)}\boldsymbol{\delta} \otimes \boldsymbol{\delta} + \frac{1}{2b}\mathbb{I} \tag{2.29}$$

四阶各向同性张量求逆存在更为直接的方法. 引入四阶张量算子 $\mathbb{J}$ 和 $\mathbb{K}$, 其分别具有元素:

$$J_{ijkl} = \frac{1}{3}\delta_{ij}\delta_{kl}, \quad K_{ijkl} = I_{ijkl} - J_{ijkl} \tag{2.30}$$

$\mathbb{J}$ 和 $\mathbb{K}$ 具有以下性质:

$$\mathbb{J} + \mathbb{K} = \mathbb{I}, \quad \mathbb{J} : \mathbb{J} = \mathbb{J}, \quad \mathbb{K} : \mathbb{K} = \mathbb{K}, \quad \mathbb{K} : \mathbb{J} = \mathbb{J} : \mathbb{K} = 0 \tag{2.31}$$

式 (2.28) 用 $\mathbb{J}$ 和 $\mathbb{K}$ 表示为

$$\mathbb{P} = 3a\mathbb{J} + 2b\mathbb{I} = \left(3a + 2b\right)\mathbb{J} + 2b\mathbb{K} \tag{2.32}$$

根据式 (2.32), 直接得到逆张量 $\mathbb{P}^{-1}$:

$$\mathbb{P}^{-1} = \frac{1}{3a + 2b}\mathbb{J} + \frac{1}{2b}\mathbb{K} \tag{2.33}$$

作为例子，各向同性固体的弹性张量为

$$C_{ijkl} = \lambda \delta_{ij}\delta_{kl} + \mu\left(\delta_{ik}\delta_{jl} + \delta_{il}\delta_{jk}\right) \tag{2.34}$$

也可以写成如下形式：

$$\mathbb{C} = 3k\mathbb{J} + 2\mu\mathbb{K} \tag{2.35}$$

式中，λ 为拉梅 (Lamé) 常数；k 为体积压缩模量；μ 为剪切模量. 相应地，四阶柔度张量 $\mathbb{S} = \mathbb{C}^{-1}$ 表示为

$$\mathbb{S} = \frac{1}{3k}\mathbb{J} + \frac{1}{2\mu}\mathbb{K} \tag{2.36}$$

2.3　方向张量与 Walpole 张量基

2.3.1　二阶方向张量

对任意单位方向向量 $\boldsymbol{n}$，二阶单位张量 $\boldsymbol{\delta}$ 可作如下分解：

$$\boldsymbol{\delta} = \boldsymbol{N} + \boldsymbol{T} \tag{2.37}$$

式中，$\boldsymbol{N}$ 和 $\boldsymbol{T}$ 为二阶方向张量

$$\boldsymbol{N} = \boldsymbol{n} \otimes \boldsymbol{n}, \quad \boldsymbol{T} = \boldsymbol{\delta} - \boldsymbol{n} \otimes \boldsymbol{n} \tag{2.38}$$

且有如下性质：

$$\boldsymbol{N} \cdot \boldsymbol{N} = \boldsymbol{N}, \quad \boldsymbol{T} \cdot \boldsymbol{T} = \boldsymbol{T}, \quad \boldsymbol{N} \cdot \boldsymbol{T} = \boldsymbol{T} \cdot \boldsymbol{N} = 0 \tag{2.39}$$

任意向量 (如位移 $\boldsymbol{u}$) 可以通过 $\boldsymbol{N}$ 和 $\boldsymbol{T}$ 分别提取出法向分量 $(\boldsymbol{u} \cdot \boldsymbol{N})$ 和切向分量 $(\boldsymbol{u} \cdot \boldsymbol{T})$.

2.3.2　Walpole 四阶张量基

为了描述横观各向同性材料的弹性力学行为，Walpole[121] 引入一组四阶方向张量基. 假设材料旋转对称轴的方向是 $\boldsymbol{n}$，则 Walpole 张量基的六个组成元素

如下：

$$
\begin{cases}
\mathbb{E}^1 = \dfrac{1}{2} \boldsymbol{T} \otimes \boldsymbol{T}, \quad \mathbb{E}^2 = \boldsymbol{N} \otimes \boldsymbol{N} \\[2mm]
\mathbb{E}^3 = \boldsymbol{T} \otimes^s \boldsymbol{T} - \dfrac{1}{2} \boldsymbol{T} \otimes \boldsymbol{T} \\[2mm]
\mathbb{E}^4 = \boldsymbol{N} \otimes^s \boldsymbol{T} + \boldsymbol{T} \otimes^s \boldsymbol{N} \\[2mm]
\mathbb{E}^5 = \boldsymbol{N} \otimes \boldsymbol{T}, \quad \mathbb{E}^6 = \boldsymbol{T} \otimes \boldsymbol{N}
\end{cases}
\tag{2.40}
$$

可以证明，对于 $i, j = 1, 2, \cdots, 4$，存在如下关系：

$$
\begin{cases}
\mathbb{E}^i : \mathbb{E}^j = \mathbb{E}^i, \quad & i = j \\[2mm]
\mathbb{E}^i : \mathbb{E}^j = 0, \quad & i \neq j
\end{cases}
\tag{2.41}
$$

任一四阶横观各向同性张量 $\mathbb{U}$ 可以表示成四阶方向张量基 $\mathbb{E}^i, i = 1, 2, \cdots, 6$ 的线性组合：

$$
\mathbb{U} = c\mathbb{E}^1 + d\mathbb{E}^2 + e\mathbb{E}^3 + f\mathbb{E}^4 + g\mathbb{E}^5 + h\mathbb{E}^6
\tag{2.42}
$$

当张量 $\mathbb{U}$ 具有大对称 $(U_{ijkl} = U_{klij})$ 时，$g = h$.

为了方便，利用组合系数将式 (2.42) 简记为

$$
\mathbb{U} = (c, d, e, f, g, h)
\tag{2.43}
$$

进而，张量 $\mathbb{U}$ 的逆通过式 (2.44) 求得：

$$
\mathbb{U}^{-1} = \left(\frac{d}{\ell}, \frac{c}{\ell}, \frac{1}{e}, \frac{1}{f}, -\frac{g}{\ell}, -\frac{h}{\ell} \right)
\tag{2.44}
$$

式中，$\ell = cd - 2gh$.

四阶各向同性张量 $\mathbb{I}$、$\mathbb{J}$ 和 $\mathbb{K}$ 用 Walpole 张量基表示如下：

$$
\mathbb{I} = (1, 1, 1, 0, 0, 0), \quad \mathbb{J} = \left(\frac{2}{3}, \frac{1}{3}, 0, 0, \frac{1}{3}, \frac{1}{3} \right), \quad \mathbb{K} = \left(\frac{1}{3}, \frac{2}{3}, 1, 1, -\frac{1}{3}, -\frac{1}{3} \right)
\tag{2.45}
$$

2.3.3 方向张量的球面积分

在单位球面 $\mathcal{S}$ 上，存在如下球面积分表达式[122]：

$$
\frac{1}{4\pi} \int_{\mathcal{S}} \boldsymbol{n} \otimes \boldsymbol{n} \mathrm{d}S = \frac{1}{3}\boldsymbol{\delta}, \quad \frac{1}{4\pi} \int_{\mathcal{S}} \boldsymbol{n} \otimes \boldsymbol{n} \otimes \boldsymbol{n} \otimes \boldsymbol{n} \mathrm{d}S = \frac{1}{3}\mathbb{J} + \frac{1}{15}\mathbb{K}
\tag{2.46}
$$

据此得到 Walpole 张量基 $\mathbb{E}^i$ 的球面积分:

$$\begin{cases} \dfrac{1}{4\pi}\displaystyle\int_{\mathcal{S}}\mathbb{E}^1\mathrm{d}S = \dfrac{2}{3}\mathbb{J} + \dfrac{1}{15}\mathbb{K} \\[3mm] \dfrac{1}{4\pi}\displaystyle\int_{\mathcal{S}}\mathbb{E}^2\mathrm{d}S = \dfrac{1}{3}\mathbb{J} + \dfrac{2}{15}\mathbb{K} \\[3mm] \dfrac{1}{4\pi}\displaystyle\int_{\mathcal{S}}\mathbb{E}^3\mathrm{d}S = \dfrac{1}{4\pi}\displaystyle\int_{\mathcal{S}}\mathbb{E}^4\mathrm{d}S = \dfrac{2}{5}\mathbb{K}, \\[3mm] \dfrac{1}{4\pi}\displaystyle\int_{\mathcal{S}}\dfrac{1}{2}\mathbb{E}^5\mathrm{d}S = \dfrac{1}{4\pi}\displaystyle\int_{\mathcal{S}}\dfrac{1}{2}\mathbb{E}^6\mathrm{d}S = \dfrac{1}{3}\mathbb{J} - \dfrac{1}{15}\mathbb{K} \end{cases} \tag{2.47}$$

2.4　张　量　分　析

2.4.1　梯度与散度

定义梯度运算符号

$$\nabla = \frac{\partial}{\partial x_i}\boldsymbol{e}_i \tag{2.48}$$

则任意标量函数 $f(\boldsymbol{x})$ 的梯度是一个向量 (一阶张量) 函数:

$$\mathrm{grad}f = \nabla f = \left(\frac{\partial}{\partial x_i}\boldsymbol{e}_i\right)f = \frac{\partial f}{\partial x_i}\boldsymbol{e}_i = f_{,i} \tag{2.49}$$

对于任意向量函数 $\boldsymbol{a}(\boldsymbol{x}) = a_i(\boldsymbol{x})\boldsymbol{e}_i$, 其梯度函数是梯度运算与向量场的张量积:

$$\mathrm{grad}\boldsymbol{a} = \nabla \otimes \boldsymbol{a} = \left(\frac{\partial}{\partial x_i}\boldsymbol{e}_i\right) \otimes (a_j\boldsymbol{e}_j) = \frac{\partial a_j}{\partial x_i}\boldsymbol{e}_i \otimes \boldsymbol{e}_j = a_{j,i} \tag{2.50}$$

向量函数的梯度产生一个新的二阶张量场, 梯度运算引起张量场的升阶.

另外, 梯度算子与标量或者张量之间的一次缩合成为散度运算, 散度运算引起张量场的降阶. 例如, 向量场 $\boldsymbol{a}(\boldsymbol{x}) = a_i(\boldsymbol{x})\boldsymbol{e}_i$ 的散度运算定义为

$$\mathrm{div}\boldsymbol{a} = \nabla \cdot \boldsymbol{a} = \left(\frac{\partial}{\partial x_i}\boldsymbol{e}_i\right) \cdot (a_j\boldsymbol{e}_j) = \frac{\partial a_j}{\partial x_i}\boldsymbol{e}_i \cdot \boldsymbol{e}_j = \frac{\partial a_i}{\partial x_i} = a_{i,i} \tag{2.51}$$

2.4.2　张量函数积分变换

下面介绍几个常用的张量函数体积积分变换为面积积分的表达式. 假设区域 Ω 具有光滑边界 $\partial\Omega$, 边界上任一点外法线方向用 $\boldsymbol{n}$ 表示. 同时假设标量函数 $f(\boldsymbol{x})$

在其定义域上连续可导，则有如下积分公式：

$$\int_{\Omega} \nabla f \mathrm{d}\Omega = \int_{\partial\Omega} f\boldsymbol{n} \mathrm{d}S \tag{2.52}$$

其分量形式为

$$\int_{\Omega} \frac{\partial f}{\partial x_i} \mathrm{d}\Omega = \int_{\Omega} f_{,i} \mathrm{d}\Omega = \int_{\partial\Omega} fn_i \mathrm{d}S \tag{2.53}$$

对于任意连续光滑的向量场，有如下关系：

$$\int_{\Omega} \nabla \otimes \boldsymbol{A} \mathrm{d}\Omega = \int_{\partial\Omega} \boldsymbol{n} \otimes \boldsymbol{A} \mathrm{d}S \tag{2.54}$$

$$\int_{\Omega} \nabla \cdot \boldsymbol{A} \mathrm{d}\Omega = \int_{\partial\Omega} \boldsymbol{n} \cdot \boldsymbol{A} \mathrm{d}S \tag{2.55}$$

基于内变量的不可逆热力学原理

岩石非线性变形、渐进损伤和破坏是一个能量耗散过程. 例如, 对于裂隙岩石, 在外荷载作用下, 裂隙扩展会产生新的自由面并伴随能量耗散. 把岩石基质与缺陷构成的特征单元体当作热力学系统, 这一系统在任意热力学过程中必须服从热力学基本定律.

引入内变量描述材料的渐进破坏可追溯到 20 世纪早期. 在岩石本构关系研究中, 通常引入塑性应变和损伤等内变量来描述材料细观结构的变化[27]. 基于内变量的不可逆热力学原理对构建材料本构关系具有内在的约束, 与内变量相关的伴随变量 (也称为热力学力) 则是构建内变量演化准则的基本要素.

3.1   连续体热力学第一定律: 能量守恒

对任意热力学系统, 如岩石裂隙–基质特征单元体, 假设系统存在内能 $\mathcal{E}$ 和动能 $\mathcal{K}$, 分别表示为

$$\mathcal{E} = \int_{\Omega} \rho e \mathrm{d}V, \quad \mathcal{K} = \frac{1}{2} \int_{\Omega} \rho \boldsymbol{v} \cdot \boldsymbol{v} \mathrm{d}V \tag{3.1}$$

式中, ρ 是物体的密度; e 是内能密度; $\boldsymbol{v}$ 是速度矢量 (向量). 式 (3.1) 的率形式为

$$\dot{\mathcal{E}} = \int_{\Omega} \rho \dot{e} \mathrm{d}V, \quad \dot{\mathcal{K}} = \int_{\Omega} \rho \boldsymbol{v} \cdot \boldsymbol{a} \mathrm{d}V \tag{3.2}$$

式中, $\boldsymbol{a}$ 表示加速度矢量.

另外, 外力做功的功率具有如下一般形式:

$$\dot{\mathcal{W}} = \int_{\Omega} \boldsymbol{f} \cdot \boldsymbol{v} \mathrm{d}V + \int_{\partial\Omega} \boldsymbol{t} \cdot \boldsymbol{v} \mathrm{d}S \tag{3.3}$$

式中, $\boldsymbol{f}$ 表示体力; $\boldsymbol{t}$ 表示面力, 根据柯西应力定理, 面力与应力张量 $\boldsymbol{\sigma}$ 之间存在关系式 $\boldsymbol{t} = \boldsymbol{\sigma} \cdot \boldsymbol{n}$. 运用高斯定理, 式 (3.3) 等号右侧第二项进一步写为

$$\int_{\partial\Omega} \boldsymbol{t} \cdot \boldsymbol{v} \mathrm{d}S = \int_{\partial\Omega} (\boldsymbol{v} \cdot \boldsymbol{\sigma}) \cdot \boldsymbol{n} \mathrm{d}S = \int_{\Omega} \mathrm{div}\,(\boldsymbol{v} \cdot \boldsymbol{\sigma}) \,\mathrm{d}V = \int_{\Omega} [\mathrm{div}\,(\boldsymbol{\sigma}) \cdot \boldsymbol{v} + \boldsymbol{\sigma} : \mathrm{grad}\boldsymbol{v}] \,\mathrm{d}V \tag{3.4}$$

式中, $\boldsymbol{n}$ 为固体表面任一点的外法线向量.

如果系统与外界交换的热流矢量为 $\boldsymbol{q}$, 辐射或内部热源的热产生率为 r, 则系统的热功率具有如下表达式:

$$\dot{\mathcal{Q}} = \int_{\Omega} r \mathrm{d}V - \int_{\partial\Omega} \boldsymbol{q} \cdot \boldsymbol{n} \mathrm{d}S = \int_{\Omega} r \mathrm{d}V - \int_{\Omega} \mathrm{div}\boldsymbol{q} \mathrm{d}V \tag{3.5}$$

根据系统的能量守恒定律:

$$\dot{\mathcal{E}} + \dot{\mathcal{K}} = \dot{\mathcal{W}} + \dot{\mathcal{Q}} \tag{3.6}$$

并利用平衡方程 $\mathrm{div}\boldsymbol{\sigma} + \boldsymbol{f} = \rho\boldsymbol{a}$, 推导出热力学第一定律:

$$\int_{\Omega} \rho \dot{e} \mathrm{d}V = \int_{\Omega} \left(\boldsymbol{\sigma} : \mathrm{grad}\boldsymbol{v} - \mathrm{div}\boldsymbol{q} + r\right) \mathrm{d}V \tag{3.7}$$

其局部形式为

$$\rho \dot{e} = \boldsymbol{\sigma} : \mathrm{grad}\boldsymbol{v} - \mathrm{div}\boldsymbol{q} + r \tag{3.8}$$

在小变形假设下, 得到

$$\rho \dot{e} = \boldsymbol{\sigma} : \dot{\boldsymbol{\varepsilon}} - \mathrm{div}\boldsymbol{q} + r \tag{3.9}$$

式中, $\dot{\boldsymbol{\varepsilon}} = \dfrac{1}{2}\left(\mathrm{grad}\boldsymbol{v} + (\mathrm{grad}\boldsymbol{v})^{\mathrm{T}}\right)$ 表示小变形条件下的应变率.

3.2　连续体热力学第二定律和 Clausius-Duhem 不等式

由熵密度 s 定义热力学系统的熵 $S = \displaystyle\int_{\Omega} \rho s \mathrm{d}V$, 根据热力学第二定律, 在自然过程中, 孤立系统的熵不会减小, 因而有

$$\frac{\mathrm{d}S}{\mathrm{d}t} \geqslant \int_{\Omega} \frac{r}{T}\mathrm{d}V - \int_{\partial\Omega} \frac{\boldsymbol{q}\cdot\boldsymbol{n}}{T}\mathrm{d}S \tag{3.10}$$

局部形式为

$$\rho \dot{s} + \mathrm{div}\left(\frac{\boldsymbol{q}}{T}\right) - \frac{r}{T} \geqslant 0 \tag{3.11}$$

式中, T 表示热力学温度.

引入 Helmholtz 自由能 $\Psi = e - Ts$, 其率形式为

$$\rho\left(\dot{\Psi} + \dot{T}s\right) = \rho\dot{e} - \rho T\dot{s} \tag{3.12}$$

把能量守恒公式 (3.9) 和熵增不等式 (3.11) 代入式 (3.12), 可得

$$\boldsymbol{\sigma} : \dot{\boldsymbol{\varepsilon}} - \rho\left(\dot{\Psi} + \dot{T}s\right) - \mathrm{div}\boldsymbol{q} + T\mathrm{div}\left(\frac{\boldsymbol{q}}{T}\right) \geqslant 0 \tag{3.13}$$

考虑关系式

$$\mathrm{div}\left(\frac{\boldsymbol{q}}{T}\right) = \frac{1}{T}\mathrm{div}\boldsymbol{q} - \frac{1}{T^2}\boldsymbol{q}\cdot\mathrm{grad}T \tag{3.14}$$

不等式 (3.13) 进一步表示成

$$\boldsymbol{\sigma} : \dot{\boldsymbol{\varepsilon}} - \rho \left(\dot{\Psi} + \dot{T}s \right) - \boldsymbol{q} \cdot \frac{\mathrm{grad}T}{T} \geqslant 0 \tag{3.15}$$

这就是热力学系统的 Clausius-Duhem 不等式.

3.3　非弹性问题基于内变量的热力学原理

非线性力学问题中的变量, 根据其可量测性可以分为两类: 一类是可量测的变量, 如应变 ε、温度 T 等; 另一类是不可直接量测的变量, 如塑性应变 ε^p、损伤等, 此类变量称为内变量. 为了方便表述, 内变量的集合用 $\{V_k, k = 1, 2, \cdots, n\}$ 或 $\mathcal{V}$ 表示.

含内变量的 Helmholtz 自由能的一般形式为 $\Psi = \Psi(\varepsilon, T, \mathcal{V})$, 其微分形式为

$$\dot{\Psi} = \frac{\partial \Psi}{\partial \boldsymbol{\varepsilon}} : \dot{\boldsymbol{\varepsilon}} + \frac{\partial \Psi}{\partial T} \dot{T} + \frac{\partial \Psi}{\partial \mathcal{V}} \cdot \dot{\mathcal{V}} \tag{3.16}$$

将式 (3.16) 代入不等式 (3.15), 经整理可得

$$\left(\boldsymbol{\sigma} - \rho \frac{\partial \Psi}{\partial \boldsymbol{\varepsilon}} \right) : \dot{\boldsymbol{\varepsilon}} - \rho \left(\frac{\partial \Psi}{\partial T} + s \right) \dot{T} - \rho \frac{\partial \Psi}{\partial \mathcal{V}} \cdot \dot{\mathcal{V}} - \boldsymbol{q} \cdot \frac{\mathrm{grad}T}{T} \geqslant 0 \tag{3.17}$$

式 (3.17) 对任意的热力学过程都是成立的.

例如, 对均匀温度场的弹性变形问题:

$$\mathrm{grad}T = 0, \quad \dot{\mathcal{V}} = 0 \tag{3.18}$$

原不等式简化为

$$\left(\boldsymbol{\sigma} - \rho \frac{\partial \Psi}{\partial \boldsymbol{\varepsilon}} \right) : \dot{\boldsymbol{\varepsilon}} - \rho \left(\frac{\partial \Psi}{\partial T} + s \right) \dot{T} \geqslant 0 \tag{3.19}$$

式 (3.19) 对任意的 $\dot{\boldsymbol{\varepsilon}}$ 和 $\dot{T}$ 组合都成立, 因此下面的关系式成立:

$$\boldsymbol{\sigma} = \rho \frac{\partial \Psi}{\partial \boldsymbol{\varepsilon}}, \quad s = -\frac{\partial \Psi}{\partial T} \tag{3.20}$$

不等式 (3.17) 简化为

$$-\rho \frac{\partial \Psi}{\partial \mathcal{V}} \cdot \dot{\mathcal{V}} - \boldsymbol{q} \cdot \frac{\mathrm{grad}T}{T} \geqslant 0 \tag{3.21}$$

对于弹性损伤问题，内变量集合仅包含损伤变量，用 $\mathcal{D}$ 表示. 根据含内变量的 Clausius-Duhem 不等式，损伤演化必须满足能量耗散条件：

$$-\rho\frac{\partial\Psi}{\partial\mathcal{D}}\dot{\mathcal{D}} \geqslant 0 \qquad\qquad (3.22)$$

定义与损伤变量相关的热力学力或损伤驱动力

$$F = -\rho\frac{\partial\Psi}{\partial\mathcal{D}} \rightarrow F\dot{\mathcal{D}} \geqslant 0 \qquad\qquad (3.23)$$

Eshelby夹杂问题

在开创性工作[33]中，Eshelby 从理论上严格证明了无限大线弹性固体中单一椭球体形夹杂区域内的应变场是均匀的，这一理论研究成果构成了现代复合材料力学研究的基石. 本章介绍均匀极化应力场问题、Eshelby 非均质问题以及简单形状夹杂体情况下 Eshelby 张量的显式表达式.

4.1　均匀极化应力场问题

考虑在无限大区域 $\Omega = \mathbb{R}^3$ 内弹性张量为 $\mathbb{C}^0$ 的线弹性均质材料，其中的椭球体形夹杂体 Ω_I 内存在均匀极化场 p. 认为材料处于自然状态，无穷远处的位移场 $u(x)$ 为零. 用 x 表示任意点的位置向量，则边界条件为 $u(\|x\| \to \infty) = 0$，如图 4.1 所示.

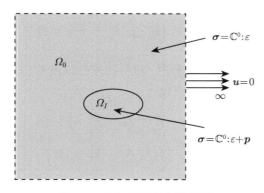

图 4.1　均匀极化应力场问题

在不考虑体力作用的情况下，上述均匀极化应力场问题的解需要满足方程：

$$\begin{cases} \mathrm{div}\boldsymbol{\sigma}(\boldsymbol{x}) = 0, & \boldsymbol{x} \in \Omega \\ \boldsymbol{\sigma}(\boldsymbol{x}) = \mathbb{C}^0 : \boldsymbol{\varepsilon}(\boldsymbol{x}), & \boldsymbol{x} \in \Omega_0 \\ \boldsymbol{\sigma}(\boldsymbol{x}) = \mathbb{C}^0 : \boldsymbol{\varepsilon}(\boldsymbol{x}) + \boldsymbol{p}(\boldsymbol{x}), & \boldsymbol{x} \in \Omega_I \\ \boldsymbol{\varepsilon}(\boldsymbol{x}) = \dfrac{1}{2}\left(\mathrm{grad}\boldsymbol{u} + \mathrm{grad}^{\mathrm{T}}\boldsymbol{u}\right), & \boldsymbol{x} \in \Omega \end{cases} \tag{4.1}$$

椭球体形夹杂体的数学表示如下：

$$\Omega_I = \left\{ \boldsymbol{x} \in \mathbb{R}^3 \,\middle|\, \boldsymbol{x} \cdot \left(\boldsymbol{A}^{\mathrm{T}} \cdot \boldsymbol{A}\right)^{-1} \cdot \boldsymbol{x} \leqslant 1 \right\} \tag{4.2}$$

式中，$\boldsymbol{A}$ 是描述椭球体三条轴的方向和长度的二阶张量:

$$\boldsymbol{A} = a_1 \boldsymbol{e}_1 \otimes \boldsymbol{e}_1 + a_2 \boldsymbol{e}_2 \otimes \boldsymbol{e}_2 + a_3 \boldsymbol{e}_3 \otimes \boldsymbol{e}_3 \tag{4.3}$$

其中，a_1、a_2 和 a_3 是椭球体三个半轴的长度; $\boldsymbol{e}_1$、$\boldsymbol{e}_2$ 和 $\boldsymbol{e}_3$ 是三条主轴的单位方向向量.

根据式 (4.2) 建立椭球方程:

$$\left(\frac{x_1}{a_1} \right)^2 + \left(\frac{x_2}{a_2} \right)^2 + \left(\frac{x_3}{a_3} \right)^2 \leqslant 1 \tag{4.4}$$

Eshelby 的开创性研究给出了夹杂问题方程组 (4.1) 的解析解，并且证明了夹杂体内的应变场和应力场是均匀的. 形式上，夹杂体内的应变场可以表示成

$$\boldsymbol{\varepsilon}\left(\boldsymbol{x} \right) = -\mathbb{P}_e \left(\boldsymbol{x} \right) : \boldsymbol{p}\left(\boldsymbol{x} \right), \quad \forall \, \boldsymbol{x} \in \varOmega_I \tag{4.5}$$

四阶对称张量 $\mathbb{P}_e$ 仅依赖于基质 (背景) 材料的弹性张量 $\mathbb{C}^0$ 以及夹杂体的形状，并且可以通过单位球面上的面积分来确定:

$$\mathbb{P}_e = \frac{\det \boldsymbol{A}}{4\pi} \int_{\mathcal{S}} \frac{\boldsymbol{n} \otimes^s \left(\boldsymbol{n} \cdot \mathbb{C}^0 \cdot \boldsymbol{n} \right) \otimes^s \boldsymbol{n}}{\left(\boldsymbol{n} \cdot \left(\boldsymbol{A}^{\mathrm{T}} \cdot \boldsymbol{A} \right)^{-1} \cdot \boldsymbol{n} \right)^{3/2}} \mathrm{d}S \tag{4.6}$$

相应地，Eshelby 张量定义为

$$\mathbb{S}_e = \mathbb{P}_e : \mathbb{C}^0 \tag{4.7}$$

式中，运算符号 $\otimes^s$ 表示张量积运算过程中相邻指标的对称化，即前一个 $\otimes^s$ 针对第 1 和第 2 个自由标，而后一个 $\otimes^s$ 针对第 3 和第 4 个自由标.

4.2   Eshelby 非均质问题

在 Eshelby 非均质问题中，区域 $\varOmega_I$ 不同于其他区域，不是因为存在均匀极化场，而是因为材料的力学特性有所不同. 假设 $\varOmega_I$ 区域内的材料也是线弹性的，弹性张量为 $\mathbb{C}^I$，在无穷远处存在均匀应变场 $\boldsymbol{\varepsilon}^\infty$，如图 4.2 所示. 需要求解的非均质问题表述如下:

$$
\begin{cases}
\mathrm{div}\boldsymbol{\sigma}\left(\boldsymbol{x}\right)=0, & \boldsymbol{x}\in\Omega \\
\boldsymbol{\sigma}\left(\boldsymbol{x}\right)=\mathbb{C}^{0}:\boldsymbol{\varepsilon}\left(\boldsymbol{x}\right), & \boldsymbol{x}\in\Omega_{0} \\
\boldsymbol{\sigma}\left(\boldsymbol{x}\right)=\mathbb{C}^{I}:\boldsymbol{\varepsilon}\left(\boldsymbol{x}\right), & \boldsymbol{x}\in\Omega_{I} \\
\boldsymbol{u}\left(\boldsymbol{x}\right)=\boldsymbol{\varepsilon}^{\infty}\cdot\boldsymbol{x}, & \|\boldsymbol{x}\|\to\infty \\
\boldsymbol{\varepsilon}\left(\boldsymbol{x}\right)=\dfrac{1}{2}\left(\mathrm{grad}\boldsymbol{u}+\mathrm{grad}^{\mathrm{T}}\boldsymbol{u}\right), & \boldsymbol{x}\in\Omega
\end{cases}
\tag{4.8}
$$

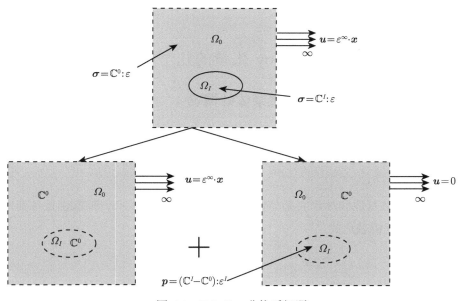

图 4.2　Eshelby 非均质问题

　　假设非均质体 Ω_{I} 中的应变场 $\boldsymbol{\varepsilon}^{I}$ 是均匀的, 由于问题的线弹性特征, 原问题可以看作两个子问题的叠加, 子问题一是无穷远处作用有应变 $\boldsymbol{\varepsilon}^{\infty}$ 的均匀场问题, 该问题的解是直接的.

　　原问题非均质区域 Ω_{I} 的应力 $\boldsymbol{\sigma}^{I}$ 可作如下分解:

$$
\boldsymbol{\sigma}^{I}=\mathbb{C}^{I}:\boldsymbol{\varepsilon}^{I}=\mathbb{C}^{0}:\boldsymbol{\varepsilon}^{I}+\left(\mathbb{C}^{I}-\mathbb{C}^{0}\right):\boldsymbol{\varepsilon}^{I}
\tag{4.9}
$$

定义极化应力场:

$$
\boldsymbol{p}=\left(\mathbb{C}^{I}-\mathbb{C}^{0}\right):\boldsymbol{\varepsilon}^{I}
\tag{4.10}
$$

可以看出, 子问题二与方程 (4.1) 是同类的极化应力场问题. 根据叠加原理, 区域

Ω_I 中的应变场是上述两个子问题解的和，因而有

$$\varepsilon\left(\boldsymbol{x}\right)=\varepsilon^I\left(\boldsymbol{x}\right)=-\mathbb{P}_e:\left(\mathbb{C}^I-\mathbb{C}^0\right):\varepsilon^I+\varepsilon^\infty,\quad\forall\boldsymbol{x}\in\Omega_I \tag{4.11}$$

从中得到

$$\varepsilon\left(\boldsymbol{x}\right)=\left[\mathbb{I}+\mathbb{P}_e:\left(\mathbb{C}^I-\mathbb{C}^0\right)\right]^{-1}:\varepsilon^\infty,\quad\forall\boldsymbol{x}\in\Omega_I \tag{4.12}$$

据此证明了应变场 ε^I 均匀性假设的合理性，因为找到的解满足问题的所有约束方程.

4.3   Eshelby 张量的几个解析解

4.3.1   各向同性基质–球形夹杂体的情况

在此情况下，无限大各向同性基质的弹性张量可用其压缩模量 k_0 和剪切模量 μ_0 表示：

$$\mathbb{C}^0=2\mu_0\mathbb{K}+3k_0\mathbb{J} \tag{4.13}$$

在各向同性基质和球形夹杂体情况下，可以证明 Eshelby 张量也是各向同性的，且有如下解析表达式：

$$\mathbb{S}_e=\frac{6}{5}\frac{k_0+2\mu_0}{3k_0+4\mu_0}\mathbb{K}+\frac{3k_0}{3k_0+4\mu_0}\mathbb{J} \tag{4.14}$$

或者用泊松比 ν_0 表示：

$$\mathbb{S}_e=\frac{2}{15}\frac{4-5\nu_0}{1-\nu_0}\mathbb{K}+\frac{1}{3}\frac{1+\nu_0}{1-\nu_0}\mathbb{J} \tag{4.15}$$

另外，从 Eshelby 张量可以直接得到 Hill 张量 $\mathbb{P}_e=\mathbb{S}_e:\left(\mathbb{C}^0\right)^{-1}$：

$$\mathbb{P}_e=\frac{3}{5\mu_0}\frac{k_0+2\mu_0}{3k_0+4\mu_0}\mathbb{K}+\frac{1}{3k_0+4\mu_0}\mathbb{J} \tag{4.16}$$

4.3.2   各向同性基质–椭球体形夹杂体的情况

仍然考虑各向同性无限大基质材料，其中的夹杂体是椭球体形的. 假设椭球体的旋转轴为 $\boldsymbol{e}_3$ 方向，则沿 $\boldsymbol{e}_1$ 和 $\boldsymbol{e}_2$ 方向的轴长相等，即 $a_1=a_2$，$\boldsymbol{e}_3$ 方向轴长相对于其他方向轴长的形状比率定义为

$$\epsilon=\frac{a_3}{a_1}=\frac{a_3}{a_2} \tag{4.17}$$

作为特例, 对于 4.3.1 节讨论的球形夹杂体, $\epsilon = 1$.

下面分两种情况讨论非球形夹杂体.

(1) 扁平椭球体形夹杂体, $\epsilon \ll 1$. Eshelby 张量的非零元素如下:

$$
\begin{cases}
S_{1111}^e = \dfrac{\pi}{32} \dfrac{13 - 8\nu_0}{1 - \nu_0}\epsilon + \mathcal{O}\left(\epsilon^2\right) \\[2mm]
S_{3333}^e = 1 - \dfrac{\pi}{4} \dfrac{1 - 2\nu_0}{1 - \nu_0}\epsilon + \mathcal{O}\left(\epsilon^2\right) \\[2mm]
S_{1122}^e = -\dfrac{\pi}{32} \dfrac{1 - 8\nu_0}{1 - \nu_0}\epsilon + \mathcal{O}\left(\epsilon^2\right) \\[2mm]
S_{1133}^e = -\dfrac{\pi}{8} \dfrac{1 - 2\nu_0}{1 - \nu_0}\epsilon + \mathcal{O}\left(\epsilon^2\right) \\[2mm]
S_{3311}^e = \dfrac{\nu_0}{1 - \nu_0} - \dfrac{\pi}{8} \dfrac{1 + 4\nu_0}{1 - \nu_0}\epsilon + \mathcal{O}\left(\epsilon^2\right) \\[2mm]
S_{2323}^e = \dfrac{1}{2} - \dfrac{\pi}{8} \dfrac{2 - \nu_0}{1 - \nu_0}\epsilon + \mathcal{O}\left(\epsilon^2\right) \\[2mm]
S_{1212}^e = \dfrac{1}{2}\left(S_{1111}^e - S_{1122}^e\right)
\end{cases}
\tag{4.18}
$$

当需要采用下标形式表示张量时, 下标处的说明符号将移至上标位置, 例如, 式 (4.15) 中的 Eshelby 张量 $\mathbb{S}_e$ 的下标 e 在式 (4.18) 中被移至了上标的位置.

(2) 针形椭球体形夹杂体, $\epsilon \gg 1$. 在此情况下, Eshelby 张量具有如下非零元素:

$$
\begin{cases}
S_{1111}^e = \dfrac{1}{8} \dfrac{5 - 4\nu_0}{1 - \nu_0} - \dfrac{1}{4} \dfrac{1 - 2\nu_0}{1 - \nu_0} \dfrac{\ln\epsilon}{\epsilon^2} + \mathcal{O}\left(\dfrac{1}{\epsilon^2}\right) \\[2mm]
S_{3333}^e = \dfrac{2 - \nu_0}{1 - \nu_0} \dfrac{\ln\epsilon}{\epsilon^2} + \mathcal{O}\left(\dfrac{1}{\epsilon^2}\right) \\[2mm]
S_{1122}^e = -\dfrac{1}{8} \dfrac{1 - 4\nu_0}{1 - \nu_0} + \dfrac{1}{4} \dfrac{1 - 2\nu_0}{1 - \nu_0} \dfrac{\ln\epsilon}{\epsilon^2} + \mathcal{O}\left(\dfrac{1}{\epsilon^2}\right) \\[2mm]
S_{1133}^e = \dfrac{1}{2} \dfrac{\nu_0}{1 - \nu_0} + \dfrac{1}{2} \dfrac{1 + \nu_0}{1 - \nu_0} \dfrac{\ln\epsilon}{\epsilon^2} + \mathcal{O}\left(\dfrac{1}{\epsilon^2}\right) \\[2mm]
S_{3311}^e = -\dfrac{1}{2} \dfrac{1 - 2\nu_0}{1 - \nu_0} \dfrac{\ln\epsilon}{\epsilon^2} + \mathcal{O}\left(\dfrac{1}{\epsilon^2}\right) \\[2mm]
S_{2323}^e = \dfrac{1}{4} - \dfrac{1}{4} \dfrac{1 + \nu_0}{1 - \nu_0} \dfrac{\ln\epsilon}{\epsilon^2} + \mathcal{O}\left(\dfrac{1}{\epsilon^2}\right) \\[2mm]
S_{1212}^e = \dfrac{1}{2}\left(S_{1111}^e - S_{1122}^e\right)
\end{cases}
\tag{4.19}
$$

连续损伤力学基础

本章介绍连续损伤力学的基本概念以及建模思想和步骤. 为了便于理解, 首先建立由弹簧元件构成的一维弹性损伤模型. 作为三维推广, 将介绍经典的 Lemaitre-Chaboche-Marigo 各向同性损伤模型.

5.1　一维弹性元件模型

5.1.1　弹簧元件模型

作为引子, 首先讨论不考虑环向应变 (泊松比为零) 时等截面直杆的轴向拉伸问题, 从中抽象出图 5.1 所示的一维线弹性元件模型. 假设杆件具有单位截面积, 根据胡克定律, 轴向应力 σ 和轴向应变 ε 之间存在线性关系:

$$\sigma = E\varepsilon \tag{5.1}$$

式中, E 表示单个弹簧的弹性模量.

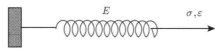

图 5.1　弹簧元件线弹性模型

进一步, 考虑两个弹簧的并联问题, 如图 5.2 所示. 系统总应力和总应变分别为 σ 和 ε, 两个线弹性元件的弹性模量、应力和应变分别为 E_1、σ_1 和 ε_1 以及 E_2、σ_2 和 ε_2. 根据胡克定律得到关系式:

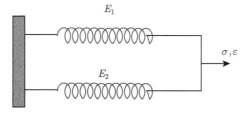

图 5.2　双弹簧并联构成的线弹性模型

$$\begin{cases} \sigma_1 = E_1\varepsilon_1 \\ \sigma_2 = E_2\varepsilon_2 \\ \sigma_1 + \sigma_2 = \sigma \\ \varepsilon_1 = \varepsilon_2 = \varepsilon \end{cases} \tag{5.2}$$

从而建立双弹簧并联系统的宏观应力应变关系:

$$\sigma = E^* \varepsilon \tag{5.3}$$

式中, E^* 表示系统的有效弹性模量

$$E^* = E_1 + E_2 \tag{5.4}$$

双弹簧并联系统可作进一步拓展. 例如, 将等截面直杆模拟成 n 个相同弹性纤维构成的并联系统, 并用弹性元件描述纤维的线弹性力学行为. 假设第 i 个弹簧元件的本构关系为 $\sigma_i = E_i \varepsilon_i$, 则并联弹簧系统的宏观本构关系为 $\sigma = E^* \varepsilon$, 其中有效弹性模量为 $E^* = \sum\limits_{i=1}^{n} E_i$.

5.1.2   一维弹性损伤模型

简化起见, 假设 5.1.1 节中所有模拟纤维的弹簧元件的弹性模量相同, 即 $E_1 = E_2 = \cdots = E_n = E$, 因而有 $E^* = nE$. 现在, 考虑在加载的 t 时刻全部 n 根弹性纤维中的 m 根发生完全断裂, 即不再能够承受任何拉伸作用, 则系统的宏观应力应变关系变为

$$\sigma(t) = (n - m(t))E\varepsilon(t) = \left(1 - \frac{m(t)}{n}\right) E^* \varepsilon(t) \tag{5.5}$$

为了描述材料在任意时刻的受损程度, 引入损伤变量:

$$d(t) = \frac{m(t)}{n} \tag{5.6}$$

因此有

$$\sigma(t) = E(t)\varepsilon(t) \tag{5.7}$$

式中, $E(t) = (1 - d(t))E^*$ 为系统在受损状态的弹性模量. 当 $m = 0$ 时, $d = 0$, 无纤维断裂, 表示系统处于无损状态; 当 $m = n$ 时, $d = 1$, 代表所有纤维断裂, 材料处于完全损伤状态, 不再能够承受任何荷载作用.

上述弹簧元件模型中的损伤变量定义为断裂纤维的数量与纤维总数量的比值, 因此 $d(t)$ 的取值是离散的. 事实上, 构成固体的弹性纤维数量足够大, 认为材料损伤是一个连续的弹性性能劣化的能量耗散过程, 连续损伤力学理论采用连续损伤变量来描述材料的损伤状态.

为了描述材料在荷载作用下的损伤行为，还需要明确什么时候发生纤维断裂以及纤维断裂的演化过程. 对于上述元件模型，损伤变量的值始终处于 0 和 1 之间，作为示例，采用损伤演化准则进行分析：

$$d = 1 - e^{-b\langle \varepsilon - \varepsilon_c \rangle} \tag{5.8}$$

式中，b 和 ε_c 是模型参数，b 控制损伤演化速度，而 ε_c 表示损伤启动的阈值，即当 $\varepsilon \leqslant \varepsilon_c$ 时，损伤无发展；当 $\varepsilon > \varepsilon_c$ 时，材料发生损伤. 作为算例，图 5.3 和图 5.4 分别给出了一维弹性损伤模型的应力应变曲线和损伤演化曲线，其中 $E^* = 4$ 且 $\varepsilon_c = 0.25$.

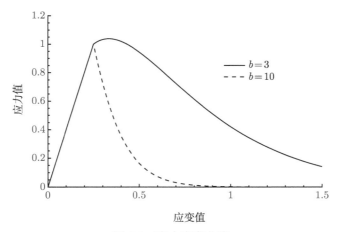

图 5.3　应力应变曲线

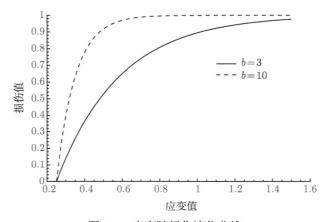

图 5.4　应变随损伤演化曲线

5.2   Lemaitre-Chaboche-Marigo 各向同性损伤模型

尽管 Kachanov 早在 20 世纪 50 年代就提出了材料损伤的概念，但是直到 70 年代末连续损伤力学的理论框架才逐步搭建起来. 这期间，法国巴黎第六大学的勒梅特教授作出了卓越的贡献. 本节介绍损伤力学发展早期的一个经典的各向同性损伤力学模型，其中损伤变量用标量 d 表示. 各向同性损伤模型无法有效描述准脆性岩土材料 (岩石、混凝土等) 由外荷载引起的衍生型各向异性，但因为数学推导简单、易于理解、数值程序研制容易等原因，在工程结构数值分析中的应用非常广泛.

建立损伤力学模型一般遵循以下三个步骤：首先，根据问题的性质选择合适的损伤内变量，如描述各向同性损伤行为，只需要一个标量损伤变量；而描述各向异性损伤行为，则需要选择高阶张量损伤变量或离散损伤变量；其次，确定包含材料损伤的能量表达式，明确损伤对材料力学性能的影响规律，如受损状态的杨氏模量；最后，建立损伤准则，描述加载过程中的损伤启动和演化过程.

5.2.1   损伤变量

需要说明的是，在连续损伤力学理论中，损伤变量的定义不是唯一的. 这里回归到 Kachanov 于 1958 年提出的材料完好度以及 Robatonov 于 1969 年提出的材料损伤度的概念. 考虑受损固体中的任一点 M，以其为中心提取代表性体积单元，称为特征单元体. 容易知道，以 M 点为起点的任一单位向量 $\boldsymbol{n}$ 定义了特征单元体内垂直于该向量的一个截面，如图 5.5 所示. 假设该截面的面积为 S，特征单元体内的部分缺陷 (裂隙、孔洞等) 被截面 $S(\boldsymbol{n})$ 切割，留下不规则迹线.

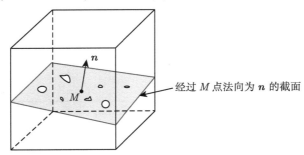

图 5.5   受损材料特征单元体内经过 M 点法向为 $\boldsymbol{n}$ 的截面以及缺陷在该截面留下的迹线

从几何角度看, 截面上被迹线包围的区域不能承受外力作用, 因此定义实际承载的截面面积为有效截面积 $\tilde{S}$, 而 S 和 $\tilde{S}$ 之间的差值

$$S_d = S - \tilde{S} \tag{5.9}$$

是各类缺陷在截面 $S(\boldsymbol{n})$ 上的迹线所包围的面积的总和.

进一步, 定义比值

$$d(\boldsymbol{n}) = \frac{S_d}{S} \tag{5.10}$$

为 M 点处 $\boldsymbol{n}$ 方向的局部损伤值.

显然, $0 \leqslant d \leqslant 1$, $d = 0$ 对应于材料无损状态, 而 $d = 1$ 表示微元在 M 点处沿着截面 $S(\boldsymbol{n})$ 完全分解为两部分.

5.2.2　各向同性假设

考虑受损材料内的任一物质点, 由该点出发的各个方向上的损伤通常不相同, 而是表现出各向异性特征. 事实上, 即使材料内部初始损伤是均匀的, 外荷载作用引起的材料损伤往往也是在某些区域内和/或某些方向上优先发展, 引起衍生型材料各向异性. 因此, 为了准确描述材料损伤引起的弹性性能劣化, 标量损伤变量通常是无法满足要求的. 然而, 当损伤不均匀发展引起的材料各向异性不是特别显著时, 为了简化问题求解, 仍然可以采用标量损伤变量来建立各向同性损伤本构模型. 在各向同性假设下, 局部损伤 $d(\boldsymbol{n})$ 不依赖于法向方向 $\boldsymbol{n}$, 因此单一标量变量就能够满足描述损伤状态的需要.

5.2.3　有效应力与应变等价原理

损伤变量 d 表示单位面积上不连续体所占面积的比率, 相关联地, 可以引入有效应力, 它是有效截面积 $\tilde{S}$ 实际承受的应力.

考虑等截面直杆, 在其轴向存在拉力 F, 直杆的截面面积为 S, 则面力集度 $\sigma = F/S$ 定义了常用的应力. 在各向同性损伤假设下, 有效截面积 $\tilde{S}$ 可以表示成

$$\tilde{S} = S - S_d = S(1 - d) \tag{5.11}$$

定义有效截面积承受的应力为有效应力, 记为 $\tilde{\sigma}$, 则根据关系式 $F = \sigma S = \tilde{\sigma}\tilde{S}$ 得到:

$$\tilde{\sigma} = \sigma \frac{S}{\tilde{S}}$$

即

$$\tilde{\sigma} = \frac{\sigma}{1-d} \tag{5.12}$$

同样，对于三维问题，在各向同性损伤假设下，定义有效应力张量 $\tilde{\boldsymbol{\sigma}}$ 为

$$\tilde{\boldsymbol{\sigma}} = \frac{\boldsymbol{\sigma}}{1-d} \tag{5.13}$$

应变等价原理[27] 认为：应力作用在受损材料上引起的应变与有效应力作用在无损材料上引起的应变等价.

考虑等截面一维受拉直杆，在无损状态时的杨氏模量为 E_0，在外力作用下，材料受损状态的杨氏模量为 $E(d)$，根据应变等价原理得到

$$\tilde{\sigma} = E_0 \varepsilon, \quad \sigma = E(d)\varepsilon \tag{5.14}$$

因此

$$\varepsilon = \frac{\sigma}{E(d)} = \frac{\tilde{\sigma}}{E_0} \tag{5.15}$$

进而建立材料在受损和无损状态下杨氏模量之间的关系：

$$E(d) = \frac{\sigma}{\tilde{\sigma}} E_0 = (1-d)E_0 \tag{5.16}$$

因此，损伤变量 d 也可以用杨氏模量的相对劣化来表示：

$$d = 1 - \frac{E(d)}{E_0} \tag{5.17}$$

5.2.4　应变自由能和状态变量

Lemaitre 和 Chaboche[119] 以及 Marigo[120] 先后建立了各向同性损伤本构模型. 作为应变等价原理的推论以及一维结论的推广，三位学者认为材料在受损状态下的弹性张量 $\mathbb{C}(d)$ 与无损状态下的弹性张量 $\mathbb{C}^0$ 存在如下线性关系：

$$\mathbb{C}(d) = (1-d)\mathbb{C}^0 \tag{5.18}$$

假设材料在初始状态时是各向同性的，并且各向同性损伤演化过程不改变这种特性. 各向同性材料的弹性张量可以用两个独立的弹性常数来表示，例如，可用无损状态的剪切模量 μ_0 和体积压缩模量 k_0 将弹性张量 $\mathbb{C}^0$ 表示成如下形式：

$$\mathbb{C}^0 = 2\mu_0 \mathbb{K} + 3k_0 \mathbb{J} \tag{5.19}$$

相应地，根据式 (5.18)，材料受损状态下的弹性常数为

$$\mu(d) = (1-d)\mu_0, \quad k(d) = (1-d)k_0 \tag{5.20}$$

根据弹性常数之间的变换关系，容易知道，泊松比 ν_0 不受影响，但杨氏模量发生劣化：

$$E(d) = (1-d)E_0 \tag{5.21}$$

由弹性张量 $\mathbb{C}(d)$ 得到应变自由能：

$$\Psi(\boldsymbol{\varepsilon}, d) = \frac{1}{2}\boldsymbol{\varepsilon} : \mathbb{C}(d) : \boldsymbol{\varepsilon} = \frac{1}{2}(1-d)\boldsymbol{\varepsilon} : \mathbb{C}^0 : \boldsymbol{\varepsilon} \tag{5.22}$$

根据热力学原理推导出宏观应力应变关系：

$$\boldsymbol{\sigma} = \frac{\partial \Psi}{\partial \boldsymbol{\varepsilon}} = \mathbb{C}(d) : \boldsymbol{\varepsilon} = (1-d)\mathbb{C}^0 : \boldsymbol{\varepsilon} \tag{5.23}$$

以及与损伤内变量 d 关联的热力学力 (也称为损伤驱动力)：

$$F_d = -\frac{\partial \Psi}{\partial d} = \frac{1}{2}\boldsymbol{\varepsilon} : \mathbb{C}^0 : \boldsymbol{\varepsilon} \tag{5.24}$$

5.2.5　损伤准则及演化方程

通过纯粹细观力学分析建立损伤演化准则仍是连续损伤力学发展的一大挑战，目前普遍采用基于应变能释放率的损伤准则，即

$$g(F_d, d) = F_d - R(d) \leqslant 0 \tag{5.25}$$

式中，$R(d)$ 表示损伤抗力函数，Marigo[120] 建议采用 $R(d) = r_0(1+bd)$ 的形式，其中 r_0 为损伤发展的初始阈值，b 为损伤硬化参数.

根据正交化准则，由损伤加载函数建立损伤演化方程：

$$\dot{d} = \lambda^d \frac{\partial g}{\partial F_d} = \lambda^d \tag{5.26}$$

损伤乘子 λ^d 可根据损伤一致性条件 ($g = 0$ 且 $\dot{g} = 0$) 来确定. 当材料处于加载状态时，由 $\dot{g} = 0$ 得到

$$\dot{F}_d - r_0 b \dot{d} = 0 \tag{5.27}$$

因而有

$$\dot{d} = \frac{\dot{F}_d}{r_0 b} = \frac{\boldsymbol{\varepsilon} : \mathbb{C}^0 : \dot{\boldsymbol{\varepsilon}}}{r_0 b} \tag{5.28}$$

5.2.6 率形式应力应变关系

根据上述结果可以建立率形式应力应变关系 $\dot{\boldsymbol{\sigma}} = \mathbb{C}^{\text{tan}} : \dot{\boldsymbol{\varepsilon}}$. 为了确定切线弹性张量 $\mathbb{C}^{\text{tan}}$ 的表达式, 首先写出宏观应力应变方程 (5.23) 的微分形式:

$$\dot{\boldsymbol{\sigma}} = \mathbb{C}(d) : \dot{\boldsymbol{\varepsilon}} + \dot{d}\mathbb{C}^0 : \boldsymbol{\varepsilon} \tag{5.29}$$

将式 (5.28) 代入式 (5.29), 得到

$$\dot{\boldsymbol{\sigma}} = \left[\mathbb{C}(d) - \frac{1}{r_0 b} \left(\mathbb{C}^0 : \boldsymbol{\varepsilon} \right) \otimes \left(\mathbb{C}^0 : \boldsymbol{\varepsilon} \right) \right] : \dot{\boldsymbol{\varepsilon}} \tag{5.30}$$

归纳可得

$$\mathbb{C}^{\text{tan}} = \begin{cases} \mathbb{C}(d), & g < 0 \text{ 或 } (g = 0 \text{ 且 } \dot{g} < 0) \\ \mathbb{C}(d) - \dfrac{1}{r_0 b} \left(\mathbb{C}^0 : \boldsymbol{\varepsilon} \right) \otimes \left(\mathbb{C}^0 : \boldsymbol{\varepsilon} \right), & g = 0 \text{ 且 } \dot{g} = 0 \end{cases} \tag{5.31}$$

第二篇

裂隙岩石细观损伤力学

第6章

裂隙材料均匀化理论

本章介绍非均质材料线性均匀化方法的基本理论及其在裂隙材料有效力学特性研究中的应用. 首先考虑基质中含稀疏分布币形裂隙的情况, 即忽略裂隙间的相互作用, 直接应用 Eshelby 夹杂问题解来建立有效弹性张量的解析表达式, 研究裂隙在特征单元体中的体积比率对有效弹性常数的影响. 经典理论研究成果致力于确定裂隙材料的宏观弹性特性[34, 35, 56, 82, 123, 124], 这些研究解决了一些基础固体力学问题, 但是它们主要关注张开裂隙的情况. 通过考虑闭合无摩擦裂隙这一理想状态, 本章探讨与裂隙张开闭合有关的单边效应现象[80, 97, 106]. 将运用 Mori-Tanaka 方法[39] 和弹性应变方法来研究裂隙间的相互作用对裂隙材料有效弹性张量的影响. 闭合摩擦裂隙情况下的细观力学分析将在后面章节中重点介绍.

6.1   特征单元体

固体有其特定的细观结构特征 (如图 6.1 所示的混凝土的细观结构). 复合材料细观力学的研究对象主要包含两个尺度, 即宏观尺度和微细观尺度. 在宏观尺度上, 往往认为材料是均质的但是其力学特性是未知的, 材料力学行为研究的落脚点是建立宏观应力应变关系; 在微细观尺度上, 认为材料是非均质的且表现出特定的细观结构特征, 材料内部从一个微元到另一个微元的力学特性可能相差很大, 但总是可以借助技术手段来测量, 因此组成材料的基本单元 (如岩石中的矿物) 的力学特性是可知的. 跨尺度研究的目标是, 从材料局部力学特性和细观结构出发研究材料的宏观有效力学行为.

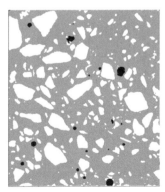

图 6.1   运用 Microtomography 图像处理技术得到的某混凝土材料的细观结构

黑色部分为孔洞, 白色部分为骨料, 其他部分是由水泥砂浆构成的基质相

如果具有一定体积的材料单元的力学特性具有统计上的稳定性, 那么就能够通过研究体积单元的力学特性来确定宏观材料的力学特性. 因此, 可以根据需要从非均质材料中提取代表性体积单元, 即特征单元体 Ω, 作为研究对象. 特征单元体是由基质相和夹杂体相 (图 6.1) 构成的非均质系统. 假设第 0 相, 占有空间 $\Omega^{(0)}$, 为体积比率较大的基质相, 而第 i 相占有空间 $\Omega^{(i)}, i = 1, 2, \cdots, N$, 是基质中的夹杂体相, 且有 $\Omega = \cup\Omega^{(i)}, i = 0, 1, \cdots, N$. 夹杂体相 (如加筋混凝土中的孔隙、微裂隙、硬骨、纤维, 岩石材料中的原生微裂隙和微孔洞等) 体积比率相对较小.

对包含微裂隙的岩石来说, 特征单元体是一个岩石基质和微裂隙组成的非均质系统, 微裂隙的存在弱化了岩石基质的弹性性能. 因为特征单元体应具有代表性, 所以裂隙的数量要足够大. 同时, 由于不可能也没有必要跟踪每个裂隙的演化过程, 数值上可以选择一定数量的代表性裂隙族来研究.

6.2　非均质材料均匀化理论

非均质固体材料力学行为的跨尺度研究一般基于 Eshelby 夹杂问题基本解[33, 125]. 为了利用 Eshelby 夹杂问题解来确定特征单元体的有效力学特性, 通常将夹杂体近似为椭球体形. 例如, 微裂隙常被近似为扁平椭球体, 更为形象化的表述是币形裂隙 (penny-shaped cracks). 在非均质材料均匀化方法中, 可以采用均匀应力边界条件, 也可以采用均匀应变边界条件[126], 下面分别加以介绍.

6.2.1　均匀应力边界条件

假设特征单元体 Ω 的外边界 $\partial\Omega$ 上存在宏观均匀应力场 $\bar{\sigma}$, 该边界条件相当于在外边界上施加面力 $t^0(x) = \bar{\sigma} \cdot n(x), \forall x \in \partial\Omega$. 相应地, 特征单元体内的应力场 $\sigma(x)$ 须满足边界条件 $\sigma(x) \cdot n(x) = \bar{\sigma} \cdot n(x), \forall x \in \partial\Omega$. 在不考虑体力的情况下, 局部应力在特征单元体上的平均值与边界应力 $\bar{\sigma}$ 存在如下关系式:

$$\langle \sigma \rangle_{\Omega} = \frac{1}{V} \int_{\Omega} \sigma(x)\, \mathrm{d}V = \bar{\sigma} \tag{6.1}$$

式中, V 表示特征单元体的体积; $\langle * \rangle_{\Omega}$ 表示变量 $*$ 在特征单元体上的体积平均值. 在后面内容中, 除非特别说明, 理论推导将省去特征单元体符号 Ω. 式 (6.1) 的证明如下.

在不考虑体力影响时, 特征单元体内任一点的静力平衡条件为

$$\text{div}\boldsymbol{\sigma}\left(\boldsymbol{x}\right)=0 \tag{6.2}$$

利用关系式:

$$\frac{\partial x_i}{\partial x_j}=\delta_{ij} \tag{6.3}$$

将应力张量表示成如下形式:

$$\sigma_{ij}=\sigma_{ik}\delta_{jk}=\sigma_{ik}\frac{\partial x_j}{\partial x_k}=\left(\sigma_{ik}x_j\right)_{,k}-\sigma_{ik,k}x_j=\left(\sigma_{ik}x_j\right)_{,k} \tag{6.4}$$

运用高斯定理建立如下关系:

$$
\begin{aligned}
\int_{\Omega}\sigma_{ij}\left(\boldsymbol{x}\right)\mathrm{d}V &= \int_{\Omega}\left(\sigma_{ik}x_j\right)_{,k}\mathrm{d}V = \int_{\partial\Omega}\bar{\sigma}_{ik}x_j n_k\mathrm{d}S \\
&= \bar{\sigma}_{ik}\int_{\partial\Omega}x_j n_k\mathrm{d}S = \bar{\sigma}_{ik}\int_{\Omega}x_{j,k}\mathrm{d}V \\
&= V\bar{\sigma}_{ik}\delta_{jk} = V\bar{\sigma}_{ij}
\end{aligned} \tag{6.5}
$$

从而证明了式 (6.1). 上述结果说明, 作用在外边界上的宏观均匀应力等于局部应力在特征单元体上的平均值.

6.2.2　均匀应变边界条件

现在假设特征单元体的外边界上存在宏观均匀应变 $\bar{\boldsymbol{\varepsilon}}$, 其等价于在外边界上施加位移场:

$$\boldsymbol{u}^0\left(\boldsymbol{x}\right)=\bar{\boldsymbol{\varepsilon}}\cdot\boldsymbol{x},\quad\forall\boldsymbol{x}\in\partial\Omega \tag{6.6}$$

在小变形假设下, 可以证明局部应变 $\boldsymbol{\epsilon}\left(\boldsymbol{x}\right)$ 在特征单元体上的体积平均等于 $\bar{\boldsymbol{\varepsilon}}$, 即

$$\langle\boldsymbol{\epsilon}\left(\boldsymbol{x}\right)\rangle=\frac{1}{V}\int_{\Omega}\boldsymbol{\epsilon}\left(\boldsymbol{x}\right)\mathrm{d}V=\bar{\boldsymbol{\varepsilon}} \tag{6.7}$$

考虑小变形假设下的应变张量定义 $\epsilon_{ij}\left(\boldsymbol{x}\right)=\frac{1}{2}\left(u_{i,j}+u_{j,i}\right)$, 利用高斯定理可得

$$\int_{\Omega}\epsilon_{ij}\left(\boldsymbol{x}\right)\mathrm{d}V=\frac{1}{2}\int_{\partial\Omega}\left(u_i n_j+u_j n_i\right)\mathrm{d}S$$

$$= \frac{1}{2} \left(\bar{\varepsilon}_{ik} \int_{\partial \Omega} x_k n_j \mathrm{d}S + \bar{\varepsilon}_{jk} \int_{\partial \Omega} x_k n_i \mathrm{d}S \right)$$

$$= \frac{1}{2} \left(\bar{\varepsilon}_{ik} \int_{\Omega} x_{k,j} \mathrm{d}V + \bar{\varepsilon}_{jk} \int_{\Omega} x_{k,i} \mathrm{d}V \right)$$

$$= \frac{V}{2} \left(\bar{\varepsilon}_{ik} \delta_{jk} + \bar{\varepsilon}_{jk} \delta_{ki} \right)$$

$$= \frac{V}{2} \left(\bar{\varepsilon}_{ij} + \bar{\varepsilon}_{ji} \right) \tag{6.8}$$

最后, 利用应变张量的对称性证明式 (6.7) 成立.

6.2.3　均匀化方法一般路径

非均质固体材料均匀化方法的目的是从材料细观结构特征和局部力学特性出发, 建立反映其宏观行为的本构关系. 其中, 由局部变量计算宏观变量采用均匀化, 而由宏观变量计算局部变量需要引入局部化张量. 均匀化过程考虑了材料细观结构 (材料组分、空间分布、形状、大小等) 的影响. 如图 6.2 所示, 为了建立宏观应力应变的关系, 可以选择应力问题为研究对象, 也可以选择应变问题为研究对象, 在实际操作中选择应变边界问题更为普遍.

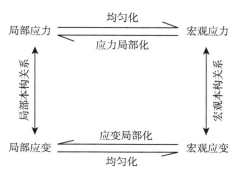

图 6.2　均匀化方法的路径选择

6.2.4　有效弹性张量的一般表达式

假设特征单元体中所有材料相的力学行为均为线弹性, 并且服从广义胡克定律 $\boldsymbol{\sigma}(\boldsymbol{x}) = \mathbb{C}(\boldsymbol{x}) : \boldsymbol{\varepsilon}(\boldsymbol{x}), \forall \boldsymbol{x} \in \Omega$, 其中 $\mathbb{C}(\boldsymbol{x})$ 表示局部弹性张量. 相应的均匀化方法称为线性均匀化方法. 固体基质 (第 0 相) 的弹性张量为 $\mathbb{C}^0$, 第 r 个夹杂相的弹性张量为 $\mathbb{C}^{c,r}, r = 1, 2, \cdots, N$. 根据叠加原理, 固体基质–夹杂系统的宏观 (有效) 力学特性也具有线弹性. 因此, 对于均匀应变边界条件问题, 可以引入四阶应变局

部化张量 $\mathbb{A}(\boldsymbol{x})$ 将局部应变与宏观应变关联起来:

$$\boldsymbol{\epsilon}(\boldsymbol{x}) = \mathbb{A}(\boldsymbol{x}) : \bar{\boldsymbol{\varepsilon}} \tag{6.9}$$

将式 (6.9) 等号两侧在特征单元体上取体积平均:

$$\langle \boldsymbol{\epsilon}(\boldsymbol{x}) \rangle = \langle \mathbb{A}(\boldsymbol{x}) : \bar{\boldsymbol{\varepsilon}} \rangle = \langle \mathbb{A}(\boldsymbol{x}) \rangle : \bar{\boldsymbol{\varepsilon}} \tag{6.10}$$

由于 $\langle \boldsymbol{\epsilon}(\boldsymbol{x}) \rangle = \bar{\boldsymbol{\varepsilon}}$, 因此应变局部化张量具有如下性质:

$$\langle \mathbb{A}(\boldsymbol{x}) \rangle = \mathbb{I} \tag{6.11}$$

式中, $\mathbb{I}$ 为四阶对称单位张量. 利用二阶对称单位张量 $\boldsymbol{\delta}$ (定义和性质见 2.2.1 节), 张量 $\mathbb{I}$ 具有如下元素:

$$I_{ijkl} = \frac{1}{2}\left(\delta_{ik}\delta_{jl} + \delta_{il}\delta_{jk}\right) \tag{6.12}$$

结合式 (6.1) 和式 (6.9), 得到应力张量在特征单元体上的均匀化结果

$$\bar{\boldsymbol{\sigma}} = \langle \boldsymbol{\sigma}(\boldsymbol{x}) \rangle = \langle \mathbb{C}(\boldsymbol{x}) : \boldsymbol{\epsilon}(\boldsymbol{x}) \rangle = \langle \mathbb{C}(\boldsymbol{x}) : \mathbb{A}(\boldsymbol{x}) : \bar{\boldsymbol{\varepsilon}} \rangle = \langle \mathbb{C}(\boldsymbol{x}) : \mathbb{A}(\boldsymbol{x}) \rangle : \bar{\boldsymbol{\varepsilon}} \tag{6.13}$$

最后, 由式 (6.13) 推导出多相非均质材料的有效弹性张量 $\mathbb{C}^{\text{hom}}$ 的一般表达式

$$\mathbb{C}^{\text{hom}} = \langle \mathbb{C}(\boldsymbol{x}) : \mathbb{A}(\boldsymbol{x}) \rangle \tag{6.14}$$

同时有宏观应力应变关系:

$$\bar{\boldsymbol{\sigma}} = \mathbb{C}^{\text{hom}} : \bar{\boldsymbol{\varepsilon}} \tag{6.15}$$

6.2.5 体积平均基于材料相的分解

假设特征单元体中第 r 相材料占有的体积为 V_r, 相应的体积比率为 $\varphi_r = V_r/V$, $r = 0, 1, \cdots, N$, 则变量在特征单元体上的体积平均可以根据材料相作如下分解:

$$\begin{aligned}
\langle * \rangle &= \frac{1}{V}\int_{\Omega} * \mathrm{d}V = \frac{1}{V}\int_{\cup\Omega^{(i)}} * \mathrm{d}V \\
&= \frac{1}{V}\left(\int_{\Omega^{(0)}} * \mathrm{d}V + \int_{\Omega^{(1)}} * \mathrm{d}V + \cdots + \int_{\Omega^{(N)}} * \mathrm{d}V\right) \\
&= \frac{\varphi_0}{V_0}\int_{\Omega^{(0)}} * \mathrm{d}V + \frac{\varphi_1}{V_1}\int_{\Omega^{(1)}} * \mathrm{d}V + \cdots + \frac{\varphi_n}{V_n}\int_{\Omega^{(N)}} * \mathrm{d}V
\end{aligned}$$

$$= \varphi_0 \langle * \rangle_0 + \varphi_1 \langle * \rangle_1 + \cdots + \varphi_n \langle * \rangle_N$$

$$= \sum_{i=0}^{N} \varphi_i \langle * \rangle_i \tag{6.16}$$

式中，$\langle * \rangle_i = \dfrac{1}{V_i} \displaystyle\int_{\Omega^{(i)}} * \mathrm{d}V$ 表示变量 $*$ 在第 i 个材料相上的体积平均. 可见，变量在特征单元体上的体积平均可以通过该变量在各个材料相上体积平均后的加权求和得到，加权系数为各材料相在特征单元体中的体积比率.

将运算规则 (6.16) 作用于式 (6.11)，得到

$$\varphi_0 \langle \mathbb{A} \rangle_0 + \sum_{r=1}^{N} \varphi_r \langle \mathbb{A} \rangle_r = \mathbb{I} \tag{6.17}$$

同样地，式 (6.14) 可以进一步写为

$$\mathbb{C}^{\mathrm{hom}} = \varphi_0 \mathbb{C}^0 : \langle \mathbb{A} \rangle_0 + \sum_{r=1}^{N} \varphi_r \mathbb{C}^{c,r} : \langle \mathbb{A} \rangle_r \tag{6.18}$$

将式 (6.17) 代入式 (6.18)，得到

$$\mathbb{C}^{\mathrm{hom}} = \mathbb{C}^0 + \sum_{r=1}^{N} \varphi_r \left(\mathbb{C}^{c,r} - \mathbb{C}^0 \right) : \langle \mathbb{A} \rangle_r \tag{6.19}$$

式 (6.19) 是多相非均质材料有效弹性张量的计算公式. 由式 (6.19) 可知，一旦明确了各材料相的力学特性和体积比率，线弹性均匀化问题就归结为确定各材料相的应变局部化张量.

当特征单元体仅含单族稀疏分布椭球形夹杂体时，根据 Eshelby 夹杂问题解 (4.12) 直接得到应变局部化张量：

$$\langle \mathbb{A} \rangle_{\mathrm{esh}} = \left[\mathbb{I} + \mathbb{P}_e : \left(\mathbb{C}^c - \mathbb{C}^0 \right) \right]^{-1} = \left[\mathbb{I} - \mathbb{S}_e : \left(\mathbb{I} - \mathbb{S}^0 : \mathbb{C}^c \right) \right]^{-1} \tag{6.20}$$

式中，$\mathbb{S}^0 = (\mathbb{C}^0)^{-1}$ 表示固体基质的四阶柔度张量；$\mathbb{S}_e = \mathbb{P}_e : \mathbb{C}^0$ 表示夹杂体的 Eshelby 张量. 四阶 Hill 张量 $\mathbb{P}_e$ 仅取决于夹杂体的几何形状以及固体基质的弹性常数. 对具有特定几何形状 (如球形、币形、针形) 的夹杂体，已经证明 Eshelby 张量存在解析表达式.

当基质中的夹杂体为稀疏分布时，可以忽略它们之间的相互作用，将式 (6.20) 代入式 (6.19) 得到

$$\mathbb{C}^{\mathrm{hom}} = \mathbb{C}^0 + \sum_{r=1}^{N} \varphi_r \left(\mathbb{C}^{c,r} - \mathbb{C}^0 \right) : \left[\mathbb{I} - \mathbb{S}_e^r : \left(\mathbb{I} - \mathbb{S}^0 : \mathbb{C}^{c,r} \right) \right]^{-1} \tag{6.21}$$

6.3　均匀化方法在裂隙固体中的应用

6.3.1　固体微裂隙–基质系统的数学描述

事实上, 裂隙是分散在固体基质中的位移不连续体, 可以把裂隙岩石看成由岩石基质和大量任意分布的微裂隙构成的非均质材料, 如图 6.3 所示. 简化的币形微裂隙可用裂隙面法向向量 $\boldsymbol{n}$、裂隙面半径 a、半开度 c(短轴长度的一半) 以及形状比率 $\epsilon = c/a$ 加以描述. 将特征单元体中具有相同法向的所有微裂隙归为同一裂隙族, 并把一族裂隙当作特征单元体中的一个材料相来处理.

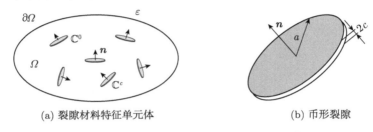

(a) 裂隙材料特征单元体　　　　　　　(b) 币形裂隙

图 6.3　裂隙材料特征单元体和币形裂隙示意图

作为示例, 考虑裂隙面法向向量为 $\boldsymbol{n} = \boldsymbol{e}_3$ 的一族微裂隙, 并将微裂隙近似成扁平椭球体, 其数学表达式为

$$\frac{x_1^2}{a^2} + \frac{x_2^2}{a^2} + \frac{x_3^2}{c^2} \leqslant 1 \tag{6.22}$$

用 $\mathcal{N}$ 表示单位体积内该裂隙族的裂隙数量, 则相应的体积比率为

$$\varphi = \frac{4}{3}\pi a^2 c \mathcal{N} = \frac{4}{3}\pi \epsilon d \tag{6.23}$$

式中, $d = \mathcal{N}a^3$ 是由 Budiansky 和 O'Connell[55] 引入的无量纲裂隙密度参数, 该参数在细观损伤力学分析中作为损伤内变量得到了广泛运用.

假设岩石基质具有线弹性和各向同性力学特性, 则其弹性张量可以表示为 $\mathbb{C}^0 = 2\mu_0\mathbb{K} + 3k_0\mathbb{J}$, 其中 μ_0 和 k_0 分别表示基质的剪切模量和体积压缩模量. 对于张开裂隙, 裂隙自身作为材料相无法承受任何应力, 因此 $\mathbb{C}^c = 0$, 此时有效弹性张量 (6.21) 变成

$$\mathbb{C}^{\mathrm{hom}} = \mathbb{C}^0 : \left(\mathbb{I} - \frac{4}{3}\pi \sum_{r=1}^{N} d_r \epsilon \left(\mathbb{I} - \mathbb{S}_e^r\right)^{-1}\right) \tag{6.24}$$

6.3.2　币形微裂隙问题的 Eshelby 张量

对于扁平椭球体型裂隙 (裂隙面法向为 $n = e_3$) 的情况，Eshelby 张量中的所有非零元素如下[35]：

$$S^e_{1111} = S^e_{2222} = \frac{13 - 8\nu_0}{32(1 - \nu_0)}\pi\epsilon, \qquad S^e_{3333} = 1 - \frac{1 - 2\nu_0}{1 - \nu_0}\frac{\pi}{4}\epsilon$$

$$S^e_{1122} = S^e_{2211} = \frac{8\nu_0 - 1}{32(1 - \nu_0)}\pi\epsilon, \qquad S^e_{1133} = S^e_{2233} = \frac{2\nu_0 - 1}{8(1 - \nu_0)}\pi\epsilon$$

$$S^e_{3311} = S^e_{3322} = \frac{\nu_0}{1 - \nu_0}\left(1 - \frac{4\nu_0 + 1}{8\nu_0}\pi\epsilon\right), \quad S^e_{1212} = \frac{7 - 8\nu_0}{32(1 - \nu_0)}\pi\epsilon$$

$$S^e_{1313} = S^e_{2323} = \frac{1}{2}\left(1 + \frac{\nu_0 - 2}{1 - \nu_0}\frac{\pi}{4}\epsilon\right)$$

$$\text{(6.25)}$$

式中，ν_0 表示各向同性固体基质的泊松比.

重要的是，利用第 2 章介绍的 Walpole 四阶方向张量基，式 (6.25) 中的 Eshelby 张量的非零元素可以表示为

$$\mathbb{S}_e = (S^e_{1111} + S^e_{2222}, S^e_{3333}, S^e_{1111} - S^e_{1122}, 2S^e_{1313}, S^e_{3311}, S^e_{1133}) \tag{6.26}$$

6.3.3　有效弹性张量

由式 (6.24) 确定的微裂隙–基质系统的有效弹性张量是裂隙形状比率 ϵ 的函数. 币形微裂隙的形状比率非常小，即 $\epsilon \ll 1$，可以证明，当 $\epsilon \to 0$ 时，$(\mathbb{I} - \mathbb{S}_e)^{-1}$ 是奇异的，但是 $\epsilon(\mathbb{I} - \mathbb{S}_e)^{-1}$ 存在极限，记为 $\mathbb{V}$，其基于 Walpole 张量基的表达式为

$$\mathbb{V} = \lim_{\epsilon \to 0} \epsilon(\mathbb{I} - \mathbb{S}_e)^{-1} = \frac{4(1 - \nu_0)}{\pi}\left(0, \frac{1 - \nu_0}{1 - 2\nu_0}, 0, \frac{1}{2 - \nu_0}, \frac{\nu_0}{1 - 2\nu_0}, 0\right) \tag{6.27}$$

例如，对法向向量为 e_3 的一族裂隙，张量 $\mathbb{V}$ 的非零元素为

$$V_{3333} = \frac{4(1 - \nu_0)^2}{\pi(1 - 2\nu_0)}, \quad V_{3311} = V_{3322} = \frac{4(1 - \nu_0)\nu_0}{\pi(1 - 2\nu_0)}, \quad V_{1313} = V_{2323} = \frac{4(1 - \nu_0)}{\pi(2 - \nu_0)} \tag{6.28}$$

经整理得到微裂隙–基质系统的有效弹性张量

$$\mathbb{C}^{\text{hom}} = \mathbb{C}^0 : \left(\mathbb{I} - \frac{4}{3}\pi\sum_{r=1}^{N} d_r \mathbb{V}^r\right) \tag{6.29}$$

进一步证明式 (6.29) 等价于

$$\mathbb{C}^{\mathrm{hom}} = \mathbb{C}^0 - \sum_{r=1}^{N} d_r \mathbb{C}^0 : \mathbb{S}^{n,r} : \mathbb{C}^0 \tag{6.30}$$

不失一般性, 对任一裂隙族, $\mathbb{S}^n$ 的表达式为

$$\mathbb{S}^n = \frac{1}{c_n}\mathbb{N} + \frac{1}{c_t}\mathbb{T} \tag{6.31}$$

其中, $\mathbb{N} = \mathbb{E}^2$ 且 $\mathbb{T} = \mathbb{E}^4$; c_n 和 c_t 均是仅依赖于各向同性基质的弹性常数, 且可表示为

$$c_n = \frac{3E_0}{16\left(1 - \nu_0^2\right)}, \quad c_t = \left(2 - \nu_0\right)c_n \tag{6.32}$$

6.3.4　裂隙闭合效应

岩石等摩擦黏结材料具有内在的摩擦系数, 并且裂隙表面总是凹凸不平的. 在闭合无摩擦裂隙的理想情况下, 本节建立特征单元体的有效弹性张量, 闭合裂隙摩擦滑移引起的非线性力学行为将在后面的章节中加以重点讨论.

光滑闭合裂隙 (无摩擦) 本身不具有抵抗裂隙面局部剪切应力的能力. 在裂隙闭合过程中, 有效杨氏模量得到恢复. 例如, 当岩石基质仅含有一族平行微裂隙时, 裂隙闭合将使裂隙面法向方向的有效杨氏模量完全恢复. 为此, 可以把闭合无摩擦裂隙模拟成弹性张量为 $\mathbb{C}^c = 3k_0\mathbb{J}$ 的假想材料[80, 97], 理论结果符合闭合无摩擦裂隙的力学特性.

把 $\mathbb{C}^c = 3k_0\mathbb{J}$ 代入式 (6.21), 得到

$$\mathbb{C}^{\mathrm{hom}} = \mathbb{C}^0 - \frac{8}{3}\pi\mu_0 \sum_{r=1}^{N} d_r \epsilon \mathbb{K} : \left(\mathbb{I} - \mathbb{S}_e^r : \mathbb{K}\right)^{-1} \tag{6.33}$$

类似地, 当 $\epsilon \to 0$ 时, $\epsilon\mathbb{K} : \left(\mathbb{I} - \mathbb{S}_e^r : \mathbb{K}\right)^{-1}$ 存在极限, 记为 $\tilde{\mathbb{V}}$, 且有

$$\tilde{\mathbb{V}} = \lim_{\epsilon \to 0} \epsilon\mathbb{K} : \left(\mathbb{I} - \mathbb{S}_e^r : \mathbb{K}\right)^{-1} = \left(0, 0, 0, \frac{4\left(1 - \nu_0\right)}{\pi\left(2 - \nu_0\right)}, 0, 0\right) \tag{6.34}$$

式 (6.33) 进一步写成

$$\mathbb{C}^{\mathrm{hom}} = \mathbb{C}^0 : \left(\mathbb{I} - \frac{4}{3}\pi \sum_{r=1}^{N} d_r \tilde{\mathbb{V}}^r\right) \tag{6.35}$$

式 (6.35) 也可以写成类似式 (6.30) 的形式：

$$\mathbb{C}^{\mathrm{hom}} = \mathbb{C}^0 - \sum_{r=1}^{N} d_r \mathbb{C}^0 : \tilde{\mathbb{S}}^{n,r} : \mathbb{C}^0 \tag{6.36}$$

式中，$\tilde{\mathbb{S}}^{n,r} = \dfrac{1}{c_t} \mathbb{T}^r$.

当一族裂隙发生从闭合到张开的状态过渡时，特征单元体的有效弹性张量将发生跳跃. 根据张开和闭合两种情况下特征单元体的有效弹性张量 (6.30) 和 (6.36)，得到有效弹性张量的跳跃值

$$\Delta \mathbb{C}^{\mathrm{hom}} = d\mathbb{C}^0 : \left(\mathbb{S}^n - \tilde{\mathbb{S}}^n \right) : \mathbb{C}^0 = \frac{d}{c_n} \mathbb{C}^0 : \mathbb{N} : \mathbb{C}^0 \tag{6.37}$$

6.3.5　Mori-Tanaka 方法

基于 Eshelby 夹杂问题解的均匀化方法是一种完全忽略裂隙间相互作用的稀疏法. Eshelby 夹杂问题解发表后，不少学者研究了裂隙间相互作用对材料有效行为的影响，这里首先介绍 Mori-Tanaka(MT) 方法[39, 40]. 在 MT 方法中，基质相应变的平均值为 $\boldsymbol{\varepsilon}^0$，夹杂体仍旧置于固体基质中，但是作用在特征单元体外边界上的不再是宏观均匀应变 $\bar{\boldsymbol{\varepsilon}}$，而是 $\boldsymbol{\varepsilon}^0$，相应的特征单元体如图 6.4 所示.

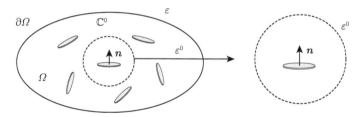

图 6.4　MT 方法中的特征单元体

根据 Eshelby 夹杂问题解，由 MT 方法得到的局部应变场为

$$\boldsymbol{\epsilon}^r(\boldsymbol{x}) = \langle \mathbb{A}^r \rangle_{\mathrm{esh}} : \boldsymbol{\varepsilon}^0 \tag{6.38}$$

根据特征单元体上的均匀化运算规则 (6.16) 得到

$$\bar{\boldsymbol{\varepsilon}} = \langle \boldsymbol{\epsilon}(\boldsymbol{x}) \rangle = \varphi_0 \boldsymbol{\varepsilon}^0 + \sum_{r=1}^{N} \varphi_r \langle \boldsymbol{\epsilon} \rangle_r \tag{6.39}$$

将式 (6.38) 代入式 (6.39), 经变换可得

$$\varepsilon^0 = \left(\varphi_0 \mathbb{I} + \sum_{r=1}^{N} \varphi_r \langle \mathbb{A} \rangle_{\mathrm{esh}}^r\right)^{-1} : \bar{\varepsilon} \tag{6.40}$$

结合式 (6.38) 和式 (6.40), 得到 MT 方法的应变局部化张量 $\mathbb{A}_{\mathrm{mt}}^r$

$$\mathbb{A}_{\mathrm{mt}}^r = \langle \mathbb{A} \rangle_{\mathrm{esh}}^r : \left(\varphi_0 \mathbb{I} + \sum_{j=1}^{N} \varphi_j \langle \mathbb{A} \rangle_{\mathrm{esh}}^j\right)^{-1} \tag{6.41}$$

(1) 对于张开裂隙 ($\mathbb{C}^c = 0$), 式 (6.41) 简化为

$$\mathbb{A}_{\mathrm{mt}}^r = (\mathbb{I} - \mathbb{S}_e^r)^{-1} : \left[\varphi_0 \mathbb{I} + \sum_{j=1}^{N} \varphi_j \left(\mathbb{I} - \mathbb{S}_e^j\right)^{-1}\right]^{-1} \tag{6.42}$$

将其代入有效弹性张量表达式 (6.19), 得到

$$\mathbb{C}^{\mathrm{hom}} = \mathbb{C}^0 - \mathbb{C}^0 : \sum_{r=1}^{N} \varphi_r \left(\mathbb{I} - \mathbb{S}_e^r\right)^{-1} : \left[\varphi_0 \mathbb{I} + \sum_{j=1}^{N} \varphi_j \left(\mathbb{I} - \mathbb{S}_e^j\right)^{-1}\right]^{-1} \tag{6.43}$$

等价于

$$\mathbb{C}^{\mathrm{hom}} = \varphi_0 \mathbb{C}^0 : \left[\varphi_0 \mathbb{I} + \sum_{r=1}^{N} \varphi_r \left(\mathbb{I} - \mathbb{S}_e^r\right)^{-1}\right]^{-1} \tag{6.44}$$

与固体基质相比, 微裂隙的体积比率相对较小, 即 $\varphi_0 \approx 1$, 因此近似有

$$\mathbb{C}^{\mathrm{hom}} = \mathbb{C}^0 : \left(\mathbb{I} + \frac{4}{3}\pi \sum_{r=1}^{N} d_r \mathbb{V}^r\right)^{-1} \tag{6.45}$$

有效弹性张量 $\mathbb{C}^{\mathrm{hom}}$ 的逆张量是有效柔度张量 $\mathbb{S}^{\mathrm{hom}}$, 即

$$\mathbb{S}^{\mathrm{hom}} = \left(\mathbb{C}^{\mathrm{hom}}\right)^{-1} = \left(\mathbb{I} + \frac{4}{3}\pi \sum_{r=1}^{N} d_r \mathbb{V}^r\right) : \mathbb{S}^0 \tag{6.46}$$

根据式 (6.30), 式 (6.46) 也可以表示成

$$\mathbb{S}^{\mathrm{hom}} = \mathbb{S}^0 + \sum_{r=1}^{N} d_r \mathbb{S}^{n,r} \tag{6.47}$$

(2) 对于闭合裂隙 ($\mathbb{C}^c = 3k_0 \mathbb{J}$), 注意到以下关系:

$$\tilde{\mathbb{V}} = \lim_{\epsilon \to 0} \epsilon \left(\mathbb{I} - \mathbb{S}_e^r : \mathbb{K}\right)^{-1} = \lim_{\epsilon \to 0} \epsilon \mathbb{K} : \left(\mathbb{I} - \mathbb{S}_e^r : \mathbb{K}\right)^{-1} \tag{6.48}$$

系统有效弹性张量为

$$\mathbb{C}^{\text{hom}} = \mathbb{C}^0 - \mathbb{C}^0 : \frac{4}{3}\pi \sum_{r=1}^{N} d_r \tilde{\mathbb{V}}^r : \left(\mathbb{I} + \frac{4}{3}\pi \sum_{j=1}^{N} d_j \tilde{\mathbb{V}}^j \right)^{-1} \tag{6.49}$$

进一步整理可得

$$\mathbb{C}^{\text{hom}} = \mathbb{C}^0 : \left(\mathbb{I} + \frac{4}{3}\pi \sum_{r=1}^{N} d_r \tilde{\mathbb{V}}^r \right)^{-1} \tag{6.50}$$

相应地, 有效柔度张量表示成

$$\mathbb{S}^{\text{hom}} = \left(\mathbb{I} + \frac{4}{3}\pi \sum_{r=1}^{N} d_r \tilde{\mathbb{V}}^r \right) : \mathbb{S}^0 = \mathbb{S}^0 + \sum_{r=1}^{N} d_r \tilde{\mathbb{S}}^{n,r} \tag{6.51}$$

当一族裂隙发生从张开到闭合的状态过渡时, 由 MT 方法确定的系统有效柔度张量发生如下跳跃:

$$\Delta \mathbb{S}^{\text{hom}} = d \left(\mathbb{S}^n - \tilde{\mathbb{S}}^n \right) = \frac{d}{c_n} \mathbb{N} \tag{6.52}$$

6.3.6 Ponte-Castaneda-Willis 方法

Ponte-Castaneda-Willis(PCW) 方法[44] 使用两个独立的四阶张量分别描述夹杂体的几何形状和空间分布. 理论上, 可以使用独立的张量函数来描述每一族裂隙的空间分布, 但是, 在实际操作中, 通常假设所有裂隙族的微裂隙空间分布是相同的, 且是各向同性的. 由 PCW 方法确定的应变局部化张量为

$$\mathbb{A}_{\text{pcw}}^r = \mathbb{A}_{\text{esh}}^r : \left[\mathbb{I} - \sum_{j=1}^{N} \varphi_j \mathbb{P}_d^j : (\mathbb{C}^{c,j} - \mathbb{C}^0) : \mathbb{A}_{\text{esh}}^j \right]^{-1} \tag{6.53}$$

从而得到系统的有效弹性张量

$$\mathbb{C}^{\text{hom}} = \mathbb{C}^0 + \sum_{r=1}^{N} \varphi_r (\mathbb{C}^{c,r} - \mathbb{C}^0) : \mathbb{A}_{\text{esh}}^r : \left[\mathbb{I} - \sum_{j=1}^{N} \varphi_j \mathbb{P}_d^j : (\mathbb{C}^{c,j} - \mathbb{C}^0) : \mathbb{A}_{\text{esh}}^j \right]^{-1} \tag{6.54}$$

式中, $\mathbb{P}_d$ 是描述裂隙空间分布的四阶张量函数. 在球形分布时, $\mathbb{P}_d$ 为四阶各向同性张量, 且有

$$\mathbb{P}_d = \frac{\alpha_k}{3k_0} \mathbb{J} + \frac{\alpha_\mu}{2\mu_0} \mathbb{K}, \quad \alpha_k = \frac{3k_0}{3k_0 + 4\mu_0}, \quad \alpha_\mu = \frac{6(k_0 + 2\mu_0)}{5(3k_0 + 4\mu_0)} \tag{6.55}$$

PCW 方法与 MT 方法和稀疏法存在如下关系.

(1) 当 $\mathbb{P}_d = \mathbb{P}_e$ 时, 式 (6.53) 退化为 MT 方法确定的应变局部化张量 (6.41), 也就是说, MT 方法描述夹杂体的几何形状和空间分布是同一个张量函数.

(2) 当 $\mathbb{P}_d = 0$ 时, 式 (6.53) 退化为由 Eshelby 夹杂问题解确定的应变局部化张量 (6.20), 这说明稀疏法完全忽略了夹杂体空间分布的影响.

6.3.7   弹性应变边界法

下面介绍本书作者最近提出的一种均匀化方法 —— 弹性应变边界法[127]. 该方法认为夹杂体内的应变场不仅与宏观应变有关, 也与裂隙引起的非弹性应变有关. 在加载过程中裂隙扩展在空间上是不均匀的, 因此宏观非弹性应变对每族甚至每个裂隙的影响都是不一样的. 理论上, 需要对每一个微裂隙加以单独考虑, 但是跟踪研究所有微裂隙的扩展过程是不现实的, 因此依然选择裂隙族为研究对象.

根据不连续位移场计算特征单元体的非弹性应变 $\boldsymbol{\varepsilon}^p$. 非弹性应变的存在对每个夹杂体 (微裂隙) 内的局部应变场产生影响, 为此引入四阶张量 $\mathbb{S}_d^r$ 表示 $\boldsymbol{\varepsilon}^p$ 对第 r 族裂隙的影响程度, 相应的特征单元体问题如图 6.5 所示.

$$\boldsymbol{\epsilon}^r = \langle \mathbb{A} \rangle_{\mathrm{esh}}^r : (\bar{\boldsymbol{\varepsilon}} - \mathbb{S}_d^r : \boldsymbol{\varepsilon}^p) \tag{6.56}$$

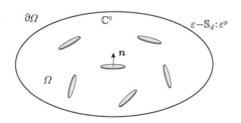

图 6.5   基于弹性应变边界的均匀化方法

根据式 (6.57) 计算非弹性应变:

$$\boldsymbol{\varepsilon}^p = \sum_{r=1}^{N} \varphi_r \boldsymbol{\epsilon}^r = \sum_{r=1}^{N} \varphi_r \langle \mathbb{A} \rangle_{\mathrm{esh}}^r : (\bar{\boldsymbol{\varepsilon}} - \mathbb{S}_d^r : \boldsymbol{\varepsilon}^p) \tag{6.57}$$

从而得到

$$\boldsymbol{\varepsilon}^p = \left[\mathbb{I} + \sum_{r=1}^{N} \varphi_r \langle \mathbb{A} \rangle_{\mathrm{esh}}^r : \mathbb{S}_d^r \right]^{-1} : \sum_{j=1}^{N} \varphi_j \langle \mathbb{A} \rangle_{\mathrm{esh}}^j : \bar{\boldsymbol{\varepsilon}} \tag{6.58}$$

代入宏观应力应变关系 $\bar{\boldsymbol{\sigma}} = \mathbb{C}^0 : (\bar{\boldsymbol{\varepsilon}} - \boldsymbol{\varepsilon}^p)$，得到系统有效弹性张量

$$\mathbb{C}^{\mathrm{hom}} = \mathbb{C}^0 - \mathbb{C}^0 : \left[\mathbb{I} + \sum_{r=1}^{N} \varphi_r \mathbb{A}_{\mathrm{esh}}^r : \mathbb{S}_d^r\right]^{-1} : \sum_{j=1}^{N} \varphi_j \mathbb{A}_{\mathrm{esh}}^j \qquad (6.59)$$

为了降低问题求解的难度，对所有裂隙族 $\mathbb{S}_d^r$ 取值相同. 此时，式 (6.59) 可以写成

$$\mathbb{C}^{\mathrm{hom}} = \mathbb{C}^0 - \sum_{r=1}^{N} \varphi_r \mathbb{C}^0 : \mathbb{A}_{\mathrm{esh}}^r : \left[\mathbb{I} + \sum_{r=1}^{N} \varphi_r \mathbb{S}_d : \mathbb{A}_{\mathrm{esh}}^r\right]^{-1} \qquad (6.60)$$

特殊地，当 $\mathbb{S}_d = \mathbb{I}$ 时，作用在特征单元体外边界上的宏观均匀应变为 $(\boldsymbol{\varepsilon} - \boldsymbol{\varepsilon}^p)$，即弹性应变，式 (6.59) 退化为由 MT 方法确定的表达式，换句话说，针对币形裂隙问题，MT 方法等价于外边界施加均匀弹性应变的 Eshelby 夹杂问题. 当 $\mathbb{S}_d = 0$ 时，原问题退化为经典 Eshelby 夹杂问题.

另外，当把 $\mathbb{S}_d$ 表示成 $\mathbb{S}_d = \mathbb{P}_d : \mathbb{C}^0$ 时，发现弹性应变边界法得到的有效弹性张量与 PCW 方法的形式一致.

6.4 裂隙对宏观弹性特性的影响

本节利用稀疏法、MT 方法和 PCW 方法研究分析裂隙对材料有效力学特性的影响规律. 首先考虑固体基质仅包含一族平行裂隙的情况，然后考虑空间各向同性分布微裂隙的情况.

6.4.1 单族平行微裂隙情况

考虑固体基质仅包含一族法向向量为 $\boldsymbol{n} = \boldsymbol{e}_1$ 的平行裂隙. 下面讨论该族微裂隙对杨氏模量 $E_1(\boldsymbol{e}_1)$ 以及沿裂隙面的剪切模量 μ_{12} 和 μ_{13} 的影响. 当微裂隙为均匀分布时，固体微裂隙–基质系统表现出横观各向同性，因而理论推导可以借助于 Walpole 张量基进行. 现将三种均匀化方法得到的结果归纳比较如下.

1) 稀疏法

裂隙张开情况：

$$\frac{E_1}{E_0} = \frac{1 - r(1 - \nu_0)d}{1 - 2r\nu_0^2 d}, \quad \frac{\mu_{12}}{\mu_0} = \frac{\mu_{13}}{\mu_0} = 1 - \frac{16(1 - \nu_0)}{3(2 - \nu_0)}d \qquad (6.61)$$

式中，$r = \dfrac{16(1 - \nu_0)}{3(1 - 2\nu_0)}$.

裂隙闭合情况：

$$\frac{E_1}{E_0} = 1, \quad \frac{\mu_{12}}{\mu_0} = \frac{\mu_{13}}{\mu_0} = 1 - \frac{16\,(1-\nu_0)}{3\,(2-\nu_0)}d \tag{6.62}$$

2) MT 方法

微裂隙张开情况：

$$\frac{E_0}{E_1} = 1 + \frac{16}{3}\,\left(1-\nu_0^2\right)d, \quad \frac{\mu_0}{\mu_{12}} = \frac{\mu_0}{\mu_{13}} = 1 + \frac{16\,(1-\nu_0)}{3\,(2-\nu_0)}d \tag{6.63}$$

微裂隙闭合情况：

$$\frac{E_0}{E_1} = 1, \quad \frac{\mu_0}{\mu_{12}} = \frac{\mu_0}{\mu_{13}} = 1 + \frac{16\,(1-\nu_0)}{3\,(2-\nu_0)}d \tag{6.64}$$

3) PCW 方法

微裂隙张开情况：

$$\frac{E_1}{E_0} = 1 - \frac{240\,\left(1-\nu_0^2\right)d}{45 + 16\,\left(7-15\nu_0^2\right)d} \tag{6.65}$$

$$\frac{\mu_{12}}{\mu_0} = \frac{\mu_{13}}{\mu_0} = 1 - \frac{240\,(1-\nu_0)\,d}{45\,(2-\nu_0) + 32\,(4-5\nu_0)\,d} \tag{6.66}$$

微裂隙闭合情况：

$$\frac{E_1}{E_0} = 1, \quad \frac{\mu_{12}}{\mu_0} = \frac{\mu_{13}}{\mu_0} = 1 - \frac{240\,(1-\nu_0)\,d}{45\,(2-\nu_0) + 32\,(4-5\nu_0)\,d} \tag{6.67}$$

可以看出，对于裂隙面光滑的单族裂隙，在裂隙张开/闭合转变过程中，裂隙面法向方向的杨氏模量完全恢复，但是材料剪切模量的劣化状态没有变化，这是裂隙单边接触效应的一个体现.

图 6.6 和图 6.7 分别给出了固体基质含单族裂隙时轴向 (裂隙面法线方向) 杨氏模量以及剪切模量随损伤变化的情况. 可以看出，三种均匀化方法预测的弹性常数演化曲线差异较大，基于 Eshelby 夹杂问题解的稀疏法预测的材料劣化速度最快，MT 方法预测的演化速度最慢. 考察 $E_1 = 0$ 对应的损伤值，可以看出，由稀疏法和 PCW 方法确定的临界损伤值均小于 1，而 MT 方法得到的弹性常数演化曲线与横坐标没有交点.

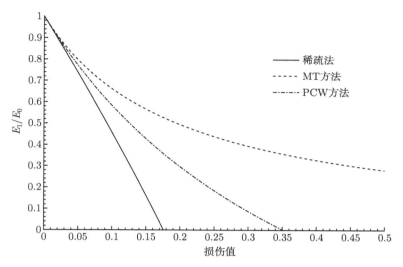

图 6.6　轴向杨氏模量随损伤的变化曲线：单族裂隙情况

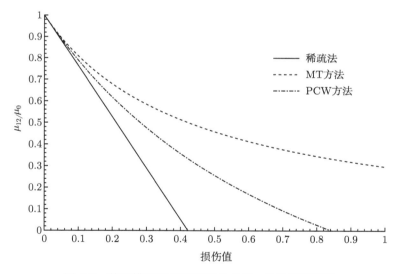

图 6.7　剪切模量随损伤的变化曲线：单族裂隙情况

6.4.2　任意分布微裂隙情况

当固体基质中含有大量的位置和法向任意分布的微裂隙时，系统的力学特性近似为各向同性. 微裂隙的弱化效应体现在对初始压缩模量 k_0 和初始剪切模量 μ_0

的改变上. 形式上, 各向同性损伤材料的弹性张量具有如下一般形式:

$$\mathbb{C}^{\text{hom}} = 2\mu(d)\,\mathbb{K} + 3k(d)\,\mathbb{J} \tag{6.68}$$

同时得到系统有效柔度张量

$$\mathbb{S}^{\text{hom}} = \frac{1}{2\mu(d)}\mathbb{K} + \frac{1}{3k(d)}\mathbb{J} \tag{6.69}$$

式中, $\mu(d)$ 和 $k(d)$ 分别表示受损材料的剪切模量和体积压缩模量. 根据稀疏法、MT 方法和 PCW 方法得到的解析表达式如下.

1) 稀疏法

裂隙张开情况:

$$\frac{k(d)}{k_0} = 1 - \frac{16\left(1-\nu_0^2\right)}{9\left(1-2\nu_0\right)}d, \quad \frac{\mu(d)}{\mu_0} = 1 - \frac{32\left(1-\nu_0\right)\vartheta}{15\left(2-\nu_0\right)}d \tag{6.70}$$

式中, $\vartheta = \dfrac{5-\nu_0}{3}$.

裂隙闭合情况:

$$\frac{k(d)}{k_0} = 1, \quad \frac{\mu(d)}{\mu_0} = 1 - \frac{32\left(1-\nu_0\right)}{15\left(2-\nu_0\right)}d \tag{6.71}$$

2) MT 方法

微裂隙张开情况:

$$\frac{k_0}{k(d)} = 1 + \frac{16\left(1-\nu_0^2\right)}{9\left(1-2\nu_0\right)}d, \quad \frac{\mu_0}{\mu(d)} = 1 + \frac{32\left(1-\nu_0\right)\vartheta}{15\left(2-\nu_0\right)}d \tag{6.72}$$

微裂隙闭合情况:

$$\frac{k_0}{k(d)} = 1, \quad \frac{\mu_0}{\mu(d)} = 1 + \frac{32\left(1-\nu_0\right)}{15\left(2-\nu_0\right)}d \tag{6.73}$$

3) PCW 方法

微裂隙张开情况:

$$\frac{k(d)}{k_0} = 1 - \frac{16\left(1-\nu_0^2\right)d}{9\left(1-2\nu_0\right) + \frac{16}{3}\left(1+\nu_0\right)^2 d} \tag{6.74}$$

$$\frac{\mu(d)}{\mu_0} = 1 - \frac{480\left(1-\nu_0\right)\vartheta d}{225\left(2-\nu_0\right) + 64\left(4-5\nu_0\right)\vartheta d} \tag{6.75}$$

微裂隙闭合情况:

$$\frac{k(d)}{k_0} = 1, \quad \frac{\mu(d)}{\mu_0} = 1 - \frac{480(1-\nu_0)d}{225(2-\nu_0) + 64(4-5\nu_0)d} \tag{6.76}$$

需要指出的是,在光滑无摩擦裂隙假设下得到的裂隙张开和闭合状态下的体积压缩模量和剪切模量表达式均不相同,从裂隙单边效应研究的角度,这一结果给确定裂隙张开/闭合临界条件带来了数学上的困难.

根据上述表达式,可以得到有效体积压缩模量 k 和有效剪切模量 μ 随损伤的演化曲线,如图 6.8 和图 6.9 所示,基本规律与单族裂隙情况类似.

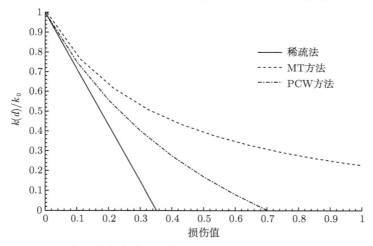

图 6.8　各向同性损伤分布条件下体积压缩模量随损伤的变化曲线

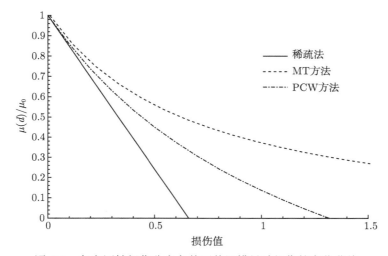

图 6.9　各向同性损伤分布条件下剪切模量随损伤的变化曲线

6.5　本章小结

本章介绍了非均质材料线性均匀化理论及其在裂隙岩石有效力学特性研究中的应用,给出了基于 Eshelby 夹杂问题解的稀疏法、MT 方法以及 PCW 方法的微裂隙–基质非均质系统的有效弹性张量解析表达式. 在单族平行裂隙和任意分布裂隙两种情况下,探讨了微裂隙对材料弹性特性的影响规律.

与宏观唯象模型不同,基于均匀化理论的细观力学方法能够考虑衍生型材料各向异性、裂隙间相互作用、裂隙单边接触效应等基础力学问题. 关于裂隙单边接触行为,本章考虑了一种理想化的微裂隙形态,即光滑无摩擦裂隙,研究结果表明单族平行裂隙在闭合过程中,沿裂隙面的剪切模量不受影响,但是裂隙面法向方向的杨氏模量完全恢复,说明在裂隙张开/闭合转变的临界状态,有效弹性张量发生了跳跃.

需要指出的是,对于币形微裂隙问题,MT 方法确定的有效柔度张量与线弹性断裂力学得到的结果完全一致. 尽管 MT 方法得到的有效弹性张量是关于损伤变量的非线性函数,但是通过有效弹性张量求逆得到的有效柔度张量却是线性的,单一裂隙族对系统柔度张量的影响是一种简单叠加的形式,这一特点对细观力学分析非常有利. 另外,数值研究结果表明,裂隙扩展引起的材料各向异性比裂隙间相互作用对裂隙固体的影响更为显著,无相互作用近似模型在描述裂隙岩石有效力学行为方面具有广泛的适用性[68]. 综合各方面因素,后续章节将主要以 MT 方法为基础进行理论推导.

裂隙岩石弹性损伤力学

准脆性岩石非线性损伤力学行为的主导因素是裂隙的存在及其扩展. 运用非均质材料线性均匀化方法, 第 6 章建立了微裂隙–基质特征单元体的有效弹性张量, 讨论了裂隙扩展对材料宏观力学特性 (弹性常数) 的影响规律. 本章在不可逆热力学理论框架下研究裂隙扩展引起的损伤演化.

连续损伤力学处理裂隙扩展问题需要考虑两个基本力学问题, 即裂隙在空间上的不均匀发展引起的材料各向异性以及与裂隙张开/闭合有关的单边接触效应 (unilateral effect) [71]. 对宏观唯象损伤模型来说, 数学上统一描述衍生各向异性和单边效应非常困难. Chaboche[70] 通过设置四个基本问题全面考察了早期代表性损伤力学模型处理材料各向异性和单边效应的能力. Halm 和 Dragon[128] 认为, 为了考虑裂隙单边接触效应, 基于高阶损伤变量的各向异性损伤力学模型必须引入四阶张量损伤变量, 他们在模型中采用谱分解方法对四阶损伤变量进行了简化处理. Cormery 和 Welemane[79] 通过特例分析指出, Halm 和 Dragon 模型存在理论不协调问题. 本书作者最近发现[127], 基于四阶张量损伤变量的本构模型难以定义描述裂隙张开/闭合条件的超平面函数, 另外四阶张量损伤变量的物理意义也不甚明确.

与宏观唯象学建模方式不同, 细观力学方法以更为理性的方式考虑与微裂隙及其扩展有关的损伤力学机理和机制, 能够更为合理地描述裂隙扩展引起的材料各向异性和裂隙单边接触效应. 这里介绍光滑无摩擦裂隙引起的单边损伤行为, 旨在介绍损伤力学模型的基本要素.

7.1　各向异性细观损伤力学

7.1.1　损伤变量

一族裂隙是特征单元体中具有相同法向向量的微裂隙的集合. 在外荷载作用下, 裂隙在空间上的不均匀扩展引起衍生型材料各向异性, 建立损伤本构关系需要考虑各向异性损伤行为. 考虑到裂隙法向向量的离散性, 赋予每个裂隙族一个描述裂隙状态的损伤变量. 所有裂隙族的损伤变量构成一个集合, 用 $\mathcal{D} = \{d_1, d_2, \cdots, d_N\}$ 来表示, d_i 是第 i 裂隙族的损伤内变量.

7.1.2　系统自由能与状态变量

简化起见, 首先考虑岩石基质包含单族微裂隙的情况. 不失一般性, 假设该族

裂隙的法向向量为 $\boldsymbol{n}$, 并用 $d = d(\boldsymbol{n})$ 表示裂隙分布密度, 即损伤变量. 基于热力学原理建立损伤力学模型需要确定裂隙–基质系统的自由能表达式. 当仅考虑裂隙扩展引起的能量耗散时, 系统应变自由能是宏观应变 $\boldsymbol{\varepsilon}$ 和损伤变量 d 的函数:

$$\Psi(\boldsymbol{\varepsilon}, d) = \frac{1}{2}\boldsymbol{\varepsilon} : \mathbb{C}^{\mathrm{hom}}(d) : \boldsymbol{\varepsilon} \tag{7.1}$$

式中, $\mathbb{C}^{\mathrm{hom}}(d)$ 表示受损材料的有效弹性张量, 第 6 章通过均匀化方法建立了显性表达式.

状态变量, 也称为与内变量相关联 (伴随) 的热力学力, 是系统能量耗散的驱动力, 可由自由能对内变量求导得到. 首先建立宏观应力应变关系:

$$\boldsymbol{\sigma} = \frac{\partial \Psi}{\partial \boldsymbol{\varepsilon}} = \mathbb{C}^{\mathrm{hom}}(d) : \boldsymbol{\varepsilon} \tag{7.2}$$

同样得到与损伤变量相关联的热力学力, 即损伤驱动力:

$$F_d = -\frac{\partial \Psi}{\partial d} = -\frac{1}{2}\boldsymbol{\varepsilon} : \frac{\partial \mathbb{C}^{\mathrm{hom}}}{\partial d} : \boldsymbol{\varepsilon} \tag{7.3}$$

7.1.3 损伤准则和演化法则

研究岩石损伤的一项基础工作是描述和模拟裂隙什么时候扩展以及怎样扩展. 通过纯粹细观力学方法建立材料的能量耗散势能 (类似于多孔材料的 Gurson 模型) 和裂隙扩展准则当然是理想的选择. 遗憾的是, 目前还没有合适的理论工具能做到这一点. 将细观力学方法与基于宏观表达的热力学原理相结合被认为是研究裂隙材料损伤问题的有效手段. 一方面, 借助细观力学方法确定材料的有效力学特性, 充分考虑材料损伤和破坏的力学机理和机制, 建立本构方程和内变量演化准则; 另一方面, 基于内变量的不可逆热力学理论提供了本构方程需要满足的热力学约束条件以及标准化的数值程序研制流程, 可以兼顾理论推导的数学严谨性和本构模型的工程实用性.

根据热力学第二定律, 裂隙扩展引起的能量耗散 $\mathcal{D}_e$ 是非负的, 即满足

$$\mathcal{D}_e = F_d \dot{d} \geqslant 0 \tag{7.4}$$

在热力学框架下, 通常采用基于应变能释放率的损伤准则:

$$g(F_d, d) = F_d - R(d) \leqslant 0 \tag{7.5}$$

式中, $R(d)$ 是损伤演化 (裂隙扩展) 的抗力函数. 针对损伤准则 (7.5), 有如下加载条件:

$$\begin{cases} 当 F_d < R(d) 时, & \dot{d} = 0, 裂隙不扩展 \\ 当 F_d = R(d) 时, & \dot{d} > 0, 裂隙扩展 \end{cases} \tag{7.6}$$

与单边接触效应、衍生各向异性、摩擦滑移等基本力学机制相比, 裂隙形态的精细化描述比较困难, 对构建宏观本构关系和模拟宏观力学行为也是没有必要的. 在细观损伤力学分析中, 考虑解析数学表达的需要和数值程序研制的便利, 通常假设裂隙扩展过程是自相似的, 即裂隙形状上保持币形, 仅在其自身平面内扩展, 因而裂隙面法向向量不发生变化.

假设岩石为标准正交材料, 损伤演化服从正交化准则:

$$\dot{d} = \lambda^d \frac{\partial g(F_d, d)}{\partial F_d} = \lambda^d, \quad \lambda^d \geqslant 0 \tag{7.7}$$

式中, λ^d 表示损伤乘子.

类似于经典塑性力学理论, 考虑加卸载条件的损伤演化方程如下:

$$\dot{d} = \begin{cases} 0, & g < 0 \ 或 \ g = 0 \ 且 \ \dot{g} < 0 \\ \lambda^d, & g = 0 \ 且 \ \dot{g} = 0 \end{cases} \tag{7.8}$$

损伤乘子 λ^d 可由损伤一致性条件 ($g = 0$ 且 $\dot{g} = 0$) 来确定, 即

$$\dot{g} = \frac{\partial g}{\partial \boldsymbol{\varepsilon}} : \dot{\boldsymbol{\varepsilon}} + \frac{\partial g}{\partial d} \dot{d} = 0 \tag{7.9}$$

另外, 基于损伤演化准则可以建立率形式的应力应变关系. 首先将宏观应力应变关系表示成微分形式

$$\dot{\boldsymbol{\sigma}} = \dot{\mathbb{C}}^{\mathrm{hom}} : \boldsymbol{\varepsilon} + \mathbb{C}^{\mathrm{hom}} : \dot{\boldsymbol{\varepsilon}} \tag{7.10}$$

且有如下关系:

$$\dot{\mathbb{C}}^{\mathrm{hom}} : \boldsymbol{\varepsilon} = \frac{\partial \mathbb{C}^{\mathrm{hom}} : \boldsymbol{\varepsilon}}{\partial d} \dot{d} = \frac{\partial \Psi}{\partial \boldsymbol{\varepsilon} \partial d} \dot{d} = -\frac{\partial F_d}{\partial \boldsymbol{\varepsilon}} \lambda^d = -\frac{\partial g}{\partial \boldsymbol{\varepsilon}} \lambda^d \tag{7.11}$$

进而得到

$$\dot{\boldsymbol{\sigma}} = \mathbb{C}^{\mathrm{tan}} : \dot{\boldsymbol{\varepsilon}} \tag{7.12}$$

式中, $\mathbb{C}^{\mathrm{tan}}$ 表示材料切线弹性张量, 具体表达式为

$$\mathbb{C}^{\mathrm{tan}} = \mathbb{C}^{\mathrm{hom}} - \frac{1}{\mathcal{H}_d} \frac{\partial g}{\partial \boldsymbol{\varepsilon}} \otimes \frac{\partial g}{\partial \boldsymbol{\varepsilon}} \tag{7.13}$$

其中, 损伤硬化参量 $\mathcal{H}_d = -\partial g / \partial d$.

7.2　单轴拉伸作用下的解析解

7.2.1　单族裂隙无损伤强化情况

本节讨论当损伤抗力为常数 $(R = r_0)$ 并且基质仅包含一族平行微裂隙时，单轴拉应力作用下的材料力学响应. 假设拉应力方向与裂隙面法向一致 $(\boldsymbol{n} = \boldsymbol{e}_1)$，则应力张量表示为 $\boldsymbol{\sigma} = \sigma_{11} \boldsymbol{e}_1 \otimes \boldsymbol{e}_1$. 下面就三种均匀化方法分别加以讨论.

1) 稀疏法

第 6 章确定的有效弹性张量求逆得到有效柔度张量：

$$\mathbb{S}^{\text{hom}} = \frac{1}{E_0} \left(1 - \nu_0, \frac{1 - 2\varrho\nu_0^2 d}{1 - \varrho(1 - \nu_0)d}, 1 + \nu_0, \frac{1 + \nu_0}{1 - \varrho d \frac{1 - 2\nu_0}{2 - \nu_0}}, -\nu_0, -\nu_0 \right) \quad (7.14)$$

式中，$\varrho = \dfrac{16(1 - \nu_0)}{3(1 - 2\nu_0)}$.

由宏观应力应变关系 $\boldsymbol{\varepsilon} = \mathbb{S}^{\text{hom}} : \boldsymbol{\sigma}$ 得到单轴拉伸条件下的轴向应变 ε_{11}

$$\varepsilon_{11} = \frac{\sigma_{11}}{E_0} \frac{1 - 2\varrho\nu_0^2 d}{1 - \varrho(1 - \nu_0)d} \quad (7.15)$$

同时由吉布斯自由能表达式得到与损伤变量关联的热力学力 $F_d = \dfrac{1}{2}\boldsymbol{\sigma} : \dfrac{\partial \mathbb{S}^{\text{hom}}}{\partial d} : \boldsymbol{\sigma}$，进一步推导可得

$$F_d = \frac{1}{2E_0} \frac{\varrho(1 - 2\nu_0)(1 + \nu_0)}{[1 - \varrho(1 - \nu_0)d]^2} \sigma_{11}^2 = \frac{8E_0(1 - \nu_0^2)}{3\left(1 - 2\varrho\nu_0^2 d\right)^2} \varepsilon_{11}^2 \quad (7.16)$$

根据损伤准则 $g(\varepsilon_{11}, d) = F_d - r_0 \leqslant 0$，当 $g < 0$ 时，$d = 0$，且有 $\varepsilon_{11} = \sigma_{11}/E_0$；当 $g = 0$ 时，$d > 0$ 且有如下关系式：

$$\varepsilon_{11} = \sqrt{\frac{3r_0}{8E_0\left(1 - \nu_0^2\right)}} \left(1 - 2\varrho\nu_0^2 d\right) \quad (7.17)$$

同样有

$$\sigma_{11} = \sqrt{\frac{3E_0 r_0}{8(1 - \nu_0^2)}} \left[1 - \varrho(1 - \nu_0)d\right] \quad (7.18)$$

显然，当损伤值增大时，轴向应力与轴向应变均减小，应力峰后表现为 II 类应力应变曲线，即发生 Snapback 现象.

2) MT 方法

含单族币形微裂隙系统的有效柔度张量表达式为

$$\mathbb{S}^{\mathrm{hom}} = \frac{1}{E_0} \left\{ 1 - \nu_0, 1 + \frac{16(1 - \nu_0^2)}{3}d, 1 + \nu_0, \right.$$

$$\left. (1 + \nu_0) \left[1 + \frac{16(1 - \nu_0)}{3(2 - \nu_0)}d \right], -\nu_0, -\nu_0 \right\} \tag{7.19}$$

从而得到轴向应力应变关系:

$$\varepsilon_{11} = \frac{1}{E_0} \left[1 + \frac{16(1 - \nu_0^2)}{3}d \right] \sigma_{11} \tag{7.20}$$

以及损伤驱动力:

$$F_d = \frac{8 \left(1 - \nu_0^2 \right)}{3E_0} \sigma_{11}^2 \tag{7.21}$$

当裂隙扩展条件 (即 $g = 0$) 满足时, 轴向应力 $\sigma_{11} = \sqrt{\dfrac{3E_0 r_0}{8 \left(1 - \nu_0^2 \right)}}$ 为一常数.

相应地, 轴向应变也可以表示成损伤变量的函数:

$$\varepsilon_{11} = \sqrt{\frac{3r_0}{8E_0 \left(1 - \nu_0^2 \right)}} \left[1 + \frac{16}{3}(1 - \nu_0^2)d \right] \tag{7.22}$$

3) PCW 方法

根据该方法推导出含单族微裂隙的系统有效柔度张量

$$\mathbb{S}^{\mathrm{hom}} = \frac{1}{E_0} \left(1 - \nu_0, \frac{1 - \varrho_5}{1 - \varrho_2}, 1 + \nu_0, \frac{1 + \nu_0}{1 - \varrho_4}, -\nu_0, -\nu_0 \right) \tag{7.23}$$

式中

$$\begin{cases} \varrho_2 = \dfrac{240d(1 - \nu_0)^2}{45(1 - 2\nu_0) + 16d \left[7 - 14\nu_0 + 15(\nu_0)^2 \right]} \\[3mm] \varrho_4 = \dfrac{240d(1 - \nu_0)}{45(2 - \nu_0) + 32d(4 - 5\nu_0)} \\[3mm] \varrho_5 = \dfrac{2\nu_0^2}{1 - \nu_0} \varrho_2 \end{cases}$$

进而得到应力应变关系:

$$\varepsilon_{11} = \frac{1}{E_0} \frac{1 - \varrho_5}{1 - \varrho_2} \sigma_{11} \tag{7.24}$$

和损伤驱动力:

$$F_d = \frac{1}{2E_0} \frac{240(1 - \nu_0^2)}{(45 - 128d)^2} \sigma_{11}^2 \tag{7.25}$$

由损伤准则 $g(\varepsilon_{11}, d) = F_d - r_0 = 0$ 得到应力和损伤关系式

$$\sigma_{11} = \sqrt{\frac{3E_0 r_0}{8(1-\nu_0^2)}} \left(1 - \frac{128}{45}d\right) \tag{7.26}$$

将式 (7.26) 代入式 (7.24) 得到应变和损伤之间的关系式

$$\varepsilon_{11} = \sqrt{\frac{3r_0}{8E_0(1-\nu_0^2)}} \left[1 + \frac{16}{45}\left(7 - 15\nu_0^2\right)d\right] \tag{7.27}$$

图 7.1 和图 7.2 分别给出了含单族微裂隙岩石在单轴拉伸应力 (沿裂隙面法

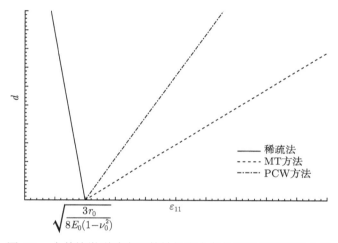

图 7.1　含单族微裂隙岩石单轴拉应力条件下的应变损伤曲线

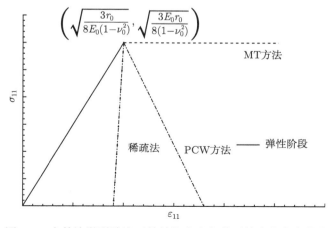

图 7.2　含单族微裂隙岩石单轴拉应力条件下的应力应变曲线

向) 作用下根据三种均匀化方法得到的应变损伤关系曲线和应力应变关系曲线. 在损伤抗力为常数时，稀疏法预测的是 II 类曲线，即软化段出现应变回弹现象，MT 方法预测的是理想弹塑性行为，而 PCW 方法预测的是 I 类曲线.

7.2.2   从单族到多族：代表性裂隙族

裂隙岩石通常包含大量任意分布的微裂隙，可以通过数学方法选择一定数量的代表性裂隙族来研究. 对任意与法向方向有关的分布函数 $q(\boldsymbol{n})$，当裂隙族的数量 N 非常大时，存在求和计算与球面积分之间的如下近似关系：

$$\frac{1}{N}\sum_{r=1}^{N} q^r(\boldsymbol{n}^r) = \frac{1}{4\pi}\int_{\mathcal{S}} q(\boldsymbol{n})\,\mathrm{d}S \tag{7.28}$$

式中，$\mathcal{S}$ 表示单位球的球面.

球面积分可以通过一组数学上确定的球面高斯积分点加以离散，即

$$\frac{1}{4\pi}\int_{\mathcal{S}} q(\boldsymbol{n})\,\mathrm{d}S = \sum_{r=1}^{N_g} \varpi^r q^r(\boldsymbol{n}^r) \tag{7.29}$$

式中，N_g 是球面高斯积分点的数量；$\boldsymbol{n}^r$ 是球面高斯积分点 $\boldsymbol{x}^r$ 与坐标原点构成的单位向量；ϖ^r 是与高斯积分点关联的积分权重系数，并且 $\sum_{r=1}^{N_g} \varpi^r = 1$.

确定一组球面高斯积分点的位置及相应权重需要专门的数学知识，如最优化方法. Bazant 和 Oh[129] 在建立微平面本构理论过程中发展了几个具有不同数值精度的球面积分模式，在各向异性本构关系研究中得到了广泛应用. 作为例子，图 7.3 给出了半球面上两组高斯积分点的分布图. 对裂隙损伤问题，由于损伤变量具有中心对称特性，即 $d(\boldsymbol{n}) = d(-\boldsymbol{n})$，球面数值积分仅需考虑半球面上的高斯积分.

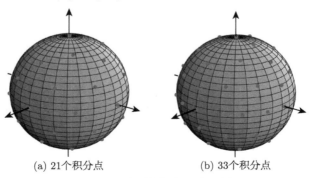

(a) 21个积分点   (b) 33个积分点

图 7.3   球面高斯积分点示例

7.2.3　多族裂隙且考虑损伤强化软化

对多族微裂隙情况，这里仅根据 MT 方法建立应力应变关系的解析表达式. MT 方法确定的有效柔度张量为

$$\mathbb{S}^{\text{hom}} = \mathbb{S}^0 + \sum_{r=1}^{N_g} \varpi_r d_r \mathbb{S}^{n,r} \tag{7.30}$$

式中，ϖ_r 为第 r 裂隙族的数值积分权重. $\mathbb{S}^n = \dfrac{1}{c_n}\mathbb{N} + \dfrac{1}{c_t}\mathbb{T}$，其中 $c_n = \dfrac{3E_0}{16\left(1-\nu_0^2\right)}$ 且 $c_t = \left(2-\nu_0\right)c_n$.

根据式 (7.30) 得到特征单元体的吉布斯自由能

$$\Psi^* = \frac{1}{2}\boldsymbol{\sigma} : \mathbb{S}^0 : \boldsymbol{\sigma} + \frac{1}{2}\sum_{r=1}^{N_g} \varpi_r d_r \boldsymbol{\sigma} : \mathbb{S}^{n,r} : \boldsymbol{\sigma} \tag{7.31}$$

从中得到宏观应力应变关系

$$\boldsymbol{\varepsilon} = \mathbb{S}^{\text{hom}} : \boldsymbol{\sigma} = \left(\mathbb{S}^0 + \sum_{r=1}^{N_g} \varpi_r d_r \mathbb{S}^{n,r}\right) : \boldsymbol{\sigma} \tag{7.32}$$

以及与损伤变量关联的热力学力

$$F_d = \frac{\partial \Psi^*}{\partial d} = \frac{1}{2}\boldsymbol{\sigma} : \mathbb{S}^n : \boldsymbol{\sigma} \tag{7.33}$$

假设单轴拉伸应力的施加方向为 $\boldsymbol{e}_1$，则应力状态可以表示成 $\boldsymbol{\sigma} = \sigma_{11}\boldsymbol{e}_1 \otimes \boldsymbol{e}_1$. 如图 7.4 所示，法向方向为 $\boldsymbol{n}$ 的微裂隙，裂隙面方向与 $\boldsymbol{e}_1$ 轴的夹角为 θ，则有关系式 $\boldsymbol{e}_1 \cdot \boldsymbol{n} = \cos\theta$. 损伤驱动力 F_d 进一步表示成

$$F_d = \frac{1}{2c_t}\left(2-\nu_0\cos^2\theta\right)\cos^2\theta\sigma_{11}^2 \tag{7.34}$$

根据损伤准则 $g = F_d - R(d) = 0$，得到

$$\sigma_{11} = \frac{1}{\cos\theta}\sqrt{\frac{2c_t R(d)}{2-\nu_0\cos^2\theta}} \tag{7.35}$$

和轴向应力应变关系的解析表达式

$$\varepsilon_{11} = \boldsymbol{\varepsilon} : (\boldsymbol{e}_1 \otimes \boldsymbol{e}_1) = \left[\frac{1}{E_0} + \frac{1}{c_t}\sum_{r=1}^{N_g} \varpi_r d_r \left(2-\nu_0\cos^2\theta_r\right)\cos^2\theta_r\right]\sigma_{11} \tag{7.36}$$

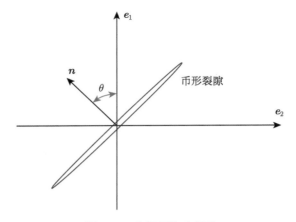

图 7.4　币形裂隙示意图

由损伤准则 (7.35) 可知, 材料的强化和软化过程完全由损伤抗力函数 $R(d)$ 决定, 即函数 $R(d)$ 随损伤演化应具有先增后减的特征, 转折点在应力峰值处. 假定临界损伤值为 $d = d_c$, 定义参数 $\xi = d/d_c$, 则可以采用下面的函数形式:

$$R(d) = r_c \frac{2\xi}{1+\xi^2} \tag{7.37}$$

式中, r_c 表示对应于应力峰值的临界损伤抗力.

图 7.5～图 7.7 分别给出了含单族和多族裂隙岩石在单轴拉伸应力条件下的

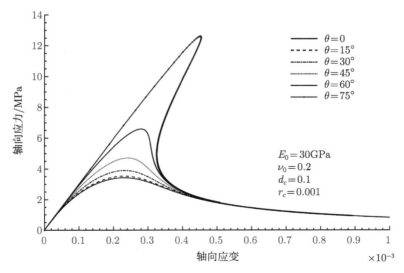

图 7.5　单轴拉伸条件下含不同倾角单族裂隙岩石的力学响应

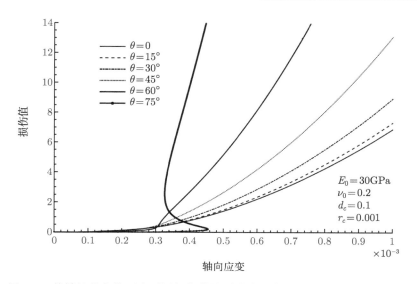

图 7.6 单轴拉伸条件下含不同倾角单族裂隙岩石力学行为：应变–损伤曲线

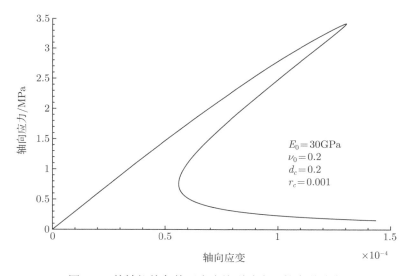

图 7.7 单轴拉伸条件下含多族裂隙岩石的力学响应

力学响应. 可以发现, 裂隙倾角对宏观应力应变曲线的形态有显著的影响, 当裂隙面倾角 θ 较大时, 得到 II 类应力应变曲线, 即峰后出现回弹现象; 而当裂隙面倾角较小时, 得到的是 I 类应力应变曲线, 表明裂隙扩展引起的能量释放是一个持续平稳的过程. 对同一组参数取值, 含多族裂隙材料表现出明显的 II 类曲线特征, 出现典型的快速回弹现象. 需要指出的是, 本章介绍的多尺度损伤本构模型理论预测结果是 I 类曲线还是 II 类曲线, 取决于岩石的临界损伤值 d_c.

从图 7.5 还可以看出, 在轴向应变增长到一定值以后, 考虑不同裂隙倾角的微裂隙–基质系统的应力应变曲线最终趋向于同一曲线, 或者说, 当损伤足够大时, 理论预测的应力应变关系与裂隙倾角无关. 事实上, 由轴向应力表达式 (7.35) 得到

$$\left(2 - \nu_0 \cos^2 \theta\right) \cos^2 \theta = \frac{2c_t R(d)}{\sigma_{11}^2} \tag{7.38}$$

将式 (7.38) 代入式 (7.36), 在单轴裂隙情况下得到

$$\varepsilon_{11} = \frac{\sigma_{11}}{E_0} + \frac{2dR(d)}{\sigma_{11}} \tag{7.39}$$

由式 (7.37) 可知

$$dR(d) = r_c d_c \frac{2\xi^2}{1 + \xi^2} \tag{7.40}$$

显然, 在应力峰值 ($\xi = 1$) 之后, 函数 $dR(d)$ 快速趋近于临界值 $r_c d_c$, 由式 (7.39) 确定的应力应变曲线趋于唯一.

7.3   单轴压应力条件下的解析解

为了简化分析, 近似认为在单轴压应力条件下特征单元体中的所有微裂隙都是闭合的. 此时, 基于 MT 方法得到的系统有效柔度张量为

$$\mathbb{S}^{\text{hom}} = \mathbb{S}^0 + \frac{1}{c_t} \sum_{r=1}^{N_g} \varpi_r d_r \mathbb{T}^r \tag{7.41}$$

根据不可逆热力学原理, 法向方向为 $\boldsymbol{n}$ 的裂隙族在单轴压应力条件下的损伤驱动力为 $F_d = \frac{1}{c_t} \sin^2 \theta \cos^2 \theta \sigma_{11}^2$, 则由损伤准则得到

$$\sigma_{11} = \frac{\sqrt{c_t R(d)}}{\cos \theta \sin \theta} \tag{7.42}$$

其等价于

$$\sin 2\theta = \frac{2\sqrt{c_t R(d)}}{\sigma_{11}} \tag{7.43}$$

进一步, 得到轴向应力应变关系的解析表达式

$$\varepsilon_{11} = \sigma_{11} \left(\frac{1}{E_0} + \frac{1}{2c_t} \sum_{r=1}^{N_g} \varpi_r d_r \sin^2 (2\theta_r) \right) = \frac{\sigma_{11}}{E_0} + \frac{1}{\sigma_{11}} \sum_{r=1}^{N_g} 2\varpi_r d_r R(d_r) \tag{7.44}$$

图 7.8 给出了单轴压缩条件下不同临界损伤值时的应力应变曲线. 可以看出,当临界损伤值较小时, 材料表现出明显的脆性特征, 应力应变曲线为 II 类; 当临界损伤值较大时, 材料表现出准脆性特征, 应力应变曲线为 I 类, 即峰后不会出现回弹现象. 另外发现, 临界损伤值不影响材料峰值应力, 但是其与破坏处的非弹性应变之间具有线性关系.

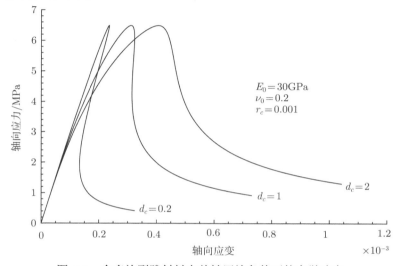

图 7.8 含多族裂隙材料在单轴压缩条件下的力学响应

同时注意到, 对裂隙无摩擦情况, 单轴受压和受拉条件下的强度比值非常小, 且无法考虑围压效应和体积膨胀现象. 需要强调的是, 岩石类黏结摩擦材料的压拉强度比往往比较大, 为了完整描述和模拟岩石材料在压应力条件下的力学行为, 需要考虑与滑动摩擦有关的力学机制以及损伤摩擦耦合效应.

7.4 本章小结

本章介绍了构建连续损伤本构模型的一般步骤, 给出了单轴应力条件下本构方程的解析解. 此阶段仅考虑了闭合无摩擦裂隙的影响, 相应地仅涉及裂隙扩展引起的能量耗散. 对岩石材料来说, 考虑单边效应的弹性损伤模型应用范围有限, 因为岩石是一种摩擦黏结材料, 闭合裂隙面的摩擦滑移与压应力条件下的一系列物理力学现象紧密关联, 模拟裂隙面滑移摩擦有关的岩石非线性力学行为是后续章节的重点内容.

损伤摩擦耦合效应

大量实验揭示了岩石裂隙面摩擦滑移行为在解释一系列非线性力学现象和机理 (不可恢复变形、循环加卸载试验中的滞回环、围压效应、摩擦强化行为[130] 等) 方面的重要作用. 裂隙摩擦现象很早就吸引了实验力学与本构关系研究学者的注意, 早期学者在二维情况下研究摩擦裂隙材料的有效力学行为[124, 131], 主要采用了增量研究方法[132, 133], 但是很少考虑摩擦滑移过程的能量耗散特性. 特别需要提及 Andrieux 等[91] 对摩擦现象的热动力学分析. 断裂力学曾是研究裂隙摩擦滑移的主要理论工具[50,90,134−136]. Barthélémy 等[93] 基于细观力学方法研究了简单加载条件下考虑裂隙摩擦效应的应力应变关系解析表达式.

裂隙面相对滑移引起的非弹性变形和经典塑性应变存在相似性. 事实上, 在基于滑板元件的理想塑性材料中, 摩擦参数被用于描述塑性变形的启动条件. 不可恢复裂隙面相对滑移问题可以通过经典塑性理论来研究. 考虑库仑滑移问题与塑性流动问题之间的相似性由来已久[137−139]. 通过渐进力学分析, Antoni[140] 指出关联库仑摩擦问题与无限小弹塑性中间夹层问题具有等价性, 并且认为这种等价性在实际应用层面可以推广到更为一般的非关联库仑摩擦滑移问题.

本章讨论含闭合摩擦裂隙的特征单元体的非线性力学行为, 利用问题分解和连续条件建立裂隙–基质系统的自由能表达式, 推导与内变量相关联的热力学力, 并通过基于局部应力的库仑摩擦滑移准则以及基于应变能释放率的损伤演化准则来研究损伤摩擦耦合力学行为.

8.1　特征单元体

8.1.1　几何表述

考虑由岩石基质和一族平行微裂隙组成的特征单元体 (图 8.1), 裂隙的法向向量为 n, 裂隙占有的空间用 $\mathcal{C}$ 表示, 裂隙的上下表面分别用 $\mathcal{C}^+$ 和 $\mathcal{C}^-$ 描述, 裂隙内部任意点位移场的不连续表示为 $[\![u]\!] = u^+ - u^-$, 则裂隙单边接触条件如下:

$$\begin{cases} [\![u_n]\!] = [\![u]\!] \cdot n \geqslant 0 \\ \sigma_n = n \cdot \boldsymbol{\sigma} \cdot n \leqslant 0 \\ [\![u_n]\!]\sigma_n = 0 \end{cases} \tag{8.1}$$

式中, $[\![u_n]\!]$ 是不连续位移在裂隙面法向的分量; σ_n 是局部应力的法向分量. 裂隙单边接触条件的具体解释如下: 当裂隙张开 ($[\![u_n]\!] > 0$) 时, 裂隙内部不存在局部应

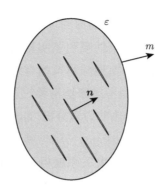

图 8.1   含单族平行裂隙的特征单元体的示意图

力作用, 因此 $\sigma_n = 0$; 当裂隙闭合 ($[\![u_n]\!] = 0$) 时, $\sigma_n < 0$, 裂隙可以传递法向应力. 另外, 第一个子条件表明, 裂隙面不会发生彼此侵彻现象.

8.1.2   应变分解

考虑特征单元体外边界上存在宏观均匀应变 ε. 假设基质相的力学行为是各向同性和线弹性的, 则其中的应变是可恢复弹性应变. 以基质相的应变均匀化 $\varepsilon^e = \dfrac{1}{V} \displaystyle\int_{\Omega_m} \varepsilon(x) \mathrm{d}V$ 为出发点, 作如下推导:

$$
\begin{aligned}
\varepsilon_{ij}^e &= \frac{1}{2V} \int_{\partial\Omega} (u_i m_j + u_j m_i) \, \mathrm{d}S - \frac{1}{2V} \int_{\mathcal{C}} (u_i n_j + u_j n_i) \, \mathrm{d}S \\
&= \frac{1}{2V} \left(\varepsilon_{ik} \int_{\partial\Omega} x_k m_j \mathrm{d}S + \varepsilon_{jk} \int_{\partial\Omega} x_k m_i \mathrm{d}S \right) \\
&\quad - \frac{1}{2V} \int_{\mathcal{C}} (u_i n_j + u_j n_i) \, \mathrm{d}S \\
&= \varepsilon_{ij} - \frac{1}{2V} \int_{\mathcal{C}} (u_i n_j + u_j n_i) \, \mathrm{d}S
\end{aligned}
\tag{8.2}
$$

对任意一族币形微裂隙, 上下裂隙面的外法线方向相反, 因此位移不连续引起的非弹性应变 (塑性应变) 可以表示成

$$
\varepsilon_{ij}^p(\boldsymbol{n}) = \frac{1}{2V} \int_{\mathcal{C}} (u_i n_j + u_j n_i) \, \mathrm{d}S = \mathcal{N} \int_{\mathcal{C}^+} \boldsymbol{n} \otimes^s [\![\boldsymbol{u}]\!] \mathrm{d}S
\tag{8.3}
$$

式中, $\mathcal{N} = N/|\Omega|$ 表示单位体积内该族裂隙的数量.

根据上述推导, 总应变 ε 可以分解为弹性应变和塑性应变两部分:

$$
\boldsymbol{\varepsilon} = \boldsymbol{\varepsilon}^e + \boldsymbol{\varepsilon}^p
\tag{8.4}
$$

将不连续位移分解成法向和切向两部分，则一族裂隙引起的非弹性应变 $\epsilon^p = \epsilon^c$ 可作进一步分解：

$$\epsilon^c = \mathcal{N} \int_{\mathcal{C}^+} [\![u_n]\!] \, (\boldsymbol{n} \otimes \boldsymbol{n}) \, \mathrm{d}S + \mathcal{N} \int_{\mathcal{C}^+} \boldsymbol{n} \otimes^s [\![\boldsymbol{u}_t]\!] \mathrm{d}S \tag{8.5}$$

式中，$[\![\boldsymbol{u}_t]\!] = [\![\boldsymbol{u}]\!] - [\![u_n]\!]\boldsymbol{n}$. 法向位移不连续与体积膨胀直接相关，而切向位移不连续描述的是裂隙面的相对滑移，因此可以引入下面两个变量：

$$\beta = \mathcal{N} \int_{\mathcal{C}^+} [\![u_n]\!] \mathrm{d}S, \quad \boldsymbol{\gamma} = \mathcal{N} \int_{\mathcal{C}^+} [\![\boldsymbol{u}_t]\!] \mathrm{d}S \tag{8.6}$$

最后，法向向量为 $\boldsymbol{n}$ 的一族微裂隙引起的局部非弹性应变 ϵ^p 表示成

$$\epsilon^c = \beta \boldsymbol{n} \otimes \boldsymbol{n} + \boldsymbol{\gamma} \otimes^s \boldsymbol{n} \tag{8.7}$$

并且有如下关系：

$$\beta = \boldsymbol{n} \cdot \epsilon^c \cdot \boldsymbol{n}, \quad \boldsymbol{\gamma} = 2\epsilon^c \cdot \boldsymbol{n} \cdot (\boldsymbol{\delta} - \boldsymbol{n} \otimes \boldsymbol{n}) \tag{8.8}$$

8.2　系统自由能的确定

8.2.1　直接均匀化方法

按照 Andrieux 等[91] 的研究思路，将原问题分解为图 8.2 所示的两个子问题，子问题一是均质线弹性问题，而子问题二是包含裂隙的自平衡问题，原位移场是宏观应力作用在无损材料上引起的位移场以及由裂隙存在引起的不连续位移场的叠加. 将原问题进行图 8.2 所示的分解.

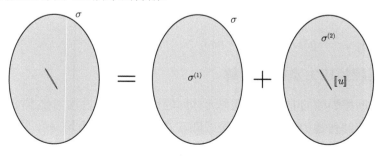

图 8.2　基于应力的问题分解

子问题一中的位移场是连续的，相应的应变场存在如下关系：

$$\boldsymbol{\varepsilon}^{(1)} = \left\langle \boldsymbol{\epsilon}^{(1)}\left(\boldsymbol{x}\right) \right\rangle, \quad \forall \boldsymbol{x} \in \Omega \tag{8.9}$$

由于子问题一是均质线弹性问题，因而有

$$\boldsymbol{\sigma}^{(1)} = \mathbb{C}^0 : \boldsymbol{\varepsilon}^{(1)} \tag{8.10}$$

子问题二的应力场 $\boldsymbol{\sigma}^{(2)}\left(\boldsymbol{x}\right)$ 是自平衡的，即 $\boldsymbol{\sigma}^{(2)} = 0$. 另外，考虑扁平椭球体形裂隙，并且假设初始状态时位移场是连续的，也就是说，在不受外荷载作用时，法向不连续位移场和切向不连续位移场均为零，法向和切向不连续位移分别表示如下：

$$\begin{cases} [\![u_n]\!]\left(\boldsymbol{x}\right) = k_n \sqrt{a^2 - r^2} \\ [\![\boldsymbol{u}_t]\!]\left(\boldsymbol{x}\right) = \boldsymbol{k}_t \sqrt{a^2 - r^2} \end{cases} \tag{8.11}$$

式中，r 为裂隙面上任一点到裂隙中心点的距离；k_n 和 $\boldsymbol{k}_t$ 分别为与加载条件有关的参数，具体表达式如下：

$$\begin{cases} k_n = \dfrac{8\left(1 - \nu_0^2\right)}{\pi E_0} \boldsymbol{\sigma}^{(2)} : \left(\boldsymbol{n} \otimes \boldsymbol{n}\right) \\ \boldsymbol{k}_t = \dfrac{16\left(1 - \nu_0^2\right)}{\pi E_0 \left(2 - \nu_0\right)} \boldsymbol{\sigma}^{(2)} \cdot \boldsymbol{n} \cdot \left(\boldsymbol{\delta} - \boldsymbol{n} \otimes \boldsymbol{n}\right) \end{cases} \tag{8.12}$$

积分后得到法向应力和切向应力

$$\sigma_n^{(2)} = \boldsymbol{\sigma}^{(2)} : \left(\boldsymbol{n} \otimes \boldsymbol{n}\right) = \frac{c_n}{d}\beta, \tag{8.13}$$

$$\boldsymbol{\tau}^{(2)} = \boldsymbol{\sigma}^{(2)} \cdot \boldsymbol{n} \cdot \left(\boldsymbol{\delta} - \boldsymbol{n} \otimes \boldsymbol{n}\right) = \frac{c_t}{2d}\gamma \tag{8.14}$$

式中，$c_n = \dfrac{3E_0}{16\left(1 - \nu_0^2\right)}$；$c_t = c_n\left(2 - \nu_0\right)$.

8.2.2 裂隙预应力及问题分解

含闭合摩擦裂隙的非均质特征单元体问题也可以用线性均匀化方法来处理. 因为闭合裂隙能够传递力的作用，假设裂隙存在局部均匀应力场 $\boldsymbol{\sigma}^c$，特征单元体内的应力应变关系可以表示为

$$\boldsymbol{\sigma}\left(\boldsymbol{x}\right) = \mathbb{C}\left(\boldsymbol{x}\right) : \boldsymbol{\epsilon}\left(\boldsymbol{x}\right) + \boldsymbol{\sigma}^c\left(\boldsymbol{x}\right) \tag{8.15}$$

式中

$$\begin{cases} \mathbb{C}(\boldsymbol{x}) = \mathbb{C}^0, \quad \boldsymbol{\sigma}^c = 0; \boldsymbol{x} \in \varOmega^s \\ \mathbb{C}(\boldsymbol{x}) = 0, \quad \boldsymbol{\sigma}^c \neq 0; \boldsymbol{x} \in \varOmega^c \end{cases} \tag{8.16}$$

$\boldsymbol{\sigma}^c(\boldsymbol{x})$ 可以理解为预应力场.

将含闭合摩擦裂隙的特征单元体作图 8.3 所示的应变分解.

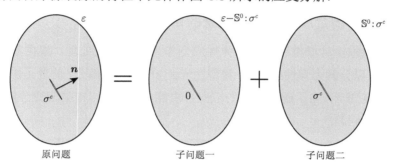

图 8.3 基质–闭合摩擦裂隙均匀化问题的分解

(1) 子问题一的外边界作用有宏观应变 $(\boldsymbol{\varepsilon} - \mathbb{S}^0 : \boldsymbol{\sigma}^c)$，微裂隙内的应力为零，因此该问题可以直接运用均匀化方法求解. 根据应变局部化准则，微裂隙引起的应变由式 (8.17) 确定:

$$\boldsymbol{\varepsilon}^{\mathrm{I}} = \varphi_c \mathbb{A}^c : (\boldsymbol{\varepsilon} - \mathbb{S}^0 : \boldsymbol{\sigma}^c) \tag{8.17}$$

式中，φ_c 是微裂隙在特征单元体中的体积比率；$\mathbb{A}^c$ 是币形微裂隙的应变局部化张量.

通过有效弹性张量 $\mathbb{C}^{\mathrm{hom}} = \mathbb{C}^0 : (\mathbb{I} - \varphi_c \mathbb{A}^c)$ 得到宏观应力

$$\boldsymbol{\sigma}^{\mathrm{I}} = \mathbb{C}^{\mathrm{hom}} : (\boldsymbol{\varepsilon} - \mathbb{S}^0 : \boldsymbol{\sigma}^c) \tag{8.18}$$

(2) 在子问题二中，特征单元体的外边界作用有应变 $\mathbb{S}^0 : \boldsymbol{\sigma}^c$，并且裂隙处存在局部应力 $\boldsymbol{\sigma}^c$. 可知，子问题二的应力场是均匀的，即

$$\boldsymbol{\sigma}^{\mathrm{II}} = \boldsymbol{\sigma}^c \tag{8.19}$$

根据叠加原理得到原特征单元体的宏观应力

$$\boldsymbol{\sigma} = \boldsymbol{\sigma}^{\mathrm{I}} + \boldsymbol{\sigma}^{\mathrm{II}}, \quad \boldsymbol{\varepsilon}^p = \boldsymbol{\varepsilon}^{\mathrm{I}} \tag{8.20}$$

以及宏观应力应变关系

$$\boldsymbol{\sigma} = \mathbb{C}^0 : (\boldsymbol{\varepsilon} - \boldsymbol{\varepsilon}^p) \tag{8.21}$$

结合式 (8.17)~式 (8.21) 得到

$$\boldsymbol{\varepsilon}^p = \left(\mathbb{S}^{\text{hom}} - \mathbb{S}^0\right) : (\boldsymbol{\sigma} - \boldsymbol{\sigma}^c) \tag{8.22}$$

8.2.3   基质–闭合摩擦微裂隙系统的自由能

把闭合裂隙滑动摩擦引起的非弹性应变作为塑性应变处理. 根据塑性力学理论, 总应变可以分解为弹性应变 $\boldsymbol{\varepsilon}^e$ 和塑性应变 $\boldsymbol{\varepsilon}^p = \boldsymbol{\varepsilon}^c$ 两部分, 前者是由岩石基质引起的可恢复变形. 为了确定系统的应变自由能, 对原问题根据应变分解为图 8.4 所示的两个子问题.

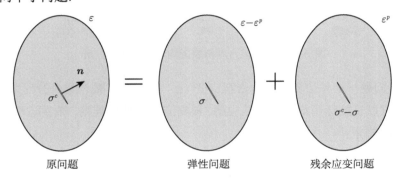

图 8.4   基于应变的问题分解

(1) 在弹性问题中, 特征单元体的外边界作用有弹性应变 $(\boldsymbol{\varepsilon} - \boldsymbol{\varepsilon}^p)$, 微裂隙处存在应力 $\boldsymbol{\sigma}$. 据此, 在此问题中, 宏观应力应变关系可以表示为

$$\boldsymbol{\sigma} = \mathbb{C}^0 : (\boldsymbol{\varepsilon} - \boldsymbol{\varepsilon}^p) \tag{8.23}$$

(2) 在残余应变问题中, 特征单元体外的边界上作用有残余应变 $\boldsymbol{\varepsilon}^p$, 裂隙处的应力为 $(\boldsymbol{\sigma}^c - \boldsymbol{\sigma})$. 该问题中的应变可以当作自由应变, 且有

$$<\boldsymbol{\epsilon}^r> = \boldsymbol{\varepsilon}^p, \quad <\boldsymbol{\sigma}^r> = 0 \tag{8.24}$$

应变自由能是由岩石基质的弹性可恢复变形引起的, 局部自由能密度为 $w(\boldsymbol{\epsilon}) = \frac{1}{2}\boldsymbol{\epsilon} : \mathbb{C} : \boldsymbol{\epsilon}$, 其在特征单元体上的积分得到弹性子问题的自由能

$$\Psi^e = \frac{1}{V} \int_{\Omega^m} w(\boldsymbol{\epsilon}) \mathrm{d}V = \frac{1}{2} (\boldsymbol{\varepsilon} - \boldsymbol{\varepsilon}^p) : \mathbb{C}^0 : (\boldsymbol{\varepsilon} - \boldsymbol{\varepsilon}^p) \tag{8.25}$$

对于自由应变问题, 有

$$\Psi^r = \frac{1}{V} \int_{\Omega^m} w(\boldsymbol{\epsilon}) \mathrm{d}V = \frac{1}{2V} \int_{\Omega} \boldsymbol{\epsilon}^r : \mathbb{C} : \boldsymbol{\epsilon}^r \mathrm{d}V - \frac{1}{2V} \int_{\Omega^c} \boldsymbol{\epsilon}^r : \mathbb{C} : \boldsymbol{\epsilon}^r \mathrm{d}V \tag{8.26}$$

残余应力场 $\boldsymbol{\sigma}^r(\boldsymbol{x}) = \mathbb{C}(\boldsymbol{x}) : \boldsymbol{\epsilon}^r(\boldsymbol{x})$ 是自平衡的, 根据 Hill 定理得到

$$\frac{1}{V} \int_{\Omega} \boldsymbol{\epsilon}(\boldsymbol{x}) : \mathbb{C} : \boldsymbol{\epsilon}(\boldsymbol{x}) \mathrm{d}V = \langle \boldsymbol{\sigma}^r \rangle : \langle \boldsymbol{\epsilon}^r \rangle = 0 \tag{8.27}$$

假设微裂隙内的应力场 $\boldsymbol{\sigma}^c$ 是均匀分布的, 因此得到

$$\frac{1}{V} \int_{\Omega^c} \boldsymbol{\epsilon}^r : \mathbb{C} : \boldsymbol{\epsilon}^r \mathrm{d}V = \frac{1}{V} \int_{\Omega^c} \boldsymbol{\sigma}^r : \boldsymbol{\epsilon}^r \mathrm{d}V = (\boldsymbol{\sigma}^c - \boldsymbol{\sigma}) : \boldsymbol{\varepsilon}^p \tag{8.28}$$

根据叠加原理得到原均匀化问题的应变自由能表达式

$$\Psi = \Psi^e + \Psi^r = \frac{1}{2} (\boldsymbol{\varepsilon} - \boldsymbol{\varepsilon}^p) : \mathbb{C}^0 : (\boldsymbol{\varepsilon} - \boldsymbol{\varepsilon}^p) + \frac{1}{2} (\boldsymbol{\sigma} - \boldsymbol{\sigma}^c) : \boldsymbol{\varepsilon}^p \tag{8.29}$$

另外, 由式 (8.22) 得到 $(\boldsymbol{\sigma} - \boldsymbol{\sigma}^c)$ 的表达式

$$(\boldsymbol{\sigma} - \boldsymbol{\sigma}^c) = (\mathbb{S}^{\mathrm{hom}} - \mathbb{S}^0)^{-1} : \boldsymbol{\varepsilon}^p \tag{8.30}$$

将式 (8.30) 代入式 (8.29) 得到含摩擦闭合裂隙的特征单元体的自由能

$$\Psi = \frac{1}{2} (\boldsymbol{\varepsilon} - \boldsymbol{\varepsilon}^p) : \mathbb{C}^0 : (\boldsymbol{\varepsilon} - \boldsymbol{\varepsilon}^p) + \frac{1}{2} \boldsymbol{\varepsilon}^p : (\mathbb{S}^{\mathrm{hom}} - \mathbb{S}^0)^{-1} : \boldsymbol{\varepsilon}^p \tag{8.31}$$

式 (8.31) 表明, 系统应变自由能由两部分构成, 一部分是由基质变形引起的可恢复弹性自由能, 另一部分是由粗糙裂隙面间的摩擦滑移引起的阻滞能 (blocked energy).

考虑 MT 方法, 当固体基质含单族裂隙时, 特征单元体的有效柔度张量表示成

$$\mathbb{S}^{\mathrm{hom}} = \mathbb{S}^0 + d\mathbb{S}^n \tag{8.32}$$

从而得到

$$(\mathbb{S}^{\mathrm{hom}} - \mathbb{S}^0)^{-1} = \frac{1}{d} (c_n \mathbb{N} + c_t \mathbb{T}) \tag{8.33}$$

令 $\mathbb{C}^n = c_n \mathbb{N} + c_t \mathbb{T}$, 式 (8.31) 可以写成关于损伤变量 d 的显式形式:

$$\Psi = \frac{1}{2} (\boldsymbol{\varepsilon} - \boldsymbol{\varepsilon}^p) : \mathbb{C}^0 : (\boldsymbol{\varepsilon} - \boldsymbol{\varepsilon}^p) + \frac{1}{2d} \boldsymbol{\varepsilon}^p : \mathbb{C}^n : \boldsymbol{\varepsilon}^p \tag{8.34}$$

8.3   摩擦滑移引起的非线性力学行为

本节研究含单族裂隙岩石材料由微裂隙摩擦滑移引起的非线性力学行为. 由于微裂隙的几何特征, 采用基于局部应力的库仑摩擦滑移准则来描述摩擦滑移引起的非弹性变形. 这里讨论摩擦滑移过程中有剪胀和无剪胀两种情况.

8.3.1   状态变量

根据式 (8.34), 当不考虑损伤演化时, Clausius-Duhem 不等式写为

$$\boldsymbol{\sigma} : \dot{\boldsymbol{\varepsilon}} - \dot{\Psi} = \left(\boldsymbol{\sigma} - \frac{\partial \Psi}{\partial \boldsymbol{\varepsilon}} \right) : \dot{\boldsymbol{\varepsilon}} - \frac{\partial \Psi}{\partial \boldsymbol{\varepsilon}^p} : \dot{\boldsymbol{\varepsilon}}^p \geqslant 0 \tag{8.35}$$

从中推导出与内变量 $\boldsymbol{\varepsilon}^p$ 相关联的热力学力

$$\boldsymbol{F}_c = -\frac{\partial \Psi}{\partial \boldsymbol{\varepsilon}^p} = \boldsymbol{\sigma} - \frac{1}{d} \mathbb{C}^n : \boldsymbol{\varepsilon}^p = \boldsymbol{\sigma}^c \tag{8.36}$$

式 (8.36) 说明, 控制摩擦滑移过程的是局部应力 $\boldsymbol{\sigma}^c$ 而不是宏观应力 $\boldsymbol{\sigma}$.

8.3.2   摩擦准则

假设作用在裂隙面上的应力是均匀分布的, 且闭合裂隙的摩擦滑移服从局部库仑摩擦滑移准则. 根据前面细观力学分析, 裂隙摩擦滑移准则应是作用在裂隙面的局部应力 $\boldsymbol{\sigma}^c$ 的函数. 为此, 将局部应力沿裂隙面法向以及在裂隙面内进行投影:

$$\sigma_n^c = \boldsymbol{\sigma}^c : (\boldsymbol{n} \otimes \boldsymbol{n}) = \boldsymbol{\sigma} : (\boldsymbol{n} \otimes \boldsymbol{n}) - \frac{c_n}{d} \beta \tag{8.37}$$

$$\boldsymbol{\tau}^c = \boldsymbol{\sigma}^c \cdot \boldsymbol{n} \cdot (\boldsymbol{\delta} - \boldsymbol{n} \otimes \boldsymbol{n}) = \boldsymbol{\sigma} \cdot \boldsymbol{n} \cdot (\boldsymbol{\delta} - \boldsymbol{n} \otimes \boldsymbol{n}) - \frac{c_t}{2d} \gamma \tag{8.38}$$

则基于局部应力 $\boldsymbol{\sigma}^c$ 的局部库仑摩擦滑移准则为

$$f(\boldsymbol{\sigma}^c) = \|\boldsymbol{\tau}^c\| + \alpha \sigma_n^c \leqslant 0 \tag{8.39}$$

式中, α 为裂隙面摩擦系数; $\|\boldsymbol{\tau}^c\|$ 为剪切应力 $\boldsymbol{\tau}^c$ 的模, 且有

$$\|\boldsymbol{\tau}^c\| = \left(\frac{1}{2} \boldsymbol{\sigma}^c : \mathbb{T} : \boldsymbol{\sigma}^c \right)^{1/2}, \quad \sigma_n^c = -\left(\boldsymbol{\sigma}^c : \mathbb{N} : \boldsymbol{\sigma}^c \right)^{1/2} \tag{8.40}$$

当采用关联流动法则和正交化准则时, 局部塑性应变的流动方向为

$$\frac{\partial f(\boldsymbol{\sigma}^c)}{\partial \boldsymbol{\sigma}^c} = \frac{\mathbb{T} : \boldsymbol{\sigma}^c}{2 \|\boldsymbol{\tau}^c\|} + \alpha \boldsymbol{n} \otimes \boldsymbol{n} \tag{8.41}$$

8.3.3　摩擦无剪胀情况下的局部非弹性应变演化准则

首先讨论裂隙面摩擦滑移无剪胀 (即 $\dot{\beta} = 0$) 情况下的非弹性力学行为. 根据局部剪应力分量确定裂隙面的摩擦滑移方向:

$$t = \frac{\boldsymbol{\tau}^c}{\|\boldsymbol{\tau}^c\|} \tag{8.42}$$

由摩擦准则 (8.39), 并采用正交化准则, 局部剪切应变的变化率为

$$\dot{\boldsymbol{\gamma}} = \lambda^c \frac{\partial f}{\partial \boldsymbol{\tau}^c} = \lambda^c \boldsymbol{t} \tag{8.43}$$

式中, λ^c 表示摩擦 (塑性) 乘子, 可以通过一致性条件 ($f = 0$ 且 $\dot{f} = 0$) 来确定, 具体表达式如下:

$$\dot{f} = \frac{\partial f}{\partial \boldsymbol{\sigma}} : \dot{\boldsymbol{\sigma}} + \frac{\partial f}{\partial \boldsymbol{\gamma}} \cdot \dot{\boldsymbol{\gamma}} = 0 \tag{8.44}$$

其中

$$\frac{\partial f}{\partial \boldsymbol{\sigma}} = \boldsymbol{t} \otimes^s \boldsymbol{n} + \alpha \boldsymbol{n} \otimes \boldsymbol{n}, \quad \frac{\partial f}{\partial \boldsymbol{\gamma}} \cdot \dot{\boldsymbol{\gamma}} = -\frac{c_t}{2d} \tag{8.45}$$

进而得到摩擦乘子 λ^c

$$\lambda^c = \frac{2d}{c_t} \left(\boldsymbol{t} \otimes^s \boldsymbol{n} + \alpha \boldsymbol{n} \otimes \boldsymbol{n} \right) : \dot{\boldsymbol{\sigma}} \tag{8.46}$$

类似地, 塑性一致性条件也可以用应变表示为

$$\frac{\partial f}{\partial \boldsymbol{\varepsilon}} : \dot{\boldsymbol{\varepsilon}} + \frac{\partial f}{\partial \boldsymbol{\gamma}} \cdot \dot{\boldsymbol{\gamma}} = 0 \tag{8.47}$$

且有

$$\frac{\partial f}{\partial \boldsymbol{\gamma}} \cdot \dot{\boldsymbol{\gamma}} = -\left(\mu_0 + \frac{c_t}{2d} \right) \lambda^c, \quad \frac{\partial f}{\partial \boldsymbol{\varepsilon}} = 2\mu_0 \boldsymbol{t} \otimes^s \boldsymbol{n} + \alpha \mathbb{C}^0 : (\boldsymbol{n} \otimes \boldsymbol{n}) \tag{8.48}$$

进而得到摩擦乘子的计算表达式

$$\lambda^c = \frac{1}{\mu_0 + c_t/(2d)} \left(2\mu_0 \boldsymbol{t} \otimes^s \boldsymbol{n} + \alpha \mathbb{C}^0 : (\boldsymbol{n} \otimes \boldsymbol{n}) \right) : \dot{\boldsymbol{\varepsilon}} \tag{8.49}$$

另外, 根据宏观应力表达式 $\boldsymbol{\sigma} = \mathbb{C}^0 : (\boldsymbol{\varepsilon} - \boldsymbol{\varepsilon}^c)$ 建立率形式应力应变关系:

$$\dot{\boldsymbol{\sigma}} = \mathbb{C}^{\text{tan}} : \dot{\boldsymbol{\varepsilon}} \tag{8.50}$$

式中, $\mathbb{C}^{\mathrm{tan}}$ 为切线弹性张量

$$\mathbb{C}^{\mathrm{tan}} = \mathbb{C}^0 - \frac{1}{\mu_0 + c_t/(2d)} 2\mu_0 \left(\boldsymbol{t} \otimes^s \boldsymbol{n}\right) \otimes \left[2\mu_0 \boldsymbol{t} \otimes^s \boldsymbol{n} + \alpha \mathbb{C}^0 : (\boldsymbol{n} \otimes \boldsymbol{n})\right] \qquad (8.51)$$

可以看出, 切线弹性张量 (8.51) 不具有大对称性, 这是由于在滑动摩擦过程中没有考虑裂隙面法向方向的不可恢复变形, 实际采用的是非关联流动法则, 即非弹性应变的变化率 $\dot{\boldsymbol{\varepsilon}}^p \neq \lambda^c \dfrac{\partial f}{\partial \boldsymbol{\sigma}^c}$.

8.3.4　摩擦有剪胀情况下的局部塑性应变演化准则

与金属材料不同, 岩石类摩擦黏结材料在压剪应力作用下, 由于裂隙面不光滑, 在摩擦滑移过程中一般伴随微裂隙有效开度的增加 (图 8.5), 宏观上表现出体积膨胀现象. 本节讨论闭合裂隙滑动摩擦引起的剪胀行为, 认为滑动摩擦服从局部库仑摩擦滑移准则以及关联流动法则.

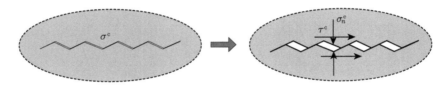

图 8.5　闭合摩擦裂隙及剪胀示意图

基于摩擦准则 (8.39) 的关联流动法则为

$$\dot{\boldsymbol{\varepsilon}}^p = \lambda^c \boldsymbol{D}^n \qquad (8.52)$$

式中, 二阶方向张量 $\boldsymbol{D}^n$ 定义了局部塑性应变的流动方向:

$$\boldsymbol{D}^n = \frac{\partial f}{\partial \boldsymbol{\sigma}^c} = \boldsymbol{t} \otimes^s \boldsymbol{n} + \alpha \boldsymbol{n} \otimes \boldsymbol{n} \qquad (8.53)$$

摩擦乘子 λ^c 可利用塑性一致性条件来确定, 这里区别应力加载和应变加载两种情况:

(1) 基于应力加载的一致性条件为

$$\dot{f} = \frac{\partial f}{\partial \boldsymbol{\sigma}} : \dot{\boldsymbol{\sigma}} + \frac{\partial f}{\partial \boldsymbol{\varepsilon}^p} : \dot{\boldsymbol{\varepsilon}}^p = 0 \qquad (8.54)$$

式中

$$\frac{\partial f}{\partial \boldsymbol{\sigma}} = \boldsymbol{D}^n, \quad \frac{\partial f}{\partial \boldsymbol{\varepsilon}^p} = -\frac{1}{d} \mathbb{C}^n : \boldsymbol{D}^n \qquad (8.55)$$

从而得到

$$\lambda^c = \frac{d\boldsymbol{D}^n : \dot{\boldsymbol{\sigma}}}{\boldsymbol{D}^n : \mathbb{C}^n : \boldsymbol{D}^n} \tag{8.56}$$

式中

$$\boldsymbol{D}^n : \mathbb{C}^n : \boldsymbol{D}^n = \frac{1}{2}c_t + \alpha^2 c_n \tag{8.57}$$

另外，率形式宏观应力应变关系为

$$\dot{\boldsymbol{\varepsilon}} = \mathbb{S}^0 : \dot{\boldsymbol{\sigma}} + \dot{\boldsymbol{\varepsilon}}^p = \mathbb{S}^{\tan} : \dot{\boldsymbol{\sigma}} \tag{8.58}$$

式中，$\mathbb{S}^{\tan}$ 为切线柔度张量：

$$\mathbb{S}^{\tan} = \mathbb{S}^0 + \frac{d}{\boldsymbol{D}^n : \mathbb{C}^n : \boldsymbol{D}^n}\boldsymbol{D}^n \otimes \boldsymbol{D}^n \tag{8.59}$$

(2) 基于应变加载的局部塑性一致性条件为

$$\dot{f} = \frac{\partial f}{\partial \boldsymbol{\varepsilon}} : \dot{\boldsymbol{\varepsilon}} + \frac{\partial f}{\partial \boldsymbol{\varepsilon}^p} : \dot{\boldsymbol{\varepsilon}}^c = \boldsymbol{D}^n : \mathbb{C}^0 : \dot{\boldsymbol{\varepsilon}} - \frac{\partial f}{\partial \boldsymbol{\varepsilon}^p} : \boldsymbol{D}^n \lambda^c = 0 \tag{8.60}$$

从而得到

$$\lambda^c = \frac{\boldsymbol{D}^n : \mathbb{C}^0 : \dot{\boldsymbol{\varepsilon}}}{\frac{\partial f}{\partial \boldsymbol{\varepsilon}^p} : \boldsymbol{D}^n} \tag{8.61}$$

最后得到切线弹性张量

$$\mathbb{C}^{\tan} = \mathbb{C}^0 - \frac{1}{\mathcal{H}_{fd}}\left(\mathbb{C}^0 : \boldsymbol{D}^n\right) \otimes \left(\boldsymbol{D}^n : \mathbb{C}^0\right) \tag{8.62}$$

式中，$\mathcal{H}_{fd} = \frac{\partial f}{\partial \boldsymbol{\varepsilon}^p} : \boldsymbol{D}^n = \boldsymbol{D}^n : \left(\frac{1}{d}\mathbb{C}^n + \mathbb{C}^0\right) : \boldsymbol{D}^n$

8.4 损伤摩擦耦合分析

8.3 节讨论了压剪应力条件下闭合裂隙的摩擦滑移及非弹性变形行为，包括剪胀，但是尚没有考虑裂隙扩展引起的损伤演化. 一般情况下，摩擦滑移和裂隙扩展同时发展，从热动力学角度理解，存在着非弹性变形和损伤演化两种相互竞争且相互耦合的能量耗散机制.

8.4.1 一致性条件

在热力学框架下，由应变自由能表达式 (8.34) 得到与损伤内变量关联的热力学力 F_d

$$F_d = -\frac{\partial \Psi}{\partial d} = \frac{1}{2d^2} \boldsymbol{\varepsilon}^p : \mathbb{C}^n : \boldsymbol{\varepsilon}^p \tag{8.63}$$

可以发现，闭合裂隙面的相对摩擦滑移产生的局部塑性应变是损伤演化的动力.

采用基于应变能释放率的损伤准则：

$$g(F_d, d) = F_d - R(d) \leqslant 0 \tag{8.64}$$

式中，$R(d)$ 表示损伤抗力函数.

根据正交化准则得到损伤演化率：

$$\dot{d} = \lambda^d \frac{\partial g}{\partial F_d} = \lambda^d \tag{8.65}$$

然后利用损伤一致性条件确定损伤乘子 λ^d，即

$$\dot{g} = \frac{\partial g}{\partial \boldsymbol{\varepsilon}^p} : \dot{\boldsymbol{\varepsilon}}^p + \frac{\partial g}{\partial d} \dot{d} = \frac{1}{d^2} \boldsymbol{\varepsilon}^p : \mathbb{C}^n : \boldsymbol{D}^n \lambda^c + \frac{\partial g}{\partial d} \lambda^d = 0 \tag{8.66}$$

从而得到

$$\lambda^d = -\frac{1}{d^2 \frac{\partial g}{\partial d}} \boldsymbol{\varepsilon}^p : \mathbb{C}^n : \boldsymbol{D}^n \lambda^c \tag{8.67}$$

且有

$$\frac{\partial g}{\partial d} = -\frac{1}{d^3} \boldsymbol{\varepsilon}^p : \mathbb{C}^n : \boldsymbol{\varepsilon}^p - \frac{\partial R(d)}{\partial d} \tag{8.68}$$

另外，当考虑损伤演化时，摩擦一致性条件 (8.60) 进一步完善为

$$\dot{f} = \frac{\partial f}{\partial \boldsymbol{\varepsilon}} : \dot{\boldsymbol{\varepsilon}} + \frac{\partial f}{\partial \boldsymbol{\varepsilon}^p} : \dot{\boldsymbol{\varepsilon}}^p + \frac{\partial f}{\partial d} \dot{d} = 0 \tag{8.69}$$

式中

$$\frac{\partial f}{\partial d} = -\frac{1}{d^2} \boldsymbol{\varepsilon}^p : \mathbb{C}^n : \boldsymbol{D}^n \tag{8.70}$$

8.4.2 损伤摩擦强耦合

前面建立的损伤准则 g 是局部塑性应变 ε^p 和损伤变量 d 的函数,基于局部应力 $\boldsymbol{\sigma}^c$ 的库仑摩擦滑移准则也是塑性应变 ε^p 和损伤 d 的函数,因此裂隙扩展引起的损伤演化和摩擦滑移引起的非线性变形是一个强耦合问题.

为了确定损伤乘子和摩擦乘子,将式 (8.70) 代入式 (8.67) 得到如下关系:

$$\frac{\partial g}{\partial d}\lambda^d = \frac{\partial f}{\partial d}\lambda^c \tag{8.71}$$

相应地,切线弹性张量具有如下形式:

$$\mathbb{C}^{\mathrm{tan}} = \mathbb{C}^0 - \frac{1}{\mathcal{H}_{fdd}}\left(\mathbb{C}^0 : \boldsymbol{D}^n\right) \otimes \left(\boldsymbol{D}^n : \mathbb{C}^0\right) \tag{8.72}$$

式中

$$\mathcal{H}_{fdd} = \mathcal{H}_{fd} - \frac{\left(\dfrac{\partial f}{\partial d}\right)^2}{\dfrac{\partial g}{\partial d}} = \boldsymbol{D}^n : \left(\frac{1}{d}\mathbb{C}^n + \mathbb{C}^0\right) : \boldsymbol{D}^n - \frac{\left(\dfrac{\partial f}{\partial d}\right)^2}{\dfrac{\partial g}{\partial d}} \tag{8.73}$$

显然,根据损伤摩擦耦合分析得到的切线弹性张量 (8.72) 是对称的.

8.5 考虑多族裂隙的损伤摩擦耦合分析

本节将单族裂隙情况下的理论研究成果推广到多族裂隙情况,得到任意张开/闭合裂隙族组合下的系统自由能表达式,进而构建完整的各向异性损伤摩擦耦合本构方程.

8.5.1 系统自由能一般公式

当特征单元体含有大量任意分布的微裂隙时,如果所有微裂隙处于张开状态,则系统有效弹性 (柔度) 张量可根据线性均匀化方法直接得到. 对于 MT 方法,系统有效柔度张量具有如下线性形式:

$$\mathbb{S}^{\mathrm{hom}} = \mathbb{S}^0 + \sum_{r=1}^{N} d_r \mathbb{S}^{n,r} \tag{8.74}$$

从而得到吉布斯自由能

$$\varPsi^* = \frac{1}{2}\boldsymbol{\sigma} : \mathbb{S}^{\mathrm{hom}} : \boldsymbol{\sigma} = \frac{1}{2}\boldsymbol{\sigma} : \mathbb{S}^0 : \boldsymbol{\sigma} + \sum_{r=1}^{N}\frac{1}{2}d_r\boldsymbol{\sigma} : \mathbb{S}^{n,r} : \boldsymbol{\sigma} \tag{8.75}$$

可以证明, 式 (8.75) 也可以写成

$$\Psi^* = \frac{1}{2}\boldsymbol{\sigma} : \mathbb{S}^0 : \boldsymbol{\sigma} + \boldsymbol{\sigma} : \sum_{r=1}^{N} \boldsymbol{\epsilon}^{c,r} - \sum_{r=1}^{N} \frac{1}{2d_r}\boldsymbol{\epsilon}^{c,r} : \mathbb{C}^{n,r} : \boldsymbol{\epsilon}^{c,r} \tag{8.76}$$

式中, $\boldsymbol{\epsilon}^{c,r}$ 表示第 r 族微裂隙引起的非弹性应变, 且有

$$\boldsymbol{\epsilon}^{c,r} = d_r \mathbb{S}^{n,r} : \boldsymbol{\sigma} \tag{8.77}$$

也就是说, 在裂隙张开情况下, 与裂隙相关的局部非弹性应变可以由宏观应力张量得到.

宏观应变是宏观应力张量的伴随变量, 因此有

$$\boldsymbol{\varepsilon} = \frac{\partial \Psi^*}{\partial \boldsymbol{\sigma}} = \mathbb{S}^0 : \boldsymbol{\sigma} + \boldsymbol{\varepsilon}^p \tag{8.78}$$

式中, 非弹性应变 $\boldsymbol{\varepsilon}^p$ 包含所有闭合摩擦裂隙族的贡献, 即

$$\boldsymbol{\varepsilon}^p = \sum_{r=1}^{N} \boldsymbol{\epsilon}^{c,r} \tag{8.79}$$

另外, 第 7 章理论推导出了含单族闭合裂隙的特征单元体内的应变自由能:

$$\Psi = \frac{1}{2}(\boldsymbol{\varepsilon} - \boldsymbol{\varepsilon}^p) : \mathbb{C}^0 : (\boldsymbol{\varepsilon} - \boldsymbol{\varepsilon}^p) + \frac{1}{2d}\boldsymbol{\varepsilon}^p : \mathbb{C}^n : \boldsymbol{\varepsilon}^p \tag{8.80}$$

根据 Legendre-Fenchel 变换得到相应的吉布斯自由能 Ψ^*

$$\Psi^* = \boldsymbol{\sigma} : \boldsymbol{\varepsilon} - \Psi = \frac{1}{2}\boldsymbol{\sigma} : \mathbb{S}^0 : \boldsymbol{\sigma} + \boldsymbol{\sigma} : \boldsymbol{\varepsilon}^p - \frac{1}{2d}\boldsymbol{\varepsilon}^p : \mathbb{C}^n : \boldsymbol{\varepsilon}^p \tag{8.81}$$

显然, 对于单族裂隙, $\boldsymbol{\varepsilon}^p = \boldsymbol{\epsilon}^c$, 式 (8.81) 和式 (8.76) 是一致的.

事实上, 在裂隙张开/闭合状态转变过程中, 系统的自由能、应变、应力和损伤等变量具有连续性, 因此自由能表达式 (8.76) 具有一般性. 对于张开裂隙, $\boldsymbol{\epsilon}^c$ 通过式 (8.77) 来确定. 对于闭合摩擦裂隙, 摩擦滑移引起能量耗散, 局部非弹性应变 $\boldsymbol{\epsilon}^c$ 是热力学系统中的内变量, 可以运用塑性力学理论研究其演化过程.

将所有裂隙族根据其张开/闭合状态分为两组, 张开裂隙族和闭合裂隙族的集合分别用 $\mathcal{I}_o$ 和 $\mathcal{I}_c$ 来表示. 对于张开裂隙, 把非弹性应变的解析表达式 (8.77) 代入式 (8.76), 经整理后得到

$$\Psi^* = \frac{1}{2}\boldsymbol{\sigma} : \mathbb{S}^{\text{hom}} : \boldsymbol{\sigma} + \boldsymbol{\sigma} : \sum_{r \in \mathcal{I}_c} \boldsymbol{\epsilon}^{c,r} - \sum_{r \in \mathcal{I}_c} \frac{1}{2d_r}\boldsymbol{\epsilon}^{c,r} : \mathbb{C}^{n,r} : \boldsymbol{\epsilon}^{c,r} \tag{8.82}$$

式中，$\mathbb{S}^{\mathrm{hom}}$ 表示材料有效柔度张量

$$\mathbb{S}^{\mathrm{hom}} = \mathbb{S}^0 + \sum_{r \in \mathcal{I}_o} d_r \mathbb{S}^{n,r} \tag{8.83}$$

本节认为，在准静态加载条件下，闭合裂隙面因相互咬合而处于紧锁状态，仅仅是张开裂隙对材料有效柔度张量产生影响，而闭合裂隙则是通过滑动摩擦产生的阻滞能对系统产生作用.

8.5.2　状态方程

从系统自由能可以推导出与内变量关联的热力学力，也就是内变量演化的驱动力. 首先，吉布斯自由能对宏观应力求导得到应力应变关系

$$\boldsymbol{\varepsilon} = \frac{\partial \Psi^*}{\partial \boldsymbol{\sigma}} = \mathbb{S}^{\mathrm{hom}} : \boldsymbol{\sigma} + \sum_{r \in \mathcal{I}_c} \boldsymbol{\epsilon}^{c,r} = \left(\mathbb{S}^0 + \sum_{r \in \mathcal{I}_o} d_r \mathbb{S}^{n,r} \right) : \boldsymbol{\sigma} + \sum_{r \in \mathcal{I}_c} \boldsymbol{\epsilon}^{c,r} \tag{8.84}$$

其等价于

$$\boldsymbol{\sigma} = \mathbb{C}^{\mathrm{hom}} : \left(\boldsymbol{\varepsilon} - \sum_{r \in \mathcal{I}_c} \boldsymbol{\epsilon}^{c,r} \right) = \left(\mathbb{S}^0 + \sum_{r \in \mathcal{I}_o} d_r \mathbb{S}^{n,r} \right)^{-1} : \left(\boldsymbol{\varepsilon} - \sum_{r \in \mathcal{I}_c} \boldsymbol{\epsilon}^{c,r} \right) \tag{8.85}$$

同样，可以推导出与损伤变量关联的热力学力 F_d

$$F_d = \frac{\partial \Psi^*}{\partial d} = \begin{cases} \dfrac{1}{2} \boldsymbol{\sigma} : \mathbb{S}^n : \boldsymbol{\sigma}, & \text{裂隙张开} \\[3mm] \dfrac{1}{2d^2} \boldsymbol{\epsilon}^c : \mathbb{C}^n : \boldsymbol{\epsilon}^c, & \text{裂隙闭合} \end{cases} \tag{8.86}$$

以及与局部塑性应变 $\boldsymbol{\epsilon}^c$ 相关联的热力学力 (作用在闭合裂隙面的局部应力)

$$\boldsymbol{\sigma}^c = \frac{\partial \Psi^*}{\partial \boldsymbol{\epsilon}^c} = \boldsymbol{\sigma} - \frac{1}{d} \mathbb{C}^n : \boldsymbol{\epsilon}^c \tag{8.87}$$

8.5.3　内变量演化准则和一致性条件

当损伤准则 $g(F_d, d) = F_d - R(d) \leqslant 0$ 和摩擦准则 $f(\boldsymbol{\sigma}^c) = \|\boldsymbol{\tau}^c\| + \alpha \sigma_n^c \leqslant 0$ 满足加载条件时，按照正交化准则计算损伤和塑性应变变化率

$$\dot{d} = \lambda^d \frac{\partial g}{\partial F_d} = \lambda^d \tag{8.88}$$

$$\dot{\boldsymbol{\epsilon}}^c = \lambda^c \frac{\partial f}{\partial \boldsymbol{\sigma}^c} \tag{8.89}$$

根据一致性条件确定损伤乘子 λ^d 和摩擦乘子 λ^c.

(1) 张开裂隙损伤加载函数的一致性条件 $\dot{g} = 0$ 为

$$\dot{g} = \boldsymbol{\sigma} : \mathbb{S}^n : \dot{\boldsymbol{\sigma}} + \frac{\partial g}{\partial d}\lambda^d = 0 \tag{8.90}$$

从而得到

$$\lambda^d = -\frac{1}{\dfrac{\partial g}{\partial d}}\boldsymbol{\sigma} : \mathbb{S}^n : \dot{\boldsymbol{\sigma}} \tag{8.91}$$

(2) 闭合裂隙损伤准则的一致性条件 $\dot{g} = 0$ 为

$$\dot{g} = \frac{\partial g}{\partial \boldsymbol{\epsilon}^c} : \left(\lambda^c \frac{\partial f}{\partial \boldsymbol{\sigma}^c}\right) + \frac{\partial g}{\partial d}\lambda^d = 0 \tag{8.92}$$

从而得到

$$\lambda^d = -\frac{\dfrac{\partial g}{\partial \boldsymbol{\epsilon}^c} : \dfrac{\partial f}{\partial \boldsymbol{\sigma}^c}}{\dfrac{\partial g}{\partial d}}\lambda^c \tag{8.93}$$

同时，摩擦准则的一致性条件为

$$\dot{f} = \frac{\partial f}{\partial \boldsymbol{\sigma}} : \dot{\boldsymbol{\sigma}} + \frac{\partial f}{\partial \boldsymbol{\epsilon}^c} : \frac{\partial f}{\partial \boldsymbol{\sigma}^c}\lambda^c + \frac{\partial f}{\partial d}\lambda^d = 0 \tag{8.94}$$

式中

$$\begin{cases} \dfrac{\partial f}{\partial \boldsymbol{\sigma}^c} = \dfrac{\partial f}{\partial \boldsymbol{\sigma}} = \boldsymbol{D}^n \\[2mm] \dfrac{\partial g}{\partial \boldsymbol{\epsilon}^c} = \dfrac{1}{d^2}\mathbb{C}^n : \boldsymbol{\epsilon}^c \\[2mm] \dfrac{\partial f}{\partial \boldsymbol{\epsilon}^c} = -\dfrac{1}{d}\mathbb{C}^n : \boldsymbol{D}^n \\[2mm] \dfrac{\partial f}{\partial d} = \dfrac{1}{d^2}\boldsymbol{\epsilon}^c : \mathbb{C}^n : \boldsymbol{D}^n \\[2mm] \dfrac{\partial g}{\partial d} = -\dfrac{1}{d^3}\boldsymbol{\epsilon}^c : \mathbb{C}^n : \boldsymbol{\epsilon}^c + \dfrac{\partial R}{\partial d} \end{cases} \tag{8.95}$$

且

$$\frac{\partial g}{\partial \boldsymbol{\epsilon}^c} : \frac{\partial f}{\partial \boldsymbol{\sigma}^c} = \frac{\partial f}{\partial d} \tag{8.96}$$

结合式 (8.92) 和式 (8.94) 得到摩擦乘子的计算表达式为

$$\lambda^c = \frac{\dfrac{\partial g}{\partial d}\dfrac{\partial f}{\partial \boldsymbol{\sigma}} : \dot{\boldsymbol{\sigma}}}{\dfrac{\partial f}{\partial d}\dfrac{\partial g}{\partial \boldsymbol{\epsilon}^c} : \dfrac{\partial f}{\partial \boldsymbol{\sigma}^c} - \dfrac{\partial g}{\partial d}\dfrac{\partial f}{\partial \boldsymbol{\epsilon}^c} : \dfrac{\partial f}{\partial \boldsymbol{\sigma}^c}} = \frac{\boldsymbol{D}^n : \dot{\boldsymbol{\sigma}}}{\left(\dfrac{\partial f}{\partial d}\right)^2 \bigg/ \dfrac{\partial g}{\partial d} + \dfrac{1}{d}\boldsymbol{D}^n : \mathbb{C}^n : \boldsymbol{D}^n} \tag{8.97}$$

8.5.4　率形式应力应变关系

对应力应变关系式 (8.84) 求微分可得

$$
\begin{aligned}
\dot{\boldsymbol{\varepsilon}} &= \mathbb{S}^{\mathrm{hom}} : \dot{\boldsymbol{\sigma}} + \sum_{r \in \mathcal{I}_o} \dot{d}_r \mathbb{S}^{n,r} : \boldsymbol{\sigma} + \sum_{r \in \mathcal{I}_c} \dot{\boldsymbol{\varepsilon}}^{c,r} \\
&= \mathbb{S}^{\mathrm{hom}} : \dot{\boldsymbol{\sigma}} + \sum_{r \in \mathcal{I}_o} \lambda^{d,r} \mathbb{S}^{n,r} : \boldsymbol{\sigma} + \sum_{r \in \mathcal{I}_c} \lambda^{c,r} \boldsymbol{D}^{n,r}
\end{aligned}
\tag{8.98}
$$

将损伤乘子和摩擦乘子表达式代入式 (8.98)，得到率形式应力应变关系 $\dot{\boldsymbol{\varepsilon}} = \mathbb{S}^{\mathrm{tan}} : \dot{\boldsymbol{\sigma}}$，其中 $\mathbb{S}^{\mathrm{tan}}$ 为四阶切线柔度张量，具体表达式为

$$
\begin{aligned}
\mathbb{S}^{\mathrm{tan}} = \mathbb{S}^{\mathrm{hom}} &- \sum_{r \in \mathcal{I}_o} \frac{1}{\partial g_r / \partial d_r} \left(\mathbb{S}^{n,r} : \boldsymbol{\sigma} \right) \otimes \left(\mathbb{S}^{n,r} : \boldsymbol{\sigma} \right) \\
&+ \sum_{r \in \mathcal{I}_c} \frac{1}{\left(\dfrac{\partial f_r}{\partial d_r} \right)^2 \Big/ \dfrac{\partial g_r}{\partial d_r} - \dfrac{\partial f_r}{\partial \boldsymbol{\epsilon}^{c,r}} : \dfrac{\partial f_r}{\partial \boldsymbol{\sigma}^{c,r}}} \boldsymbol{D}^{n,r} \otimes \boldsymbol{D}^{n,r}
\end{aligned}
\tag{8.99}
$$

为了推导出切线弹性张量，将式 (8.85) 写成下面的微分形式：

$$
\dot{\boldsymbol{\sigma}} = \mathbb{C}^{\mathrm{hom}} : \left(\dot{\boldsymbol{\varepsilon}} - \sum_{r \in \mathcal{I}_c} \dot{\boldsymbol{\epsilon}}^{c,r} \right) + \dot{\mathbb{C}}^{\mathrm{hom}} : \left(\boldsymbol{\varepsilon} - \sum_{r \in \mathcal{I}_c} \boldsymbol{\epsilon}^{c,r} \right)
\tag{8.100}
$$

式中，四阶有效弹性张量是有效柔度张量的逆，即 $\mathbb{C}^{\mathrm{hom}} = \left(\mathbb{S}^{\mathrm{hom}} \right)^{-1}$，或者 $\mathbb{C}^{\mathrm{hom}} : \mathbb{S}^{\mathrm{hom}} = \mathbb{I}$，且存在如下关系：

$$
\dot{\mathbb{C}}^{\mathrm{hom}} : \mathbb{S}^{\mathrm{hom}} + \mathbb{C}^{\mathrm{hom}} : \dot{\mathbb{S}}^{\mathrm{hom}} = 0
\tag{8.101}
$$

因而有

$$
\dot{\mathbb{C}}^{\mathrm{hom}} = -\mathbb{C}^{\mathrm{hom}} : \dot{\mathbb{S}}^{\mathrm{hom}} : \mathbb{C}^{\mathrm{hom}}
\tag{8.102}
$$

将式 (8.102) 代入式 (8.100) 可得

$$
\begin{aligned}
\dot{\boldsymbol{\sigma}} &= \mathbb{C}^{\mathrm{hom}} : \left(\dot{\boldsymbol{\varepsilon}} - \sum_{r \in \mathcal{I}_c} \dot{\boldsymbol{\epsilon}}^{c,r} \right) - \mathbb{C}^{\mathrm{hom}} : \dot{\mathbb{S}}^{\mathrm{hom}} : \mathbb{C}^{\mathrm{hom}} : \left(\boldsymbol{\varepsilon} - \sum_{r \in \mathcal{I}_c} \boldsymbol{\epsilon}^{c,r} \right) \\
&= \mathbb{C}^{\mathrm{hom}} : \dot{\boldsymbol{\varepsilon}} - \sum_{r \in \mathcal{I}_o} \dot{d}_r \mathbb{C}^{\mathrm{hom}} : \mathbb{S}^{n,r} : \boldsymbol{\sigma} - \sum_{r \in \mathcal{I}_c} \mathbb{C}^{\mathrm{hom}} : \dot{\boldsymbol{\epsilon}}^{c,r} \\
&= \mathbb{C}^{\mathrm{hom}} : \dot{\boldsymbol{\varepsilon}} - \sum_{r \in \mathcal{I}_o} \lambda^{d,r} \mathbb{C}^{\mathrm{hom}} : \mathbb{S}^{n,r} : \boldsymbol{\sigma} - \sum_{r \in \mathcal{I}_c} \lambda^{c,r} \mathbb{C}^{\mathrm{hom}} : \boldsymbol{D}^{n,r}
\end{aligned}
\tag{8.103}
$$

为了简洁，定义二阶张量变量 $\boldsymbol{A}$ 和 $\boldsymbol{B}$

$$
\boldsymbol{A}^r = \mathbb{C}^{\mathrm{hom}} : \mathbb{S}^{n,r} : \boldsymbol{\sigma}, \quad \boldsymbol{B}^r = \mathbb{C}^{\mathrm{hom}} : \boldsymbol{D}^{n,r}
\tag{8.104}
$$

将式 (8.103) 改写成

$$\dot{\boldsymbol{\sigma}} = \mathbb{C}^{\text{hom}} : \dot{\boldsymbol{\varepsilon}} - \sum_{r \in \mathcal{I}_o} \lambda^{d,r} \boldsymbol{A}^r - \sum_{r \in \mathcal{I}_c} \lambda^{c,r} \boldsymbol{B}^r \qquad (8.105)$$

损伤乘子和摩擦乘子的计算仍需要借助于各自准则的一致性条件.

(1) 当第 i 族裂隙处于张开状态且损伤准则处于加载状态 $g_i = 0$ 时, 损伤一致性条件为

$$\dot{g}_i = \boldsymbol{\sigma} : \mathbb{S}^{n,i} : \dot{\boldsymbol{\sigma}} - \frac{\partial g_i}{\partial d_i} \dot{d}_i = 0 \qquad (8.106)$$

进一步表示成

$$\dot{g}_i = \boldsymbol{A}^i : \dot{\boldsymbol{\varepsilon}} - \sum_{j \in \mathcal{I}o} \lambda^{d,j} \boldsymbol{A}^i : \mathbb{S}^{\text{hom}} : \boldsymbol{A}^j - \sum_{j \in \mathcal{I}_c} \lambda^{c,j} \boldsymbol{A}^i : \mathbb{S}^{\text{hom}} : \boldsymbol{B}^j - \frac{\partial g_i}{\partial d_i} \lambda^{d,i} = 0 \quad (8.107)$$

(2) 当第 i 族裂隙处于闭合状态, 且摩擦滑移处于加载状态时, 摩擦准则的一致性条件为

$$\dot{f}_i = \boldsymbol{B}^i : \dot{\boldsymbol{\varepsilon}} - \sum_{j \in \mathcal{I}o} \lambda^{d,j} \boldsymbol{B}^i : \mathbb{S}^{\text{hom}} : \boldsymbol{A}^j - \sum_{j \in \mathcal{I}_c} \lambda^{c,j} \boldsymbol{B}^i : \mathbb{S}^{\text{hom}} : \boldsymbol{B}^j$$

$$+ \frac{1}{(d_i)^2} \left(\boldsymbol{D}^i : \mathbb{C}^{n,i} : \boldsymbol{\epsilon}^{p,i} \right) \lambda^{d,i} - \frac{1}{d_i} \boldsymbol{D}^i : \mathbb{C}^{n,i} : \boldsymbol{D}^i \lambda^{c,i} = 0 \qquad (8.108)$$

考虑所有裂隙族的张开/闭合状态, 它们的一致性条件构成了如下线性方程:

$$F_{ij} \Lambda_j = \boldsymbol{X}_i : \dot{\boldsymbol{\varepsilon}} \qquad (8.109)$$

式中, 当第 i 族裂隙处于张开状态时, $\Lambda_i = \lambda^{d,i}$ 且 $\boldsymbol{X}_i = \boldsymbol{A}^i$; 而当第 i 族裂隙处于闭合状态时, $\Lambda_i = \lambda^{c,i}$ 且 $\boldsymbol{X}_i = \boldsymbol{B}^i$; F_{ij} 是系数矩阵, 其中的元素反映了裂隙之间的相互作用. 由损伤乘子和摩擦乘子构成的未知量列矩阵可以表示为

$$\Lambda_i = \left(\boldsymbol{F}^{-1} \right)_{ij} \boldsymbol{X}_j : \dot{\boldsymbol{\varepsilon}} \qquad (8.110)$$

另外, 式 (8.105) 也可以用 $\boldsymbol{X}$ 和 Λ 表示:

$$\dot{\boldsymbol{\sigma}} = \mathbb{C}^{\text{hom}} : \dot{\boldsymbol{\varepsilon}} - \sum_{i \in \mathcal{I}} \boldsymbol{X}_i \Lambda_i \qquad (8.111)$$

将式 (8.110) 代入式 (8.111), 经整理得到率形式的应力应变关系 $\dot{\boldsymbol{\sigma}} = \mathbb{C}^{\text{tan}} : \dot{\boldsymbol{\varepsilon}}$, 其中切线弹性张量为

$$\mathbb{C}^{\text{tan}} = \mathbb{C}^{\text{hom}} - \sum_{i \in \mathcal{I}} \sum_{j \in \mathcal{I}} \boldsymbol{X}_i \otimes \left(\boldsymbol{F}^{-1} \right)_{ij} \boldsymbol{X}_j \qquad (8.112)$$

8.6　本 章 小 结

基于 MT 方法, 本章研究了任意张开/闭合裂隙族组合情况下的本构方程. 针对裂隙扩展, 考虑了基于应变能释放率的局部损伤准则; 针对闭合裂隙的摩擦滑移, 考虑了基于局部应力的库仑摩擦滑移准则和关联流动法则, 一般模型考虑裂隙张开/闭合两种几何状态, 以及损伤与摩擦两种能量耗散模式, 具有广泛的适用性.

由于多裂隙族特征、裂隙间相互作用以及损伤摩擦耦合作用, 针对复杂裂隙张拉状态, 损伤乘子和摩擦乘子的确定需要求解线性互补问题 (linear complementarity problem), 本章给出了求解表达式, 建立了切线弹性张量.

第9章

破坏准则与参数跨尺度关联

　　强度特性是材料力学行为研究的基本内容之一, 岩石强度是岩体工程设计的重要参数. 岩石强度准则研究以有限数量的室内破坏试验 (单轴拉伸试验、单轴压缩试验、常规三轴压缩试验、纯剪试验、真三轴压缩试验等) 获得的基本认识为基础, 采用经验和/或理性的方式建立反映材料破坏面特征的显性表达式. 此类表达式通常以宏观应力为变量, 并且为了反映材料的对称性, 更多的时候应力以不变量的形式出现.

　　莫尔–库仑强度准则描述的是岩土材料在压剪应力条件下的破坏规律, 其在莫尔平面上的表达式为

$$\tau = \alpha\sigma_n + c \tag{9.1}$$

式中, τ 为剪应力; σ_n 为法向应力; α 和 c 分别为破坏面摩擦系数和材料黏聚力.

　　在细观力学分析中, 基于局部应力的库仑摩擦滑移准则具有同样的形式, 反映的是局部压剪破坏. 一般认为, 莫尔–库仑强度准则往往过高估计岩石的抗拉强度, 故常用切断方法 (cut-off) 对莫尔–库仑强度准则加以修正. Drucker-Prager 强度准则是莫尔–库仑强度准则的变形, 用应力不变量代替了应力主值, 因而具有相对于坐标系的旋转不变性, 在应力不变量空间上, Drucker-Prager 强度准则也是一条直线, 在预测拉伸强度时具有和莫尔–库仑强度准则一样的缺点.

　　格里菲斯强度理论是研究单个裂隙起裂和扩展问题的理论基石. 在文献 [141]、[142] 中, 格里菲斯认为原生裂隙的存在是材料破坏的主导因素, 并且通过研究裂隙尖端的拉伸应力场推导出了材料拉伸破坏函数的表达式. 根据格里菲斯强度理论, 固体受力后在裂隙尖端附近出现应力集中, 当局部拉应力达到抗拉强度, 即满足裂隙扩展所需的应力条件时, 材料发生破坏. 格里菲斯强度理论在莫尔平面内的表达式为

$$\tau^2 + 4\sigma_t\sigma_n - 4\sigma_t^2 = 0 \tag{9.2}$$

式中, σ_t 为单轴抗拉强度.

　　McClintock 和 Walsh[85] 认为, 格里菲斯强度理论 (9.2) 预测的压剪强度随着围压增大增加较为缓慢, 与实际观察到的岩石强度特性存在明显偏差. 另外, 根据格里菲斯强度理论确定的抗压与抗拉强度比是一个与材料力学性能无关的固定值. 然而, 对不同岩石, 由于组分、细观结构等方面的差异, 抗压与抗拉强度比变化幅度非常大. 为此, McClintock 和 Walsh 根据法向压应力条件下闭合裂隙的接触条件和摩擦滑移条件对格里菲斯强度理论进行了修正. 具体而言, 当 $\sigma_n < 0$ 时, 他

们认为岩石破坏需满足如下条件:

$$\tau + \alpha\sigma_n - 2\sigma_t = 0 \tag{9.3}$$

在上述修正过程中,当 $\sigma_n > 0$ 时,裂隙受拉应力作用,依然采用格里菲斯强度理论 (图 9.1). 经简单分析可知,修正部分 (9.3) 与格里菲斯破坏函数相交于 $(\sigma_n = 0, \tau = 2\sigma_t)$,但是只有在 $\alpha = 1$ 这一特殊情况下,两部分才是相切的,也就是说,修正格里菲斯强度理论是连续的,但是其光滑性是有条件的.

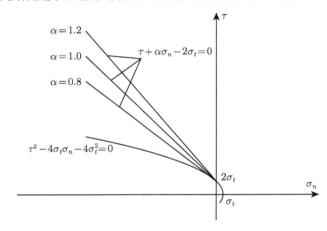

图 9.1   格里菲斯强度理论及其修正版在莫尔平面上的强度包线

9.1   细观力学强度分析的基本公式

在不可逆热力学理论框架下,根据第 8 章建立的系统吉布斯自由能:

$$\Psi^* = \frac{1}{2}\boldsymbol{\sigma} : \mathbb{S}^{\mathrm{hom}} : \boldsymbol{\sigma} + \boldsymbol{\sigma} : \sum_{r \in \mathcal{I}_c} \boldsymbol{\epsilon}^{c,r} - \sum_{r \in \mathcal{I}_c} \frac{1}{2d_r} \boldsymbol{\epsilon}^{c,r} : \mathbb{C}^{n,r} : \boldsymbol{\epsilon}^{c,r} \tag{9.4}$$

对任一闭合裂隙族,推导出与局部塑性应变 $\boldsymbol{\epsilon}^c$ 关联的热力学力

$$\boldsymbol{\sigma}^c = \frac{\partial \Psi^*}{\partial \boldsymbol{\epsilon}^c} = \boldsymbol{\sigma} - \frac{1}{d}\mathbb{C}^n : \boldsymbol{\epsilon}^c \tag{9.5}$$

将其向裂隙面法向和裂隙面内 (切向) 投影,得到图 9.2 所示的分解:

$$\sigma_n^c = \boldsymbol{n} \cdot \boldsymbol{\sigma}^c \cdot \boldsymbol{n} \tag{9.6}$$

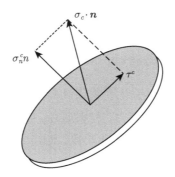

图 9.2　局部应力向量的投影

$$\boldsymbol{\tau}^c = \boldsymbol{\sigma}^c \cdot \boldsymbol{n} \cdot (\boldsymbol{\delta} - \boldsymbol{n} \otimes \boldsymbol{n}) \tag{9.7}$$

进一步表示成

$$\sigma_n^c = \sigma_n - \frac{c_n}{d} \boldsymbol{\epsilon}^c : (\boldsymbol{n} \otimes \boldsymbol{n}) \tag{9.8}$$

$$\boldsymbol{\tau}^c = \boldsymbol{\tau} - \frac{c_t}{d} \boldsymbol{\epsilon}^c \cdot \boldsymbol{n} \cdot (\boldsymbol{\delta} - \boldsymbol{n} \otimes \boldsymbol{n}) \tag{9.9}$$

式中, $\sigma_n = \boldsymbol{n} \cdot \boldsymbol{\sigma} \cdot \boldsymbol{n}$ 和 $\boldsymbol{\tau} = \boldsymbol{\sigma} \cdot \boldsymbol{n} \cdot (\boldsymbol{\delta} - \boldsymbol{n} \otimes \boldsymbol{n})$ 分别是宏观应力向量 $(\boldsymbol{\sigma} \cdot \boldsymbol{n})$ 在裂隙面法向和切向的投影.

同样推导出与损伤变量 d 相关联的热力学力 (损伤驱动力)F_d. 对微裂隙张开和闭合情况, F_d 的表达式分别为

$$F_d = \frac{\partial \Psi^*}{\partial d} = \frac{1}{2d^2} \boldsymbol{\epsilon}^c : \mathbb{C}^n : \boldsymbol{\epsilon}^c \tag{9.10}$$

和

$$F_d = \frac{\partial \Psi^*}{\partial d} = \frac{1}{2} \boldsymbol{\sigma} : \mathbb{S}^n : \boldsymbol{\sigma} \tag{9.11}$$

9.2　莫尔平面内的破坏准则表达式

9.2.1　拉伸破坏

根据局部法向应力, 裂隙分为张开和闭合两种几何状态. 在微裂隙张开 ($\sigma_n^c > 0$) 情况下, 裂隙固体非线性力学行为与损伤演化有关, 基于局部应变能释放率的损伤加载函数为

$$g(\boldsymbol{\sigma}, d) = \frac{1}{2} \boldsymbol{\sigma} : \mathbb{S}^n : \boldsymbol{\sigma} - R(d) \leqslant 0 \tag{9.12}$$

注意到 $\mathbb{S}^n = \dfrac{1}{c_n}\mathbb{N} + \dfrac{1}{c_t}\mathbb{T}$，并令 $\kappa = \dfrac{c_t}{2c_n} = 1 - \dfrac{\nu_0}{2}$，式 (9.12) 进一步写成

$$g(\boldsymbol{\sigma}, d) = \tau^2 + \kappa\sigma_n^2 - c_t R(d) \leqslant 0 \tag{9.13}$$

式中，$\tau = \|\boldsymbol{\tau}\|$. 可以看出，材料强化和软化过程仅与损伤抗力函数 $R(d)$ 有关，并且当 $R(d)$ 取最大值时出现峰值应力，材料破坏. 假设 $R(d)$ 达到最大值时的损伤值为 d_c，则当 $d \leqslant d_c$ 时，材料处于强化阶段，而当 $d \geqslant d_c$ 时，材料处于软化阶段. 因此，与张开裂隙扩展有关的破坏面函数为

$$g(\boldsymbol{\sigma}) = \tau^2 + \kappa\sigma_n^2 - c_t r_c = 0 \tag{9.14}$$

式中，$r_c = R(d_c)$ 表示材料临界损伤抗力. 相应地，d_c 是材料破坏的临界损伤值.

在莫尔平面上，式 (9.14) 定义了一个椭圆形破坏曲线. 可以证明，在单轴拉伸加载条件下，裂隙面法向与加载方向一致的微裂隙得到优先扩展，并最终引起材料破坏，此时破坏面无剪应力 ($\tau = 0$)，单轴拉伸强度 $\sigma_t = \sigma_n = \sqrt{c_t r_c / \kappa} = \sqrt{2c_n r_c}$，从而可将式 (9.14) 改写为

$$g(\boldsymbol{\sigma}) = \tau^2 + \kappa\sigma_n^2 - \kappa\sigma_t^2 = 0 \tag{9.15}$$

9.2.2　压剪破坏

在压应力作用下，考虑主应力的代数排序为 $\sigma_1 \leqslant \sigma_2 \leqslant \sigma_3$，可知关键裂隙滑移面的法向向量 $\boldsymbol{n}$ 在 $(\boldsymbol{e}_1, \boldsymbol{e}_3)$ 平面内. 因此，应力张量可以表示成如下形式：

$$\boldsymbol{\sigma} = \sigma_3\boldsymbol{\delta} + (\sigma_2 - \sigma_3)\,\boldsymbol{e}_2 \otimes \boldsymbol{e}_2 + (\sigma_1 - \sigma_3)\,\boldsymbol{e}_1 \otimes \boldsymbol{e}_1. \tag{9.16}$$

相应地，局部应力的法向和切向分量分别为

$$\sigma_n^c = \sigma_3 + (\sigma_1 - \sigma_3)\,(\boldsymbol{e}_1.\boldsymbol{n})^2 - \frac{c_n}{d}\boldsymbol{\epsilon}^c : (\boldsymbol{n} \otimes \boldsymbol{n}) \tag{9.17}$$

$$\boldsymbol{\tau}^c = (\sigma_1 - \sigma_3)\,(\boldsymbol{e}_1.\boldsymbol{n})\,[\boldsymbol{e}_1 - (\boldsymbol{e}_1.\boldsymbol{n})\,\boldsymbol{n}] - \frac{c_t}{d}\boldsymbol{\epsilon}^c \cdot \boldsymbol{n} \cdot (\boldsymbol{\delta} - \boldsymbol{n} \otimes \boldsymbol{n}) \tag{9.18}$$

根据剪应力向量 $\boldsymbol{\tau}$，微裂隙在其平面内的滑移方向，用单位向量 $\boldsymbol{t}$ 表示，可定义如下：

$$\boldsymbol{t} = \frac{(\sigma_1 - \sigma_3)\,(\boldsymbol{e}_1.\boldsymbol{n})\,(\boldsymbol{e}_1 - (\boldsymbol{e}_1.\boldsymbol{n})\,\boldsymbol{n})}{\|(\sigma_1 - \sigma_3)\,(\boldsymbol{e}_1.\boldsymbol{n})\,(\boldsymbol{e}_1 - (\boldsymbol{e}_1.\boldsymbol{n})\,\boldsymbol{n})\|} = \operatorname{sign}(\sigma_1 - \sigma_3)\,\frac{\boldsymbol{e}_1 - (\boldsymbol{e}_1.\boldsymbol{n})\,\boldsymbol{n}}{\sqrt{1 - (\boldsymbol{e}_1.\boldsymbol{n})^2}} \tag{9.19}$$

可以发现, 在常规三轴压缩试验或真三轴压缩试验过程中, 裂隙面的滑移方向是始终不变的. 局部剪应力向量的模 $\|\boldsymbol{\tau}^c\|$ 用 τ^c 表示, 可以进一步写成

$$\tau^c = \tau - \frac{c_t}{d} \boldsymbol{t} \cdot \boldsymbol{\epsilon}^c \cdot \boldsymbol{n} \tag{9.20}$$

根据关联流动法则确定局部塑性应变的变化率

$$\dot{\boldsymbol{\epsilon}}^c = \lambda^c \frac{\partial f}{\partial \boldsymbol{\sigma}^c} = \lambda^c \boldsymbol{D}^n \tag{9.21}$$

式中, $\boldsymbol{D}^n$ 表示流动方向:

$$\boldsymbol{D}^n = \boldsymbol{t} \otimes^s \boldsymbol{n} + \alpha \boldsymbol{n} \otimes \boldsymbol{n}, \quad D_{ij}^n = \frac{1}{2}\left(n_i t_j + n_j t_i\right) + \alpha n_i n_j \tag{9.22}$$

将摩擦准则重新写成

$$f(\boldsymbol{\sigma}, \boldsymbol{\epsilon}^c, d) = \tau + \alpha \sigma_n - \frac{1}{d} \boldsymbol{D}^n : \mathbb{C}^n : \boldsymbol{\epsilon}^c \leqslant 0 \tag{9.23}$$

由式 (9.19) 可知, 在不发生主应力旋转的情况下, 流动方向 $\boldsymbol{D}^n$ 与应力水平无关. 因此, 当前塑性应变 $\boldsymbol{\epsilon}^c$ 可以表示成 $\boldsymbol{\epsilon}^c = \Lambda^c \boldsymbol{D}^n$, 其中 $\Lambda^c = \int \lambda^c$ 为加载历史上的累积塑性乘子. 因而, 进一步得到

$$f(\boldsymbol{\sigma}, \boldsymbol{\epsilon}^c, d) = \tau + \alpha \sigma_n - \frac{\Lambda^c}{d} \boldsymbol{D}^n : \mathbb{C}^n : \boldsymbol{D}^n \leqslant 0 \tag{9.24}$$

另外, 损伤准则也可以用累积塑性乘子表示:

$$g = \frac{1}{2}\left(\frac{\Lambda^c}{d}\right)^2 \boldsymbol{D}^n : \mathbb{C}^n : \boldsymbol{D}^n - R(d) \leqslant 0 \tag{9.25}$$

当损伤准则处于加载状态时, $g = 0$, 得到如下关系式:

$$\frac{\Lambda^c}{d} = 2\sqrt{\frac{R(d)}{\varsigma}} \tag{9.26}$$

式中, $\varsigma = 2\boldsymbol{D}^n : \mathbb{C}^n : \boldsymbol{D}^n = 2c_n\left(\kappa + \alpha^2\right)$.

将式 (9.26) 代入式 (9.24), 局部摩擦滑移准则最终具有如下表达式:

$$f(\boldsymbol{\sigma}, d) = \tau + \alpha \sigma_n - \sqrt{R(d)\varsigma} \leqslant 0 \tag{9.27}$$

与张开裂隙扩展引起的材料硬化和软化一样, 闭合裂隙损伤摩擦耦合过程中的材料硬化和软化也是由材料损伤抗力决定的. 当损伤抗力函数 $R(d)$ 达到最大值

时，屈服函数 (9.27) 定义压剪应力条件下的材料破坏准则. 假设 $R(d)$ 取最大值时的损伤值为 d_c，并定义抗剪强度 $\sigma_\tau = \sqrt{R(d_c)\varsigma} = \sigma_t\sqrt{\kappa + \alpha^2}$，得到压剪破坏面函数

$$f(\boldsymbol{\sigma}) = \tau + \alpha\sigma_n - \sigma_\tau = 0 \qquad (9.28)$$

在莫尔平面上，破坏函数 (9.28) 是一条以裂隙面摩擦系数 α 为斜率的直线.

9.2.3 破坏准则表达式

根据前面分析，基于细观力学分析得到的岩石破坏准则具有如下表达式:

$$\begin{cases} \tau^2 + \kappa\sigma_n^2 - \kappa\sigma_t^2 = 0, & \text{张开裂隙} \\ \tau + \alpha\sigma_n - \sigma_\tau = 0, & \text{闭合摩擦裂隙} \end{cases} \qquad (9.29)$$

式中，$\kappa = 1 - \nu_0/2$. 图 9.3 给出了破坏准则 (9.29) 在莫尔平面上的强度包线.

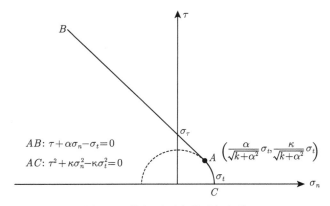

$AB: \tau + \alpha\sigma_n - \sigma_t = 0$

$AC: \tau^2 + \kappa\sigma_n^2 - \kappa\sigma_t^2 = 0$

$A\left(\dfrac{\alpha}{\sqrt{k+\alpha^2}}\sigma_t, \dfrac{\kappa}{\sqrt{k+\alpha^2}}\sigma_t\right)$

图 9.3   莫尔平面内的破坏包线

其由两部分组成，AB 段为压剪破坏类型，AC 段为拉伸破坏类型，分段函数相交且相切于 A 点

9.2.4 连续性与光滑性

联立强度准则 (9.29) 中的两个方程，可以证明方程组有唯一解:

$$\sigma_n = \frac{\alpha}{\sqrt{\kappa + \alpha^2}}\sigma_t, \quad \tau = \frac{\kappa}{\sqrt{\kappa + \alpha^2}}\sigma_t \qquad (9.30)$$

该组解即为破坏准则分段曲线的交点坐标. 另外，式 (9.29) 中的第一个方程在其变量取值范围内任意点处的切线斜率为

$$\frac{\mathrm{d}\tau}{\mathrm{d}\sigma_n} = -\frac{\kappa\sigma_n}{\tau} \qquad (9.31)$$

其交点 A 处的值为 $-\alpha$, 与式 (9.29) 中第二个函数的直线斜率是一致的. 因此, 破坏准则 (9.29) 是连续且光滑的.

9.3　主应力平面上的破坏准则表达式

通常, 岩石内部包含大量任意分布的原生微缺陷. 在荷载作用下, 微裂隙往往经历从不断扩展到相互连接的能量耗散过程, 最终微裂隙扩展发生局部化并形成宏观剪切带, 引起材料破坏. 在局部拉应力作用下, 脆性岩石产生张拉破坏; 而在压应力条件下, 岩石破坏往往发生在一个或数个关键滑移面上. 为了获取完整的岩石强度特性, 一方面需要根据应力状态判断岩石的破坏模式, 另一方面需要确定破坏过程中的关键滑移面.

9.3.1　常规三轴压缩应力路径

假设常规三轴压缩试验的轴向方向为 e_1, 则有 $\sigma_2 = \sigma_3$, 应力状态可以表示为

$$\boldsymbol{\sigma} = \sigma_3 \boldsymbol{\delta} + (\sigma_1 - \sigma_3)\, \boldsymbol{e}_1 \otimes \boldsymbol{e}_1 \tag{9.32}$$

对任一裂隙族, 假设裂隙面法向与 e_1 轴的夹角为 θ (图 9.4), 则有 $\boldsymbol{e}_1 \cdot \boldsymbol{n} = \cos\theta$, $\theta \in \left[0, \dfrac{\pi}{2}\right]$.

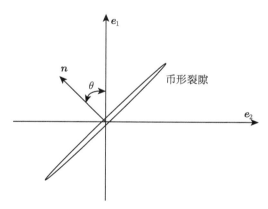

图 9.4　(e_1, e_2) 平面内的一个币形裂隙示意图

剪切应力和法向应力分别表示成

$$\tau = \|\boldsymbol{\sigma} \cdot \boldsymbol{n} \cdot (\boldsymbol{\delta} - \boldsymbol{n} \otimes \boldsymbol{n})\| = |\sigma_1 - \sigma_3| \cos\theta \sin\theta \tag{9.33}$$

$$\sigma_n = \boldsymbol{n} \cdot \boldsymbol{\sigma} \cdot \boldsymbol{n} = \sigma_1 \cos^2 \theta + \sigma_3 \sin^2 \theta \tag{9.34}$$

在常规三轴压缩试验中, $\sigma_1 - \sigma_3 < 0$, 因此有

$$\tau = (\sigma_3 - \sigma_1) \sin \theta \cos \theta \tag{9.35}$$

把式 (9.34) 和式 (9.35) 代入摩擦滑移准则 (9.28), 整理得到

$$f = \sigma_1 - \frac{\cos \theta \sin \theta + \alpha \sin^2 \theta}{\cos \theta \sin \theta - \alpha \cos^2 \theta} \sigma_3 + \frac{1}{\sin \theta \cos \theta - \alpha \cos^2 \theta} \sigma_\tau \leqslant 0 \tag{9.36}$$

为了确定关键滑移面, 定义方向函数 $\hbar(\theta) = \cos \theta \sin \theta - \alpha \cos^2 \theta$. 根据函数求极值方法, 容易知道, 当 $\theta = \theta_c$ 满足

$$\tan \theta_c = \sqrt{\alpha^2 + 1} + \alpha \tag{9.37}$$

时, $\hbar(\theta)$ 取最大值. 也就是说, 法向方向与轴向的夹角为 θ_c 的裂隙面发生的摩擦滑移将最终引起岩石的破坏, 该滑移面称为关键滑移面. 把式 (9.37) 代入式 (9.36) 得到三轴压缩条件下的破坏面函数

$$f(\sigma_1, \sigma_3) = \sigma_1 - \tan^2 \theta_c \sigma_3 + 2 \tan \theta_c \sigma_\tau = 0 \tag{9.38}$$

特别地, 在单轴压缩条件下, $\sigma_2 = \sigma_3 = 0$, 得到单轴压缩强度 σ_c

$$\sigma_c = 2 \tan \theta_c \sigma_\tau = 2 \tan \theta_c \sqrt{r_c \varsigma} \tag{9.39}$$

因而破坏函数也可以表示成

$$f(\sigma_1, \sigma_3) = \sigma_1 - \tan^2 \theta_c \sigma_3 + \sigma_c = 0 \tag{9.40}$$

局部摩擦系数 α 可以与内摩擦角 ϕ_f 相关联, 即 $\alpha = \tan \phi_f$. 由式 (9.37) 建立 ϕ_f 与 θ_c 的关系如下:

$$\theta_c = \frac{\pi}{4} + \frac{\phi_f}{2} \tag{9.41}$$

宏观参数 θ_c 可以通过一组不同围压下的常规三轴压缩试验来确定, 从而实现细观力学模型参数与宏观试验测量值之间的跨尺度联系.

9.3.2　常规三轴轴向卸载试验

在常规三轴轴向卸载试验中，先施加围压至预定值 p_0，再进行轴向卸载试验，因此轴向应力 $\sigma_1 > \sigma_3$. 在这种情况下，剪应力向量的模为

$$\tau = (\sigma_1 - \sigma_3) \cos\theta \sin\theta \tag{9.42}$$

相应地，破坏函数 (9.28) 变成如下形式：

$$f = \sigma_1 - \frac{\cos\theta \sin\theta - \alpha\sin^2\theta}{\cos\theta\sin\theta + \alpha\cos^2\theta}\sigma_3 - \frac{1}{\sin\theta\cos\theta + \alpha\cos^2\theta}\sigma_\tau = 0 \tag{9.43}$$

定义方向函数 $\hbar(\theta) = \cos\theta\sin\theta + \alpha\cos^2\theta$，可以证明当 $\theta = \theta_e$ 满足

$$\tan\theta_e = \sqrt{\alpha^2 + 1} - \alpha \tag{9.44}$$

时，$\hbar(\theta)$ 具有最大值. 在常规三轴轴向卸载情况下的岩石破坏函数为

$$f(\sigma_1, \sigma_3) = \sigma_1 - \tan^2\theta_e\sigma_3 - \sigma_e = 0 \tag{9.45}$$

式中，$\sigma_e = 2\tan\theta_e\sigma_\tau$ 为轴向拉伸强度，且有 $\sigma_c/\sigma_e = \tan^2\theta_c$ 或者 $\sigma_e/\sigma_c = \tan^2\theta_e$.

类似地，破坏角 θ_e 与内摩擦角 ϕ_f 存在如下关系：

$$\theta_e = \frac{\pi}{4} - \frac{\phi_f}{2} \tag{9.46}$$

9.3.3　张开裂隙的张拉破坏

下面推导拉伸破坏函数 (9.13) 在主应力平面上的表达式. 结合式 (9.13)、式 (9.33) 和式 (9.34)，利用夹角 θ 将损伤加载函数 (9.15) 写成如下形式：

$$g = (\sigma_1 - \sigma_3)^2 \cos^2\theta\sin^2\theta + \kappa\left[\sigma_3 + (\sigma_1 - \sigma_3)\cos^2\theta\right]^2 - \kappa\sigma_t^2 = 0 \tag{9.47}$$

相应地，定义方向函数

$$\hbar(\theta) = (\sigma_1 - \sigma_3)^2\cos^2\theta\sin^2\theta + \kappa\left(\sigma_1\cos^2\theta + \sigma_3\sin^2\theta\right)^2 \tag{9.48}$$

根据方向函数 (9.48) 求极值的方法来确定破坏面的倾角. 为此，将式 (9.48) 对变量 θ 求导：

$$\frac{\mathrm{d}\hbar}{\mathrm{d}\theta} = \frac{1}{2}(\sigma_1 - \sigma_3)^2\sin(2\theta)\cos(2\theta) - \kappa(\sigma_1\cos^2\theta + \sigma_3\sin^2\theta)(\sigma_1 - \sigma_3)\sin(2\theta) = 0$$

$$\tag{9.49}$$

破坏面倾角 θ 须满足

$$\sin(2\theta) = 0 \tag{9.50}$$

或

$$\frac{1}{2}\left(\sigma_1 - \sigma_3\right)\cos(2\theta) - \kappa\left(\sigma_1\cos^2\theta + \sigma_3\sin^2\theta\right) = 0 \tag{9.51}$$

由式 (9.50) 得到

$$\theta = 0, \quad \theta = \frac{\pi}{2} \tag{9.52}$$

代入式 (9.47) 分别得到

$$\sigma_1 - \sigma_t = 0 \tag{9.53}$$

和

$$\sigma_3 - \sigma_t = 0 \tag{9.54}$$

对应的是纯张拉破坏模式.

根据式 (9.51) 得到

$$\tan^2\theta = \frac{(1 - 2\kappa)\,\sigma_1 - \sigma_3}{\sigma_1 - (1 - 2\kappa)\,\sigma_3} \tag{9.55}$$

由此得到

$$\cos^2\theta = \frac{\sigma_1 - (1 - 2\kappa)\,\sigma_3}{2\left(1 - \kappa\right)\left(\sigma_1 - \sigma_3\right)}, \quad \sin^2\theta = \frac{(1 - 2\kappa)\,\sigma_1 - \sigma_3}{2\left(1 - \kappa\right)\left(\sigma_1 - \sigma_3\right)} \tag{9.56}$$

代入式 (9.47)，经整理得到破坏函数

$$\frac{1}{4\left(1 - \kappa\right)}\left(\sigma_1 + \sigma_3\right)^2 + \frac{1}{4\kappa}\left(\sigma_1 - \sigma_3\right)^2 - \sigma_t^2 = 0 \tag{9.57}$$

在此情况下，τ 和 σ_n 均大于 0，式 (9.57) 对应的是岩石拉剪破坏模式.

9.4　破坏函数的连续性和光滑性

9.4.1　从纯张拉破坏到拉剪破坏

首先，将式 (9.57) 写成下面的形式：

$$g\left(\sigma_1, \sigma_3\right) = \sigma_1^2 + \sigma_3^2 - 2\left(1 - 2\kappa\right)\sigma_1\sigma_3 - 4\kappa\left(1 - \kappa\right)\sigma_t^2 = 0 \tag{9.58}$$

假设纯张拉和拉剪破坏函数具有交点 A, 为了证明分段破坏函数在 A 点的连续性和光滑性, 在式 (9.58) 中令 $\sigma_3 = \sigma_t$, 得到

$$[\sigma_1 - (1 - 2\kappa)\,\sigma_t]^2 = 0 \tag{9.59}$$

该方程有唯一解 $\sigma_1^A = (1 - 2\kappa)\sigma_t$. 也就是说, A 点坐标为 $(\sigma_t, (1 - 2\kappa)\sigma_t)$.

9.4.2 从拉剪破坏到压剪破坏

假设过渡点为 B. 由式 (9.40) 得到

$$\sigma_1 = \tan^2\theta_c \sigma_3 - \sigma_c \tag{9.60}$$

结合式 (9.58) 和式 (9.60), 得到下面关于 σ_3 的一元二次方程:

$$a\sigma_3^2 + b\sigma_3 + c = 0 \tag{9.61}$$

式中, 系数 a、b 和 c 的表达式为

$$a = 4\left(\kappa + \alpha^2\right)\tan^2\theta_c \tag{9.62}$$

$$b = -4\left(\kappa + \alpha\tan\theta_c\right)\sigma_c \tag{9.63}$$

$$c = \sigma_c^2 - 4\kappa\left(1 - \kappa\right)\sigma_t^2 \tag{9.64}$$

容易证明

$$\Delta = b^2 - 4ac = 0 \tag{9.65}$$

因而, 式 (9.61) 存在唯一解:

$$\sigma_3^B = -\frac{b}{2a} = \frac{\alpha + \kappa\cot\theta_c}{2\left(\kappa + \alpha^2\right)\tan\theta_c}\sigma_c \tag{9.66}$$

进而得到 B 点的纵坐标为

$$\sigma_1^B = \tan^2\theta_c\sigma_3 - \sigma_c = \frac{\alpha - \kappa\tan\theta_c}{2\left(\kappa + \alpha^2\right)\tan\theta_c}\sigma_c \tag{9.67}$$

以上结果说明, 描述纯张拉破坏的直线和描述压剪破坏的直线与椭圆曲线均只有一个交点, 椭圆与两条直线都是相切的, 也就是说, 由分段函数构成的破坏面函数是连续和光滑的.

9.4.3 裂隙张开/闭合条件的证明

由于点 B 是描述拉剪破坏函数和压剪破坏函数的交点, 因此该点处的应力状态应该满足裂隙张开/闭合条件. 根据局部法向应力 $\sigma_n^c = \sigma_n - \frac{c_n}{d}\boldsymbol{\epsilon}^c : (\boldsymbol{n} \otimes \boldsymbol{n})$, 对于临界滑移面存在如下关系式

$$\sigma_n^c = \sigma_1 \cos^2\theta_c + \sigma_3 \sin^2\theta_c - c_n\alpha\frac{\Lambda^c}{d_c} \tag{9.68}$$

将式 (9.66)、式 (9.67) 以及式 (9.26) 代入式 (9.68), 得到 $\sigma_n^c = 0$, 从而证明了点 B 处的应力状态满足裂隙张开/闭合准则.

9.5 细观力学破坏准则: 归纳与讨论

9.5.1 破坏准则数学表达式

图 9.5 给出了主应力平面上的破坏面包线, 可以看出该包线具有关于直线 $\sigma_1 - \sigma_3 = 0$ 对称的上下两个分支, 分别对应轴向卸载和轴向加载三轴试验路径, 其中下分支的破坏函数为

$$\begin{cases} \sigma_3 - \sigma_t = 0, & \text{张拉破坏} \\ \dfrac{1}{4(1-\kappa)}(\sigma_1 + \sigma_3)^2 + \dfrac{1}{4\kappa}(\sigma_1 - \sigma_3)^2 - \sigma_t^2 = 0, & \text{拉剪破坏} \\ \sigma_1 - \tan^2\theta_c\sigma_3 + \sigma_c = 0, & \text{压剪破坏} \end{cases} \tag{9.69}$$

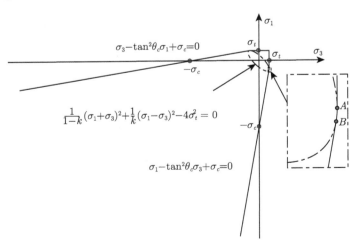

图 9.5 细观力学破坏包线

其具有破坏模式的过渡点 A 和点 B

该分支包含三段, 对应于张拉破坏、拉剪破坏和压剪破坏三种破坏模式, 过渡点发生在应力状态 A 点, 其坐标为

$$\sigma_3^A = \sigma_t, \quad \sigma_1^A = (1 - 2\kappa)\sigma_t \tag{9.70}$$

和 B 点, 其坐标为

$$\sigma_3^B = \frac{\alpha + \kappa \cot\theta_c}{2\left(\kappa + \alpha^2\right)\tan\theta_c}\sigma_c, \quad \sigma_1^B = \frac{\alpha - \kappa\tan\theta_c}{2\left(\kappa + \alpha^2\right)\tan\theta_c}\sigma_c \tag{9.71}$$

9.5.2 单轴压/拉强度比

岩石材料与金属材料相比, 一个显著的不同点就在于其受压强度和受拉强度的不对称 (往往在 10 倍以上), 并且不同岩石拉压强度比的变化很大. 根据上述结果, 单轴拉伸强度和单轴压缩强度分别为 $\sigma_t = \sqrt{2c_n r_c}$ 和 $\sigma_c = 2\tan\theta_c\sqrt{r_c\varsigma}$, 其中 $\varsigma = 2c_n\left(\kappa + \alpha^2\right)$, 因此得到

$$\frac{\sigma_c}{\sigma_t} = 2\tan\theta_c\sqrt{\kappa + \alpha^2} = 2\left(\sqrt{\alpha^2 + 1} + \alpha\right)\sqrt{\kappa + \alpha^2} \tag{9.72}$$

图 9.6 给出了压拉强度比随摩擦系数变化的曲线. 可以看出, 根据细观力学分析得到的抗压抗拉强度比仅依赖于材料力学特性. 注意到 $\kappa = 1 - \nu_0/2$, 并且岩石的泊松比 ν_0 取值范围较小, 因此裂隙摩擦系数是岩石压拉强度比的主要影响因素.

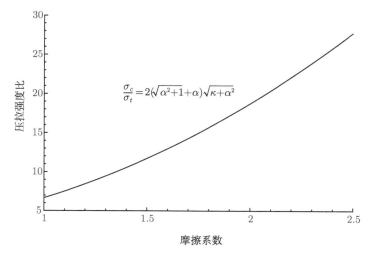

图 9.6 根据破坏准则得到的岩石压拉强度比随摩擦系数的变化曲线 ($\nu_0 = 0.2$)

9.5.3   室内试验验证

由于常规试验的局限性, 基于严格理论推导得到的岩石破坏准则的全面验证是一项较为困难的工作. 例如, 通过室内试验确定岩石抗拉强度的方法尽管有多种, 但是试验结果离散较大, 还没有得到广泛认可的比较成熟的试验方法; 在拉剪应力组合试验中, 破坏面的不规则和不对称带来的影响难以完全量化; 在低围压条件下的常规三轴压缩试验中, 压头与岩样的刚度差异较大, 导致压头端部摩擦引起一定范围的应力重分布, 对破坏应力和破坏形态产生较大影响, 等等. 这里根据文献 [143] 的试验研究成果, 对细观力学破坏准则进行初步验证, 结果如图 9.7 所示.

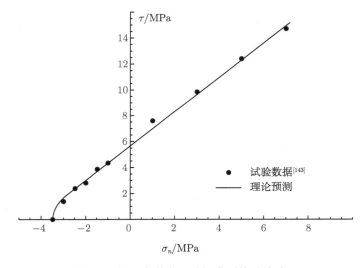

图 9.7   细观力学岩石破坏准则的试验验证

9.6   本 章 小 结

基于各向异性损伤摩擦耦合本构方程, 本章通过损伤和变形耦合分析, 严格推导出了岩石细观力学破坏准则, 分别给出了破坏函数在莫尔平面和主应力平面上的解析表达式. 细观力学破坏准则具有如下特点.

物理力学机理和能量耗散机制清晰, 考虑了裂隙张开和闭合两种几何状态, 相应地, 对于张开裂隙, 考虑裂隙面扩展引起损伤的能量耗散方式, 对于闭合裂隙, 考虑裂隙扩展和裂隙摩擦两种相互耦合的能量耗散方式.

破坏函数为光滑连续分段函数, 反映了三种岩石破坏模式, 即张拉破坏、拉剪破坏和压剪破坏. 从图 9.5 中可以看出, 拉剪破坏的应力范围非常小, 具有明显的过渡特性, 这与 Ramsey 和 Chester[24] 观察到的试验现象相吻合.

　　与经验破坏准则不同, 通过细观力学方法建立的破坏准则是本构关系基本方程的衍生结果, 因此可以直接用于参数标定和数值模拟过程中的强度控制, 体现了本构关系与强度准则的统一性.

水力耦合效应

岩体工程总是赋存于特定的地质物理环境,水力耦合现象非常普遍. 水利水电工程中的裂隙渗流、水电站运营期的谷幅变形等均与裂隙岩体水力耦合条件下的时效变形有关. 孔隙水压力的存在能够显著影响岩石的物理特性和宏观力学行为.

在各向同性线弹性假设下,Biot[100] 较早地开展了孔隙介质力学研究,其研究成果被不断拓展,先后用于各向异性材料的研究[101, 144, 145] 和非线性耦合行为的研究[102]. 巴黎高科路桥学校的 Coussy 教授[146, 147] 在这方面作出了突出贡献,建立了孔隙介质力学的热力学理论框架,并研究了孔隙介质的弹塑性力学行为. 在孔隙介质细观力学方面,Auriault 和 Sachez-Palencia[148] 研究了周期材料的均匀化问题,Dormieux 等[82] 基于非均质材料均匀化方法论述了弹性孔隙介质力学行为方面的理论研究成果,为后续研究提供了重要参考.

本章把微裂隙–基质系统力学问题均匀化的研究成果加以拓展,建立裂隙岩石水力耦合本构方程,重点讨论闭合裂隙在损伤摩擦耦合背景下的水力耦合行为.

10.1　裂隙张开情况下的水力耦合分析

裂隙岩石水力耦合问题是基本力学问题的延伸. 在水力耦合条件下,特征单元体的外边界上作用有宏观均匀应变,同时微裂隙内存在水压力作用,需要把干燥裂隙情况下建立的力学方程推广到水力耦合行为的模拟. 首先讨论张开微裂隙的情况.

10.1.1　广义应力场

与干燥裂隙岩石的特征单元体不同,饱和岩石孔隙内存在水压力,即孔隙水压力,用 p_w 表示. 假设固体基质的局部力学特性为线弹性,即局部应力张量通过四阶弹性张量与局部应变张量相联系,张开裂隙内的应力为孔隙水压力,因此特征单元体内的应力场可以表示为

$$\boldsymbol{\sigma}\left(\boldsymbol{x}\right) = \mathbb{C}\left(\boldsymbol{x}\right) : \boldsymbol{\epsilon}\left(x\right) + \boldsymbol{\sigma}^c\left(\boldsymbol{x}\right) \tag{10.1}$$

式中,$\boldsymbol{\sigma}^c$ 具有如下形式:

$$\boldsymbol{\sigma}^c\left(\boldsymbol{x}\right) = \begin{cases} 0, & \boldsymbol{x} \in \Omega^m \\ -p_w\boldsymbol{\delta}, & \boldsymbol{x} \in \Omega^c \end{cases} \tag{10.2}$$

为了简化,认为特征单元体中的孔隙水压力是均匀的.

10.1.2　应力应变关系和Biot 系数张量

考虑任意与应力场 $\boldsymbol{\sigma}(\boldsymbol{x})$ 相容的应变场 $\boldsymbol{\epsilon}^{*}(\boldsymbol{x})$，满足均匀化条件 $\langle\boldsymbol{\epsilon}^{*}\rangle_{\Omega}=\boldsymbol{\varepsilon}^{*}$ 和局部本构关系 $\boldsymbol{\sigma}^{*}(\boldsymbol{x})=\mathbb{C}(\boldsymbol{x}):\boldsymbol{\epsilon}^{*}(\boldsymbol{x})$ 以及边界条件 (干燥条件下的岩石特征单元体问题满足上述条件). 现在计算应力场 $\boldsymbol{\sigma}(\boldsymbol{x})$ 在应变场 $\boldsymbol{\epsilon}^{*}(\boldsymbol{x})$ 上产生的应变能密度 $\frac{1}{V}\int_{\Omega}\boldsymbol{\sigma}:\boldsymbol{\epsilon}^{*}\mathrm{d}V=\langle\boldsymbol{\sigma}:\boldsymbol{\epsilon}^{*}\rangle_{\Omega}$.

首先，根据Hill 引理得到

$$\langle\boldsymbol{\sigma}:\boldsymbol{\epsilon}^{*}\rangle_{\Omega}=\boldsymbol{\sigma}:\boldsymbol{\varepsilon}^{*} \tag{10.3}$$

同时，将广义应力式 (10.2) 代入式 (10.3)，并再次运用 Hill 引理得到

$$
\begin{aligned}
\langle\boldsymbol{\sigma}:\boldsymbol{\epsilon}^{*}\rangle_{\Omega}&=\langle\boldsymbol{\epsilon}:\mathbb{C}:\boldsymbol{\epsilon}^{*}\rangle_{\Omega}+\langle\boldsymbol{\sigma}^{c}:\boldsymbol{\epsilon}^{*}\rangle_{\Omega}\\
&=\langle\boldsymbol{\epsilon}:\mathbb{C}:\boldsymbol{\epsilon}^{*}\rangle_{\Omega}+\frac{V_{i}}{V}\langle\boldsymbol{\sigma}^{c}:\boldsymbol{\epsilon}^{*}\rangle_{i}\\
&=\langle\boldsymbol{\epsilon}:\boldsymbol{\sigma}^{*}\rangle_{\Omega}+\varphi_{i}\langle\boldsymbol{\sigma}^{c}:\boldsymbol{\epsilon}^{*}\rangle_{i}\\
&=\boldsymbol{\varepsilon}:\mathbb{C}^{\mathrm{hom}}:\boldsymbol{\varepsilon}^{*}-p_{w}\varphi_{i}\boldsymbol{\delta}:\langle\mathbb{A}\rangle_{i}:\boldsymbol{\varepsilon}^{*}
\end{aligned}
\tag{10.4}
$$

式中，涉及下标 i 的计算遵循爱因斯坦求和约定.

结合式 (10.3) 和式 (10.4) 得到

$$\boldsymbol{\sigma}:\boldsymbol{\varepsilon}^{*}=\boldsymbol{\varepsilon}:\mathbb{C}^{\mathrm{hom}}:\boldsymbol{\varepsilon}^{*}-p_{w}\varphi_{i}\boldsymbol{\delta}:\langle\mathbb{A}\rangle_{i}:\boldsymbol{\varepsilon}^{*} \tag{10.5}$$

式中，$\boldsymbol{\varepsilon}^{*}$ 是仅需满足运动学相容条件的宏观应变. 因而得到包含孔隙水压力的宏观应力应变关系：

$$\boldsymbol{\sigma}=\mathbb{C}^{\mathrm{hom}}:\boldsymbol{\varepsilon}-p_{w}\boldsymbol{b} \tag{10.6}$$

式中

$$\boldsymbol{b}=\varphi_{i}\boldsymbol{\delta}:\langle\mathbb{A}\rangle_{i} \tag{10.7}$$

表示二阶 Biot 系数张量.

另外，根据线性均匀化得到的非均质多相材料有效弹性张量的一般表达式 (6.19)，当裂隙处于张开状态时，有

$$\mathbb{C}^{\mathrm{hom}}=\mathbb{C}^{s}-\mathbb{C}^{s}:\varphi_{i}\langle\mathbb{A}\rangle_{i} \tag{10.8}$$

从中得到 $\varphi_i \langle \mathbb{A} \rangle_i = \mathbb{I} - \mathbb{S}^s : \mathbb{C}^{\text{hom}}$，因此 Biot 系数张量又可以表示成

$$\boldsymbol{b} = \boldsymbol{\delta} - \mathbb{C}^{\text{hom}} : \mathbb{S}^s : \boldsymbol{\delta} \tag{10.9}$$

式中，用 $\mathbb{S}^s$ 表示特征单元体中固体相的弹性张量. 可以看出，Biot 系数张量仅与基质材料的弹性常数和特征单元体的细观结构有关.

10.1.3 自由能

由于裂隙 $(\mathbb{C}^c = 0)$ 本身不储存能量，裂隙变形间接引起基质相的自由能变化，系统自由能密度的一般表达式为

$$\Psi = \frac{1}{2V} \int_{\Omega^m} \boldsymbol{\sigma}(\boldsymbol{x}) : \boldsymbol{\epsilon}(\boldsymbol{x}) \, \mathrm{d}V = \frac{1}{2V} \int_{\Omega} \boldsymbol{\sigma}(\boldsymbol{x}) : \boldsymbol{\epsilon}(\boldsymbol{x}) \, \mathrm{d}V - \frac{1}{2V} \sum_{i=1}^{N} \int_{\mathcal{C}_i} \boldsymbol{\sigma}(\boldsymbol{x}) : \boldsymbol{\epsilon}(\boldsymbol{x}) \, \mathrm{d}V \tag{10.10}$$

根据 Hill 引理得到

$$\frac{1}{V} \int_{\Omega} \boldsymbol{\sigma}(\boldsymbol{x}) : \boldsymbol{\epsilon}(\boldsymbol{x}) \, \mathrm{d}V = \boldsymbol{\sigma} : \boldsymbol{\varepsilon} \tag{10.11}$$

另外，裂隙内存在均匀孔隙水压力 p_w，有关系式

$$\frac{1}{V} \sum_{i=1}^{N} \int_{\mathcal{C}_i} \boldsymbol{\sigma}(\boldsymbol{x}) : \boldsymbol{\epsilon}(\boldsymbol{x}) \, \mathrm{d}V = -p_w \sum_{i=1}^{N} \frac{V_i}{V} \frac{1}{V_i} \int_{\mathcal{C}_i} \boldsymbol{\delta} : \boldsymbol{\epsilon}(\boldsymbol{x}) \, \mathrm{d}V = -p_w \varphi_i \langle \epsilon_v \rangle_i \tag{10.12}$$

式中，$\epsilon_v = \boldsymbol{\delta} : \boldsymbol{\epsilon}$ 为局部体积应变.

微裂隙体积比率的变化与特征单元体的宏观孔隙率 $\phi - \phi_0$ 的变化存在如下关系：

$$\phi - \phi_0 = \varphi_i \langle \epsilon_v \rangle_i \tag{10.13}$$

综上，饱和裂隙材料的自由能表达式 (10.10) 可以写成

$$\Psi = \frac{1}{2} \boldsymbol{\sigma} : \boldsymbol{\varepsilon} + \frac{1}{2} p_w (\phi - \phi_0) \tag{10.14}$$

下面进一步推导宏观应变 $\boldsymbol{\varepsilon}$ 和孔隙水压力 p_w 共同作用下特征单元体孔隙率的变化. 如图 10.1 所示，为了问题求解的需要，将特征单元体问题分解为两个子问题，假设两个子问题的孔隙率变化分别为 $\Delta\phi_1$ 和 $\Delta\phi_2$，则有 $\phi - \phi_0 = \Delta\phi_1 + \Delta\phi_2$. 子问题 $\mathcal{P}_1$ 是经典均匀化问题，外边界上作用有宏观应变 $\boldsymbol{\varepsilon}$，孔隙水压力为 $p_w = 0$，根据均匀化方法直接得到

$$\Delta\phi_1 = \varphi_i \boldsymbol{\delta} : \langle \boldsymbol{\epsilon}^{\mathrm{I}} \rangle_i = \varphi_i \boldsymbol{\delta} : \langle \mathbb{A} : \boldsymbol{\varepsilon} \rangle_i = \varphi_i \boldsymbol{\delta} : \langle \mathbb{A} \rangle_i : \boldsymbol{\varepsilon} = \boldsymbol{b} : \boldsymbol{\varepsilon} \tag{10.15}$$

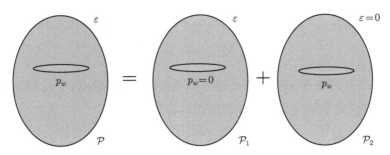

图 10.1   含孔隙水压力特征单元体问题的分解

在子问题 $\mathcal{P}_2$ 中，裂隙内部存在均匀水压力 p_w，但是宏观应变为 $\varepsilon^{\mathrm{II}} = 0$，即

$$\varepsilon^{\mathrm{II}} = \langle \boldsymbol{\epsilon}^{\mathrm{II}} \rangle_\Omega = \varphi_0 \langle \boldsymbol{\epsilon}^{\mathrm{II}} \rangle_0 + \varphi_i \langle \boldsymbol{\epsilon}^{\mathrm{II}} \rangle_i = 0 \tag{10.16}$$

根据宏观应力应变关系 (10.6)，得到 $\boldsymbol{\sigma}^{\mathrm{II}} = -p_w \boldsymbol{b}$. 同时，对子问题 $\mathcal{P}_2$ 的应力场运用均匀化：

$$\boldsymbol{\sigma}^{\mathrm{II}} = \langle \boldsymbol{\sigma}^{\mathrm{II}}(\boldsymbol{x}) \rangle_\Omega = \varphi_0 \langle \boldsymbol{\sigma}^{\mathrm{II}}(\boldsymbol{x}) \rangle_0 + \varphi_i \langle \boldsymbol{\sigma}^{\mathrm{II}}(\boldsymbol{x}) \rangle_i = \varphi_0 \langle \boldsymbol{\sigma}^{\mathrm{II}}(\boldsymbol{x}) \rangle_0 - \phi p_w \boldsymbol{\delta} \tag{10.17}$$

从中推导出关系式：

$$\varphi_0 \langle \boldsymbol{\sigma}^{\mathrm{II}}(\boldsymbol{x}) \rangle_0 = p_w (\phi \boldsymbol{\delta} - \boldsymbol{b}) \tag{10.18}$$

子问题 $\mathcal{P}_2$ 引起的孔隙率变化为

$$\Delta \phi_2 = \varphi_i \boldsymbol{\delta} : \langle \boldsymbol{\varepsilon}^{\mathrm{II}}(\boldsymbol{x}) \rangle_i = -\varphi_0 \boldsymbol{\delta} : \langle \mathbb{S}^s : \boldsymbol{\sigma}^{\mathrm{II}}(\boldsymbol{x}) \rangle_0 = -\varphi_0 \boldsymbol{\delta} : \mathbb{S}^s : \langle \boldsymbol{\sigma}^{\mathrm{II}}(\boldsymbol{x}) \rangle_0 \tag{10.19}$$

将式 (10.18) 代入式 (10.19) 得到

$$\Delta \phi_2 = -p_w \boldsymbol{\delta} : \mathbb{S}^s : (\phi \boldsymbol{\delta} - \boldsymbol{b}) \tag{10.20}$$

根据叠加原理，宏观应变 ε 和孔隙水压力 p_w 共同作用引起的孔隙率变化为

$$\Delta \phi = \phi - \phi_0 = \Delta \phi_1 + \Delta \phi_2 = \boldsymbol{b} : \boldsymbol{\varepsilon} - p_w \boldsymbol{\delta} : \mathbb{S}^s : (\phi \boldsymbol{\delta} - \boldsymbol{b}) \tag{10.21}$$

将式 (10.6) 和 (10.21) 代入式 (10.14)，得到考虑孔隙水压力的自由能表达式：

$$\Psi = \frac{1}{2} \boldsymbol{\varepsilon} : \mathbb{C}^{\mathrm{hom}} : \boldsymbol{\varepsilon} + \frac{1}{2} N p_w^2 \tag{10.22}$$

式中

$$N = (\boldsymbol{b} - \phi\boldsymbol{\delta}) : \mathbb{S}^s : \boldsymbol{\delta} \tag{10.23}$$

运用 Legendre-Fenchel 变换 $\Psi^* = \boldsymbol{\sigma} : \boldsymbol{\varepsilon} + p_w (\phi - \phi_0) - \Psi$，推导出系统的吉布斯自由能:

$$\Psi^* = \frac{1}{2} (\boldsymbol{\sigma} + p_w \boldsymbol{b}) : \mathbb{S}^{\text{hom}} : (\boldsymbol{\sigma} + p_w \boldsymbol{b}) + \frac{1}{2} N p_w^2 \tag{10.24}$$

其等价于

$$\Psi^* = \frac{1}{2} \boldsymbol{\sigma} : \mathbb{S}^{\text{hom}} : \boldsymbol{\sigma} + \frac{1}{2} \left(N + \boldsymbol{b} : \mathbb{S}^{\text{hom}} : \boldsymbol{b} \right) p_w^2 + p_w \boldsymbol{\sigma} : \mathbb{S}^{\text{hom}} : \boldsymbol{b} \tag{10.25}$$

10.1.4　状态变量

在不可逆热力学理论框架下，根据吉布斯自由能建立与变量关联的热力学力 (状态方程). 首先，自由能对应力张量求导得到宏观应力应变关系:

$$\boldsymbol{\varepsilon} = \frac{\partial \Psi^*}{\partial \boldsymbol{\sigma}} = \mathbb{S}^{\text{hom}} : (\boldsymbol{\sigma} + p_w \boldsymbol{b}) \tag{10.26}$$

自由能对孔隙水压力 p_w 求导得到孔隙率的变化:

$$\phi - \phi_0 = \frac{\partial \Psi^*}{\partial p_w} = (p_w \boldsymbol{b} + \boldsymbol{\sigma}) : \mathbb{S}^{\text{hom}} : \boldsymbol{b} + N p_w = \boldsymbol{b} : \boldsymbol{\varepsilon} + N p_w \tag{10.27}$$

可以看出，上述结果分别与式 (10.6) 和式 (10.21) 一致，说明理论推导在热力学上是协调的.

同样得到与损伤内变量 d 关联的热力学力 F_d:

$$F_d = \frac{\partial \Psi^*}{\partial d} = \frac{1}{2} (\boldsymbol{\sigma} + p_w \boldsymbol{\delta}) : \frac{\partial \mathbb{S}^{\text{hom}}}{\partial d} : (\boldsymbol{\sigma} + p_w \boldsymbol{\delta}) \tag{10.28}$$

因此可知，孔隙水压力对张开裂隙扩展 (损伤演化) 的影响是局部的，并通过 Terzaghi 有效应力 $(\boldsymbol{\sigma} + p_w \boldsymbol{\delta})$ 对损伤演化起直接作用；而孔隙水压力对材料宏观力学行为的影响是通过 Biot 系数张量 $\boldsymbol{b}$ 来实现的，也就是说，$\boldsymbol{b} = \boldsymbol{\delta} : (\mathbb{I} - \mathbb{S}^s : \mathbb{C}^{\text{hom}})$ 是一个宏观和有效的概念.

10.2　闭合裂隙损伤摩擦耦合下的水力耦合分析

10.2.1　问题分解

(1) 在闭合裂隙情况下，一般同时存在由裂隙扩展引起的材料损伤 (如弹性性能劣化) 以及闭合裂隙面相对摩擦滑移等两种相互耦合的能量耗散. 在外荷载作用下, 裂隙处存在局部应力, 除了裂隙面接触作用, 孔隙水压力是影响局部应力的直接因素.

(2) 闭合裂隙摩擦滑移引起裂隙尺度的局部非弹性应变, 总应变可以分解为弹性应变和塑性应变两部分:

$$\boldsymbol{\varepsilon} = \boldsymbol{\varepsilon}^e + \boldsymbol{\varepsilon}^p \tag{10.29}$$

假设闭合裂隙扩展是准静态的, 认为 $\mathbb{C}^c = \mathbb{C}^s$. 在此情况下, 考虑没有闭合的原生微孔以及裂隙面不匹配等因素, 根据均匀化方法得到有效弹性张量 $\mathbb{C}^{\mathrm{hom}} = \mathbb{C}^0$.

(3) 认为裂隙面剪切滑动过程中的体积膨胀引起的孔隙率变化是不可恢复的, 特征单元体内的孔隙率变化可以分解为弹性部分和塑性部分, 即

$$\phi - \phi_0 = \Delta\phi_e + \Delta\phi_c \tag{10.30}$$

根据前面的结果, 塑性孔隙率变化表示成下面一般形式:

$$\Delta\phi_c = \boldsymbol{\delta} : \sum_{r=1}^{N} \boldsymbol{\epsilon}^{c,r} \tag{10.31}$$

(4) 根据叠加原理, 将原特征单元体问题分解为闭合裂隙的应力问题 $(\boldsymbol{\varepsilon}, p_w = 0)$ 以及孔隙水压力 $(\boldsymbol{\varepsilon} = 0, p_w)$ 问题.

10.2.2   自由能与状态方程

在闭合摩擦裂隙情况下, 系统的吉布斯自由能具有如下一般形式:

$$\Psi^* = \frac{1}{2}\boldsymbol{\sigma} : \mathbb{S}^0 : \boldsymbol{\sigma} + \boldsymbol{\sigma} : \sum_{r=1}^{N} \boldsymbol{\epsilon}^{c,r} - \sum_{r=1}^{N} \frac{1}{2d_r} \, \boldsymbol{\epsilon}^{c,r} : \mathbb{C}^{n,r} : \boldsymbol{\epsilon}^{c,r}$$

$$+ \zeta p_w^2 + p_w \tilde{\boldsymbol{b}} : \mathbb{S}^0 : \boldsymbol{\sigma} + p_w \boldsymbol{\delta} : \sum_{r=1}^{N} \boldsymbol{\epsilon}^{c,r} \tag{10.32}$$

式中, ζ 和 $\tilde{\boldsymbol{b}}$ 可以根据裂隙张开/闭合的连续条件来确定.

根据自由能表达式建立与变量关联的热力学力:

$$\boldsymbol{\varepsilon} = \frac{\partial\Psi^*}{\partial\boldsymbol{\sigma}} = \mathbb{S}^0 : \boldsymbol{\sigma} + \sum_{r=1}^{N} \boldsymbol{\epsilon}^{c,r} + p_w \mathbb{S}^0 : \tilde{\boldsymbol{b}} \tag{10.33}$$

$$\boldsymbol{\sigma}^{c,r} = \frac{\partial\Psi^*}{\partial\boldsymbol{\epsilon}^{c,r}} = \boldsymbol{\sigma} - \frac{1}{d_r}\mathbb{C}^{n,r} : \boldsymbol{\epsilon}^{c,r} + p_w \boldsymbol{\delta} \tag{10.34}$$

$$\phi - \phi_0 = \frac{\partial\Psi^*}{\partial p_w} = 2\zeta p_w + \tilde{\boldsymbol{b}} : \mathbb{S}^0 : \boldsymbol{\sigma} + \boldsymbol{\delta} : \sum_{r=1}^{N} \boldsymbol{\epsilon}^{c,r} \tag{10.35}$$

10.2.3　应变连续条件

对任一裂隙族，基于局部应力的裂隙张开/闭合临界条件为 $\boldsymbol{\sigma}^c = 0$，由式 (10.34) 得到

$$\boldsymbol{\sigma} - \frac{1}{d}\mathbb{C}^n : \boldsymbol{\epsilon}^c + p_w\boldsymbol{\delta} = 0 \tag{10.36}$$

或者

$$\boldsymbol{\epsilon}^c = d\mathbb{S}^n : (\boldsymbol{\sigma} + p_w\boldsymbol{\delta}) \tag{10.37}$$

代入式 (10.33) 可得

$$
\begin{aligned}
\boldsymbol{\varepsilon} &= \mathbb{S}^0 : \boldsymbol{\sigma} + \sum_{r=1}^{N} d_r \mathbb{S}^{n,r} : (\boldsymbol{\sigma} + p_w\boldsymbol{\delta}) + p_w\tilde{\boldsymbol{b}} : \mathbb{S}^0 \\
&= \left(\mathbb{S}^0 + \sum_{r=1}^{N} d_r \mathbb{S}^{n,r}\right) : \boldsymbol{\sigma} + p_w \sum_{r=1}^{N} d_r \mathbb{S}^{n,r} : \boldsymbol{\delta} + p_w\tilde{\boldsymbol{b}} : \mathbb{S}^0 \\
&= \mathbb{S}^{\text{hom}} : \boldsymbol{\sigma} + \left(\sum_{r=1}^{N} d_r \mathbb{S}^{n,r} : \boldsymbol{\delta} + \tilde{\boldsymbol{b}} : \mathbb{S}^0\right) p_w
\end{aligned}
\tag{10.38}
$$

将其与裂隙张开时得到的应力应变关系 $\boldsymbol{\varepsilon} = \mathbb{S}^{\text{hom}} : (\boldsymbol{\sigma} + p_w\boldsymbol{b})$ 相比较，建立等式：

$$\sum_{r=1}^{N} d_r \mathbb{S}^{n,r} : \boldsymbol{\delta} + \tilde{\boldsymbol{b}} : \mathbb{S}^0 = \boldsymbol{b} : \mathbb{S}^{\text{hom}} \tag{10.39}$$

考虑 $\boldsymbol{b} = \boldsymbol{\delta} - \mathbb{C}^{\text{hom}} : \mathbb{S}^s : \boldsymbol{\delta}$，推导出裂隙闭合状态下的 Biot 系数张量

$$\tilde{\boldsymbol{b}} = \boldsymbol{\delta} - \mathbb{C}^0 : \mathbb{S}^s : \boldsymbol{\delta} \tag{10.40}$$

10.2.4　孔隙率连续条件

将式 (10.37) 代入式 (10.35) 得到

$$\phi - \phi_0 = 2\zeta p_w + \tilde{\boldsymbol{b}} : \mathbb{S}^0 : \boldsymbol{\sigma} + \boldsymbol{\delta} : \sum_{r=1}^{N} d_r \mathbb{S}^{n,r} : (\boldsymbol{\sigma} + p_w\boldsymbol{\delta}) \tag{10.41}$$

在裂隙张开/闭合的临界状态，特征单元体的孔隙率应保持连续，将式 (10.41) 与式 (10.27) 相比较得

$$
\begin{aligned}
&\left(\boldsymbol{b} : \mathbb{S}^{\text{hom}} - \tilde{\boldsymbol{b}} : \mathbb{S}^0 - \boldsymbol{\delta} : \sum_{r=1}^{N} d_r \mathbb{S}^{n,r}\right) : \boldsymbol{\sigma} \\
&+ \left(\boldsymbol{b} : \mathbb{S}^{\text{hom}} : \boldsymbol{b} + N - 2\zeta - \boldsymbol{\delta} : \sum_{r=1}^{N} d_r \mathbb{S}^{n,r} : \boldsymbol{\delta}\right) p_w = 0
\end{aligned}
\tag{10.42}
$$

根据式 (10.39)，宏观应力 $\boldsymbol{\sigma}$ 项的系数为零. 同时，根据孔隙水压力在其取值范围内的任意性建立关系式：

$$\boldsymbol{b} : \mathbb{S}^{\text{hom}} : \boldsymbol{b} + N - 2\zeta - \boldsymbol{\delta} : \sum d_r \mathbb{S}^{n,r} : \boldsymbol{\delta} = 0 \tag{10.43}$$

从而得到

$$2\zeta = \tilde{N} + \tilde{\boldsymbol{b}} : \mathbb{S}^0 : \tilde{\boldsymbol{b}} \tag{10.44}$$

式中，裂隙闭合状态下的 Biot 模量为

$$\tilde{N} = \left(\tilde{\boldsymbol{b}} - \phi\boldsymbol{\delta} \right) : \mathbb{S}^s : \boldsymbol{\delta} \tag{10.45}$$

最后，裂隙闭合状态下的系统吉布斯自由能表达式为

$$\Psi^* = \frac{1}{2}\boldsymbol{\sigma} : \mathbb{S}^0 : \boldsymbol{\sigma} + \boldsymbol{\sigma} : \sum_{r=1}^{N} \boldsymbol{\epsilon}^{c,r} - \sum_{r=1}^{N} \frac{1}{2d_r} \boldsymbol{\epsilon}^{c,r} : \mathbb{C}^{n,r} : \boldsymbol{\epsilon}^{c,r}$$

$$+ \frac{1}{2} \left(\tilde{N} + \tilde{\boldsymbol{b}} : \mathbb{S}^0 : \tilde{\boldsymbol{b}} \right) p_w^2 + p_w \tilde{\boldsymbol{b}} : \mathbb{S}^0 : \boldsymbol{\sigma} + p_w \boldsymbol{\delta} : \sum_{r=1}^{N} \boldsymbol{\epsilon}^{c,r} \tag{10.46}$$

10.2.5   自由能表达式及其连续性

将局部非弹性应变 (10.37)、Biot 系数张量 (10.40) 和 Biot 模量 (10.45) 代入吉布斯自由能表达式 (10.46)，经整理可以得到 (10.25)，表明在裂隙张开/闭合转变过程中，系统自由能保持连续，说明上述推导过程在理论上是协调的.

10.3   微裂隙任意张开/闭合组合下的水力耦合模型

上面推导了裂隙分别处于张开和闭合状态时，考虑孔隙水压力作用的岩石裂隙–基质系统的自由能表达式和相应的状态方程. 事实上，在一般应力状态或复杂加载路径下，特征单元体内一部分裂隙处于张开状态，另一部分裂隙处于闭合状态，因此需要推导出考虑一般裂隙张开/闭合组合状态的本构方程.

10.3.1   自由能

考察系统自由能 (10.25) 和 (10.46)，所有裂隙族的贡献具有线性叠加的特征. 因此，处于不同张开/闭合状态的裂隙族对系统自由能的贡献也应具有线性叠加的特征，这与 MT 方法得到的有效柔度张量的特点是一致的.

在自由能 (10.25) 和 (10.46) 中, p_w^2 项和 p_w 项的系数可以写成下面的形式:

$$N + \boldsymbol{b} : \mathbb{S}^{\mathrm{hom}} : \boldsymbol{b} = \boldsymbol{\delta} : \mathbb{S}^0 : \boldsymbol{\delta} - (1+\phi)\,\boldsymbol{\delta} : \mathbb{S}^s : \boldsymbol{\delta} + \boldsymbol{\delta} : \sum_{r=1}^{N_o} d_r \mathbb{S}^{n,r} : \boldsymbol{\delta} \quad (10.47)$$

$$\tilde{N} + \tilde{\boldsymbol{b}} : \mathbb{S}^0 : \tilde{\boldsymbol{b}} = \boldsymbol{\delta} : \mathbb{S}^0 : \boldsymbol{\delta} - (1+\phi)\,\boldsymbol{\delta} : \mathbb{S}^s : \boldsymbol{\delta} \quad (10.48)$$

$$\mathbb{S}^{\mathrm{hom}} : \boldsymbol{b} = \left(\mathbb{S}^{\mathrm{hom}} - \mathbb{S}^s\right) : \boldsymbol{\delta} = \left(\mathbb{S}^0 - \mathbb{S}^s\right) : \boldsymbol{\delta} + \sum_{r=1}^{N_o} d_r \mathbb{S}^{n,r} : \boldsymbol{\delta} \quad (10.49)$$

$$\mathbb{S}^0 : \tilde{\boldsymbol{b}} = \left(\mathbb{S}^0 - \mathbb{S}^s\right) : \boldsymbol{\delta} \quad (10.50)$$

现在将所有裂隙族分为裂隙面张开裂隙族和裂隙面闭合裂隙族, 建立如下考虑任意张开/裂隙组合的自由能统一表达式:

$$\Psi^* = \frac{1}{2}\boldsymbol{\sigma} : \mathbb{S}^0 : \boldsymbol{\sigma} + \frac{1}{2}\sum_{r=1}^{N_o} d_r \boldsymbol{\sigma} : \mathbb{S}^{n,r} : \boldsymbol{\sigma} + \boldsymbol{\sigma} : \sum_{r=1}^{N_c} \boldsymbol{\epsilon}^{c,r} - \sum_{r=1}^{N_c} \frac{1}{2d_r}\boldsymbol{\epsilon}^{c,r} : \mathbb{C}^{n,r} : \boldsymbol{\epsilon}^{c,r}$$
$$+ \frac{1}{2}\left[\boldsymbol{\delta} : \mathbb{S}^0 : \boldsymbol{\delta} - (1+\phi)\,\boldsymbol{\delta} : \mathbb{S}^s : \boldsymbol{\delta}\right]p_w^2 + \frac{1}{2}\boldsymbol{\delta} : \sum_{r=1}^{N_o} d_r \mathbb{S}^{n,r} : \boldsymbol{\delta}p_w^2$$
$$+ p_w\boldsymbol{\delta} : \left(\mathbb{S}^0 - \mathbb{S}^s\right) : \boldsymbol{\sigma} + p_w\boldsymbol{\delta} : \sum_{r=1}^{N_o} d_r \mathbb{S}^{n,r} : \boldsymbol{\sigma} + p_w\boldsymbol{\delta} : \sum_{r=1}^{N_c} \boldsymbol{\epsilon}^{c,r} \quad (10.51)$$

从中推导出系统的有效柔度张量:

$$\mathbb{S}^{\mathrm{hom}} = \frac{\partial}{\partial \boldsymbol{\sigma}}\left(\frac{\partial \Psi^*}{\partial \boldsymbol{\sigma}}\right) = \mathbb{S}^0 + \sum_{r=1}^{N_o} d_r \mathbb{S}^{n,r} \quad (10.52)$$

以及 Biot 系数张量与 Biot 模量:

$$\boldsymbol{b}^{\mathrm{hom}} = \boldsymbol{\delta} - \mathbb{C}^{\mathrm{hom}} : \mathbb{S}^s : \boldsymbol{\delta} \quad (10.53)$$

$$N^{\mathrm{hom}} = \left(\boldsymbol{b}^{\mathrm{hom}} - \phi\boldsymbol{\delta}\right) : \mathbb{S}^s : \boldsymbol{\delta} \quad (10.54)$$

经进一步整理, 将自由能 (10.51) 写成

$$\Psi^* = \frac{1}{2}\boldsymbol{\sigma} : \mathbb{S}^{\mathrm{hom}} : \boldsymbol{\sigma} + \boldsymbol{\sigma} : \boldsymbol{\varepsilon}^p - \sum_{r=1}^{N_c} \frac{1}{2d_r}\boldsymbol{\epsilon}^{c,r} : \mathbb{C}^{c,r} : \boldsymbol{\epsilon}^{c,r} + p_w\boldsymbol{\delta} : \boldsymbol{\varepsilon}^p$$
$$+ p_w\boldsymbol{\sigma} : \mathbb{S}^{\mathrm{hom}} : \boldsymbol{b}^{\mathrm{hom}} + \frac{1}{2}\left(N^{\mathrm{hom}} + \boldsymbol{b}^{\mathrm{hom}} : \mathbb{S}^{\mathrm{hom}} : \boldsymbol{b}^{\mathrm{hom}}\right)p_w^2 \quad (10.55)$$

式中, $\boldsymbol{\varepsilon}^p = \sum_{r=1}^{N_c} \boldsymbol{\epsilon}^{c,r}$ 是闭合裂隙引起的非弹性应变.

10.3.2　状态方程

从自由能推导出宏观应力应变关系:

$$\boldsymbol{\varepsilon} = \frac{\partial \Psi^*}{\partial \boldsymbol{\sigma}} = \mathbb{S}^{\mathrm{hom}} : \boldsymbol{\sigma} + \boldsymbol{\varepsilon}^p + p_w \mathbb{S}^{\mathrm{hom}} : \boldsymbol{b}^{\mathrm{hom}} \tag{10.56}$$

或其等价形式:

$$\boldsymbol{\sigma} = \mathbb{C}^{\mathrm{hom}} : (\boldsymbol{\varepsilon} - \boldsymbol{\varepsilon}^p) - p_w \boldsymbol{b}^{\mathrm{hom}} \tag{10.57}$$

同时得到特征单元体中孔隙率的相对变化:

$$
\begin{aligned}
\phi - \phi_0 &= \frac{\partial \Psi^*}{\partial p_w} \\
&= \left(N^{\mathrm{hom}} + \boldsymbol{b}^{\mathrm{hom}} : \mathbb{S}^{\mathrm{hom}} : \boldsymbol{b}^{\mathrm{hom}} \right) p_w + \boldsymbol{\sigma} : \mathbb{S}^{\mathrm{hom}} : \boldsymbol{b}^{\mathrm{hom}} + \boldsymbol{\delta} : \boldsymbol{\varepsilon}^p \\
&= N^{\mathrm{hom}} p_w + \left(\boldsymbol{b}^{\mathrm{hom}} p_w + \boldsymbol{\sigma} \right) : \mathbb{S}^{\mathrm{hom}} : \boldsymbol{b}^{\mathrm{hom}} + \boldsymbol{\delta} : \boldsymbol{\varepsilon}^p \\
&= N^{\mathrm{hom}} p_w + \boldsymbol{b}^{\mathrm{hom}} : (\boldsymbol{\varepsilon} - \boldsymbol{\varepsilon}^p) + \boldsymbol{\delta} : \boldsymbol{\varepsilon}^p
\end{aligned}
\tag{10.58}
$$

对任一张开裂隙族, 与损伤变量关联的热力学力为

$$F_d = \frac{\partial \Psi^*}{\partial d} = \frac{1}{2} (\boldsymbol{\sigma} + p_w \boldsymbol{\delta}) : \mathbb{S}^n : (\boldsymbol{\sigma} + p_w \boldsymbol{\delta}) \tag{10.59}$$

对任一闭合裂隙族, 与损伤变量 d 和局部非弹性应变 $\boldsymbol{\epsilon}^c$ 关联的热力学力分别为

$$F_d = \frac{\partial \Psi^*}{\partial d} = \frac{1}{2d^2} \boldsymbol{\epsilon}^c : \mathbb{C}^n : \boldsymbol{\epsilon}^c \tag{10.60}$$

$$\boldsymbol{\sigma}^c = \frac{\partial \Psi^*}{\partial \boldsymbol{\epsilon}^c} = (\boldsymbol{\sigma} + p_w \boldsymbol{\delta}) - \frac{1}{d} \mathbb{C}^n : \boldsymbol{\epsilon}^c \tag{10.61}$$

进一步分析可知, 对于张开裂隙, 孔隙水压力的存在直接增大了局部张拉应力, 促进裂隙的发展, 孔隙水压力的作用是直接的; 对于闭合裂隙, 损伤驱动力与裂隙干燥情况下得到的表达式完全一致, 孔隙水压力的影响体现在局部应力中, 影响局部摩擦滑移行为, 并间接影响裂隙的扩展过程.

事实上, 由于裂隙的方向性特征, 孔隙水压力对局部力学行为的影响是通过局部法向应力来现实的. 具体来说, 对于张开裂隙, 孔隙水压力增大局部拉伸应力, 容易诱发裂隙的张拉破坏, 从而降低岩石的抗拉强度; 对于闭合裂隙, 孔隙水压力倾向于减小 (抵消部分) 法向应力, 有利于裂隙面摩擦滑移的产生和塑性流动, 使岩石更容易发生剪切破坏, 从而降低岩石抗剪强度.

10.3.3　破坏准则

根据前面的分析, 在考虑裂隙水压力 p_w 时, 在干燥裂隙情况下建立的状态方程中的宏观应力 $\boldsymbol{\sigma}$ 被 Terzaghi 有效应力 $(\boldsymbol{\sigma} + p_w \boldsymbol{\delta})$ 代替. 相应地, 莫尔平面内的破坏准则变成

$$\begin{cases} \tau^2 + \kappa (\sigma_n + p_w)^2 - \kappa \sigma_t^2 = 0, & \text{张开裂隙} \\ \tau + \alpha (\sigma_n + p_w) - \sigma_\tau = 0, & \text{闭合裂隙} \end{cases} \tag{10.62}$$

图 10.2 给出了考虑孔隙水压力 p_w 时, 莫尔平面上的破坏准则及其与裂隙干燥情况下的破坏准则的比较. 经分析发现, 两者之间存在简单的沿 σ_n 轴的平移关系, 平移距离为孔隙水压力的值.

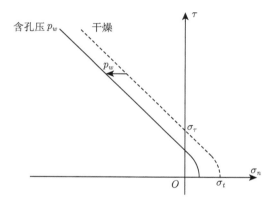

图 10.2　考虑孔隙水压力 p_w 的岩石破坏准则及其与干燥状态破坏准则的比较

10.4　本 章 小 结

孔隙水压力的存在能够显著改变岩石的物理特性和宏观力学行为, 孔隙水压力和应力是一个耦合作用过程, 孔隙水压力的存在加速非弹性变形和材料损伤演化过程, 降低材料强度; 反过来, 裂隙损伤和非弹性变形的演化发展持续改变材料的水力学特性.

孔隙水压力对裂隙岩石宏细观力学特性的影响体现在两个层面: 在裂隙尺度层面, 孔隙水压力作为 Terzaghi 有效应力 $(\boldsymbol{\sigma} + p_w \boldsymbol{\delta})$ 的一部分改变局部应力场, 直接影响局部本构关系; 在宏观尺度层面, 孔隙水压力通过 Biot 系数张量以有效应力的方式起作用, 从而体现了跨尺度的特点.

第11章

相关数值问题

11.1　大量任意分布微裂隙的数学处理

11.1.1　问题的提出

岩石是一种天然的非均质材料,其中包含微孔洞、微裂隙等原生微缺陷. 就裂隙岩石来说,当能够明确识别所有微裂隙 (尺寸、方向、分布等信息) 时,就可以借助多尺度损伤本构模型来描述和模拟它们在荷载作用下的演化过程. 然而,在实践中,分布在岩石基质中的微裂隙往往在数量是庞大的,在空间是任意分布的,因此很难也没有必要去研究所有微裂隙或者裂隙族的演化过程. 较为可行的方法是选择一定数量的代表性裂隙族加以研究.

以基于稀疏法的微裂隙–基质系统的有效弹性张量为例,有

$$\mathbb{C}^{\mathrm{hom}} = \mathbb{C}^0 - \sum_{r=1}^{N} d_r \mathbb{C}^0 : \left(\frac{1}{c_n} \mathbb{N}^r + \frac{1}{c_t} \mathbb{T}^r \right) : \mathbb{C}^0 \tag{11.1}$$

式中

$$\mathbb{N}^r = \boldsymbol{n}^r \otimes \boldsymbol{n}^r \otimes \boldsymbol{n}^r \otimes \boldsymbol{n}^r$$

$$\mathbb{T}^r = (\boldsymbol{n}^r \otimes \boldsymbol{n}^r) \otimes^s \boldsymbol{\delta} + \boldsymbol{\delta} \otimes^s (\boldsymbol{n}^r \otimes \boldsymbol{n}^r) - 2\boldsymbol{n}^r \otimes \boldsymbol{n}^r \otimes \boldsymbol{n}^r \otimes \boldsymbol{n}^r$$

容易知道,式 (11.1) 包含下面两个求和项:

$$\sum_{r=1}^{N} d_r \left(\boldsymbol{n}^r \otimes \boldsymbol{n}^r \right), \qquad \sum_{r=1}^{N} d_r \left(\boldsymbol{n}^r \otimes \boldsymbol{n}^r \otimes \boldsymbol{n}^r \otimes \boldsymbol{n}^r \right) \tag{11.2}$$

同时注意到

$$\sum_{r=1}^{N} d_r \left(\boldsymbol{n}^r \otimes \boldsymbol{n}^r \right) = \sum_{r=1}^{N} d_r \left(\boldsymbol{n}^r \otimes \boldsymbol{n}^r \otimes \boldsymbol{n}^r \otimes \boldsymbol{n}^r \right) : \boldsymbol{\delta} \tag{11.3}$$

因此仅需讨论四阶张量的情况. 当微裂隙的数量较大且在空间任意分布时,求和公式可以用球面积分来替代,即

$$\frac{1}{N} \sum_{r=1}^{N} d_r \left(\boldsymbol{n}^r \otimes \boldsymbol{n}^r \otimes \boldsymbol{n}^r \otimes \boldsymbol{n}^r \right) = \frac{1}{4\pi} \int_{\mathcal{S}} d\left(\boldsymbol{n} \right) \left(\boldsymbol{n} \otimes \boldsymbol{n} \otimes \boldsymbol{n} \otimes \boldsymbol{n} \right) \mathrm{d}S \tag{11.4}$$

这样,包含大量任意分布的微裂隙问题就转化成了球面积分问题.

11.1.2　球面数值积分

微裂隙可以通过其裂隙面法向向量来识别, 一族裂隙定义为具有相同法向向量的所有裂隙的集合. 在笛卡儿坐标系下, 任一单位向量对应于以坐标原点为中心的单位球面上的一点, 因此球面数值积分可以用一定数量的代表性高斯积分点 (裂隙族) 来近似求解. 代表性裂隙族的选择通过单位球面的一组高斯数值积分点来实现. 需要指出的是, 球面数值积分高斯点不是唯一的, 不同的精度要求以及不同数值判据得到的高斯点的数量, 相应的位置坐标和积分权重不一样, 即使是同样数量的球面高斯积分点, 它们的位置坐标和相应的积分权重通常也不一样.

假设满足精度要求的通过数学方法确定的球面高斯积分点的数量为 N_g, 由积分点定义的裂隙面法向向量和积分权重为 $(\boldsymbol{n}^r, \omega^r), r = 1, 2, \cdots, N_g$, 则球面积分 (11.4) 的数值计算公式如下:

$$\frac{1}{4\pi} \int_{\mathcal{S}} d(\boldsymbol{n})(\boldsymbol{n} \otimes \boldsymbol{n} \otimes \boldsymbol{n} \otimes \boldsymbol{n}) \mathrm{d}S = N_g \sum_{r=1}^{N_g} \omega^r d_r \boldsymbol{n}^r \otimes \boldsymbol{n}^r \otimes \boldsymbol{n}^r \otimes \boldsymbol{n}^r \qquad (11.5)$$

球面数值积分在固体材料各向异性本构关系的数值处理方面得到了广泛应用. 例如, 在研究金属材料的塑性变形中, 利用金属滑移面塑性理论、Multilaminate 模型以及微平面本构理论, 并根据数学方法建立了具有不同精度的球面数值积分算法, 得到相应的高斯积分点坐标和权重系数.

11.2　离散方向变量的结果表征

为了描述材料各向异性损伤行为, 本书采用了离散各向异性损伤模型, 也就是说赋予每个代表性微裂隙族一个损伤变量. 为了直观表示材料的损伤状态, 采用数学手段构建损伤分布函数对离散损伤值进行数值拟合, 并以玫瑰图的形式来表示损伤分布. 根据文献 [149] 和 [150] 的研究, 构建损伤分布函数需要借助于高阶张量损伤变量.

11.2.1　结构张量函数的球面积分

二阶结构张量 $\boldsymbol{n}^{\otimes 2} = \boldsymbol{n} \otimes \boldsymbol{n}$ 的球面积分为

$$\frac{1}{4\pi} \int_{\mathcal{S}} \boldsymbol{n}^{\otimes 2} \mathrm{d}S = \frac{1}{4\pi} \int_{\mathcal{S}} n_i n_j \mathrm{d}S = \frac{1}{3} \delta_{ij} \qquad (11.6)$$

四阶结构张量 $\boldsymbol{n}^{\otimes 4} = \boldsymbol{n} \otimes \boldsymbol{n} \otimes \boldsymbol{n} \otimes \boldsymbol{n}$ 的球面积分为

$$\frac{1}{4\pi} \int_{\mathcal{S}} \boldsymbol{n}^{\otimes 4} \mathrm{d}S = \frac{1}{4\pi} \int_{\mathcal{S}} n_i n_j n_k n_l \mathrm{d}S = \frac{1}{5} A_{ijkl} \tag{11.7}$$

式中

$$A_{ijkl} = \frac{1}{3} \left(\delta_{ij}\delta_{kl} + \delta_{ik}\delta_{jl} + \delta_{il}\delta_{jk} \right) \tag{11.8}$$

六阶结构张量 $\boldsymbol{n}^{\otimes 6} = \boldsymbol{n} \otimes \boldsymbol{n} \otimes \boldsymbol{n} \otimes \boldsymbol{n} \otimes \boldsymbol{n} \otimes \boldsymbol{n}$ 的球面积分为

$$\frac{1}{4\pi} \int_{\mathcal{S}} \boldsymbol{n}^{\otimes 6} \mathrm{d}S = \frac{1}{4\pi} \int_{\mathcal{S}} n_i n_j n_k n_l n_p n_q \mathrm{d}S = \frac{1}{7} B_{ijklpq} \tag{11.9}$$

式中

$$B_{ijklpq} = \frac{1}{15} \left(\delta_{ij} A_{klpq} + \delta_{ik} A_{jlpq} + \delta_{il} A_{jkpq} + \delta_{ip} A_{jklq} + \delta_{iq} A_{jklp} \right) \tag{11.10}$$

八阶结构张量 $\boldsymbol{n}^{\otimes 8} = \boldsymbol{n} \otimes \boldsymbol{n} \otimes \boldsymbol{n} \otimes \boldsymbol{n} \otimes \boldsymbol{n} \otimes \boldsymbol{n} \otimes \boldsymbol{n} \otimes \boldsymbol{n}$ 的球面积分为

$$\frac{1}{4\pi} \int_{\mathcal{S}} \boldsymbol{n}^{\otimes 8} \mathrm{d}S = \frac{1}{4\pi} \int_{\mathcal{S}} n_i n_j n_k n_l n_p n_q n_r n_s \mathrm{d}S = \frac{1}{9} C_{ijklpqrs} \tag{11.11}$$

式中

$$C_{ijklpqrs} = \frac{1}{105} (\delta_{ij} B_{klpqrs} + \delta_{ik} B_{jlpqrs} + \delta_{il} B_{jkpqrs} + \delta_{ip} B_{jklqrs}$$

$$+ \delta_{iq} B_{jklprs} + \delta_{ir} B_{jklpqs} + \delta_{is} B_{jklpqr}) \tag{11.12}$$

11.2.2 损伤函数的二阶张量表示

假设损伤分布函数 $d(\boldsymbol{n})$ 可以用二阶张量 $\boldsymbol{P}$ 表示成 $d(\boldsymbol{n}) = \boldsymbol{P} : (\boldsymbol{n} \otimes \boldsymbol{n})$. 可以证明, $\boldsymbol{P}$ 能够用二阶张量损伤变量

$$\boldsymbol{D} = \frac{1}{4\pi} \int_{\mathcal{S}} d(\boldsymbol{n}) (\boldsymbol{n} \otimes \boldsymbol{n}) \mathrm{d}S \tag{11.13}$$

来表示. 根据上述定义, 有

$$\begin{aligned} \boldsymbol{D} &= \frac{1}{4\pi} \int_{\mathcal{S}} \boldsymbol{P} : (\boldsymbol{n} \otimes \boldsymbol{n} \otimes \boldsymbol{n} \otimes \boldsymbol{n}) \mathrm{d}S \\ &= \boldsymbol{P} : \frac{1}{4\pi} \int_{\mathcal{S}} \boldsymbol{n} \otimes \boldsymbol{n} \otimes \boldsymbol{n} \otimes \boldsymbol{n} \mathrm{d}S \\ &= \frac{1}{15} \boldsymbol{P} : (3\mathbb{J} + 2\mathbb{I}) \\ &= \frac{1}{15} \left[\mathrm{tr}\,(\boldsymbol{P}) \boldsymbol{\delta} + 2\boldsymbol{P} \right] \end{aligned} \tag{11.14}$$

另外

$$\text{tr}\,(\boldsymbol{D}) = \frac{1}{4\pi} \int_{\mathcal{S}} \boldsymbol{P} : (\boldsymbol{n} \otimes \boldsymbol{n})\,\mathrm{d}S = \frac{1}{3}\text{tr}\,(\boldsymbol{P}) \tag{11.15}$$

即 $\text{tr}\,(\boldsymbol{P}) = 3\text{tr}\,(\boldsymbol{D})$，代入式 (11.14) 得到

$$\boldsymbol{P} = \frac{15}{2}\boldsymbol{D} - \frac{3}{2}\text{tr}\,(\boldsymbol{D})\,\boldsymbol{\delta} \tag{11.16}$$

进而得到损伤分布函数:

$$d\,(\boldsymbol{n}) = \boldsymbol{P} : (\boldsymbol{n} \otimes \boldsymbol{n}) = \frac{15}{2}\boldsymbol{D} : (\boldsymbol{n} \otimes \boldsymbol{n}) - \frac{3}{2}\text{tr}\,(\boldsymbol{D}) \tag{11.17}$$

同时，定义四阶张量损伤变量 $\mathbb{D} = \frac{1}{4\pi} \int_{\mathcal{S}} d\,(\boldsymbol{n})\,(\boldsymbol{n} \otimes \boldsymbol{n} \otimes \boldsymbol{n} \otimes \boldsymbol{n})\,\mathrm{d}S$，且有

$$\begin{aligned}
\mathbb{D} = {} & \frac{15}{2}\boldsymbol{D} : \frac{1}{4\pi} \int_{\mathcal{S}} (\boldsymbol{n} \otimes \boldsymbol{n} \otimes \boldsymbol{n} \otimes \boldsymbol{n} \otimes \boldsymbol{n} \otimes \boldsymbol{n})\,\mathrm{d}S \\
& - \frac{3}{2}\text{tr}\,(\boldsymbol{D})\frac{1}{4\pi} \int_{\mathcal{S}} (\boldsymbol{n} \otimes \boldsymbol{n} \otimes \boldsymbol{n} \otimes \boldsymbol{n})\,\mathrm{d}S
\end{aligned} \tag{11.18}$$

根据 Yang 等 [151] 的研究成果，四阶张量损伤变量 $\mathbb{D}$ 可以用二阶损伤变量 $\boldsymbol{D}$ 表示如下:

$$\mathbb{D} = \frac{1}{7}\left[-\frac{3}{5}\text{tr}\,(\boldsymbol{D})\,\mathbb{A} + (\boldsymbol{D} \otimes \boldsymbol{\delta} + \boldsymbol{\delta} \otimes \boldsymbol{D}) + 2\,(\boldsymbol{D} \otimes^s \boldsymbol{\delta} + \boldsymbol{\delta} \otimes^s \boldsymbol{D})\right] \tag{11.19}$$

11.2.3 损伤函数的四阶张量表示

类似于二阶损伤张量的情况，通过引入四阶张量 $\mathbb{Q}$，损伤分布函数 $d(\boldsymbol{n})$ 可以近似为 $d\,(\boldsymbol{n}) = \mathbb{Q} :: (\boldsymbol{n} \otimes \boldsymbol{n} \otimes \boldsymbol{n} \otimes \boldsymbol{n})$. 首先用四阶损伤张量 $\mathbb{D}$ 表示 $\mathbb{Q}$，然后把损伤分布函数表示成 $\mathbb{Q}$ 的形式. 根据文献 [149] 和 [150] 的研究成果，可以建立如下关系:

$$\mathbb{D} = \frac{1}{4\pi} \int_{\mathcal{S}} d\,(\boldsymbol{n})\,(\boldsymbol{n} \otimes \boldsymbol{n} \otimes \boldsymbol{n} \otimes \boldsymbol{n})\,\mathrm{d}S = \frac{1}{4\pi} \int_{\mathcal{S}} \boldsymbol{n}^{\otimes 8}\mathrm{d}S :: \mathbb{Q} = \frac{1}{9}\mathcal{C} :: \mathbb{Q} \tag{11.20}$$

$$\mathbb{D} : \boldsymbol{\delta} = \frac{1}{4\pi} \int_{\mathcal{S}} d\,(\boldsymbol{n})\,(\boldsymbol{n} \otimes \boldsymbol{n})\,\mathrm{d}S = \frac{1}{4\pi} \int_{\mathcal{S}} \boldsymbol{n}^{\otimes 6}\mathrm{d}S :: \mathbb{Q} = \frac{1}{7}\mathbb{B} :: \mathbb{Q} \tag{11.21}$$

$$\boldsymbol{\delta} : \mathbb{D} : \boldsymbol{\delta} = \frac{1}{4\pi} \int_{\mathcal{S}} d\,(\boldsymbol{n})\,\mathrm{d}S = \frac{1}{4\pi} \int_{\mathcal{S}} \boldsymbol{n}^{\otimes 4}\mathrm{d}S : \mathbb{Q} = \frac{1}{5}\mathbb{A} :: \mathbb{Q} \tag{11.22}$$

最后推导出用四阶损伤张量表示的损伤分布函数:

$$d\,(\boldsymbol{n}) = \frac{15}{4}\left[\frac{21}{2}\mathbb{D} : (\boldsymbol{n} \otimes \boldsymbol{n} \otimes \boldsymbol{n} \otimes \boldsymbol{n}) - 7\boldsymbol{\delta} : \mathbb{D} : (\boldsymbol{n} \otimes \boldsymbol{n}) + \frac{1}{2}\boldsymbol{\delta} : \mathbb{D} : \boldsymbol{\delta}\right] \tag{11.23}$$

第三篇

各向同性塑性损伤耦合分析

第12章

弹塑性损伤耦合本构方程

目前,基于商业有限元软件的岩体结构数值分析仍普遍采用各向同性本构关系,这主要是因为各向同性材料模型不涉及高阶方向张量,应力应变关系可用矩阵形式表示,甚至用等效剪应力和平均应力进行标量推导,较为直观且易于理解,数值程序研制相对简单. 基于这一现状,本章基于均匀化方法建立裂隙岩石在各向同性假设下的简化本构方程.

由前面分析可知,在外荷载作用下脆性岩石的非线性力学行为涉及两种主要的能量耗散方式,即裂隙扩展引起的弹性性能劣化和闭合裂隙面相对摩擦滑移引起的不可恢复变形. 前一部分基于细观力学分析建立了一般应力状态和不同裂隙族裂隙张开/闭合组合情况下的本构关系,本章将给出各向同性损伤和塑性应变假设下的塑性损伤耦合本构关系,包括特征单元体的自由能表达式、与内变量关联的状态变量、摩擦滑移准则和损伤演化准则、塑性损伤耦合分析、强度准则、水力耦合效应以及时效损伤和变形等岩石材料本构模型研究的主要内容. 考虑到摩擦滑移与塑性变形的相似性[140],这里用塑性应变表示摩擦滑移引起的不可恢复变形. 另外,尽管非关联流动法则广泛用于描述岩土材料的塑性流动,但是这一选择只是为了满足描述岩土材料体积变形的需要,其理论必要性至今没有得到验证,本章采用关联流动法则来研究塑性变形.

12.1　基 本 公 式

12.1.1　应变分解

在各向同性简化下,我们不再关注每族裂隙的单独贡献,而是用宏观塑性应变 ε^p 来描述所有微裂隙的存在和扩展引起的非弹性变形,并用标量损伤变量来描述所有裂隙对材料的劣化作用. 在经典弹塑性理论中,总应变被分解成两部分,对于裂隙岩石材料,一部分是基质变形引起的弹性应变,另一部分是裂隙不连续位移场引起的塑性应变:

$$\varepsilon = \varepsilon^e + \varepsilon^p \tag{12.1}$$

弹性应变通过广义胡克定律与宏观应力张量相联系,即 $\sigma = \mathbb{C}^0 : \varepsilon^e$,其中 $\mathbb{C}^0$ 为岩石基质的弹性张量. 塑性应变 ε^p 是不可逆热力学系统中的内变量,可以借助经典塑性理论来研究.

根据前面的分析, 可以将单族裂隙引起的非弹性应变表示成 $\epsilon^p = \beta \boldsymbol{n} \otimes \boldsymbol{n} + \boldsymbol{\gamma} \otimes^s \boldsymbol{n}$, 则含有大量任意分布微裂隙的特征单元体的总塑性应变可以通过球面积分得到:

$$\boldsymbol{\varepsilon}^p = \frac{1}{4\pi} \int_S \beta \boldsymbol{n} \otimes \boldsymbol{n} \mathrm{d}S + \frac{1}{4\pi} \int_S \boldsymbol{\gamma} \otimes^s \boldsymbol{n} \mathrm{d}S \tag{12.2}$$

在各向同性假设下, $\boldsymbol{\varepsilon}^p$ 可以分解为塑性体积应变和塑性剪切应变两部分:

$$\boldsymbol{\varepsilon}^p = \boldsymbol{\Gamma} + \frac{1}{3}\beta\boldsymbol{\delta} \tag{12.3}$$

式中

$$\boldsymbol{\Gamma} = \frac{1}{4\pi} \int_S \boldsymbol{\gamma} \otimes^s \boldsymbol{n} \mathrm{d}S, \quad \frac{1}{4\pi} \int_S \boldsymbol{n} \otimes \boldsymbol{n} \mathrm{d}S = \frac{1}{3}\boldsymbol{\delta} \tag{12.4}$$

由塑性体积应变 $\varepsilon_v^p = \boldsymbol{\varepsilon}^p : \boldsymbol{\delta} = \beta$ 可知, 裂隙岩石的体积膨胀与裂隙开度有关.

12.1.2　有效柔度张量和有效弹性张量

在裂隙张开情况下, 局部应变通过应变局部化张量与宏观应变相联系. 对于币形裂隙, 应变局部化张量的所有非零元素具有显式表达式. 此时, 各向同性特征单元体的有效弹性张量 $\mathbb{C}^{\mathrm{hom}}(d)$ 的一般形式为

$$\mathbb{C}^{\mathrm{hom}} = 2\mu(d)\mathbb{K} + 3k(d)\mathbb{J} \tag{12.5}$$

式中, $\mu(d)$ 和 $k(d)$ 分别表示受损材料的剪切模量和体积压缩模量. 通过二阶对称单位张量 δ_{ij} 和四阶对称单位张量 $I_{ijkl} = (\delta_{ik}\delta_{jl} + \delta_{il}\delta_{jk})/2$, 各向同性张量 $\mathbb{J}$ 和 $\mathbb{K}$ 的元素分别为 $J_{ijkl} = \delta_{ij}\delta_{kl}/3$ 和 $K_{ijkl} = I_{ijkl} - J_{ijkl}$.

外荷载作用引起的弹性性能劣化体现在弹性常数 $\mu(d)$ 和 $k(d)$ 的变化上. 根据 MT 方法得到岩石微裂隙–基质系统的有效柔度张量 (见 6.3.5 节):

$$\mathbb{S}^{\mathrm{hom}} = \mathbb{S}^0 + \sum_{r=1}^{N} d_r \mathbb{S}^{n,r} \tag{12.6}$$

式中, $\mathbb{S}^0$ 是基质材料的四阶柔度张量, 并且

$$\mathbb{S}^n = \frac{1}{c_n}\mathbb{N} + \frac{1}{c_t}\mathbb{T}, \quad \mathbb{N} = \mathbb{E}^2, \quad \mathbb{T} = \mathbb{E}^4 \tag{12.7}$$

式中, $\mathbb{E}^2$ 和 $\mathbb{E}^4$ 是 Walpole 四阶方向张量基的第二和第四个元素; c_n 和 c_t 仅与各向同性基质的弹性常数有关:

$$c_n = \frac{3E_0}{16\left(1 - \nu_0^2\right)}, \quad c_t = (2 - \nu_0)\,c_n \tag{12.8}$$

在各向同性假设下，认为所有裂隙族的裂隙密度相同，即 $d_1 = d_2 = \cdots = d_N = d_0$，因此可以引入标量损伤变量 $d = Nd_0$ 来描述岩石的宏观受损状态，并将式 (12.6) 改写成

$$\mathbb{S}^{\text{hom}} = \mathbb{S}^0 + d\frac{1}{N}\sum_{r=1}^{N}\mathbb{S}^{n,r} \tag{12.9}$$

当裂隙族的数量 N 足够大时，式 (12.9) 中的求和项可以用球面积分近似，具体为

$$\mathbb{S}^{\text{hom}} = \mathbb{S}^0 + d\frac{1}{4\pi}\int_{\mathcal{S}}\mathbb{S}^n\left(\boldsymbol{n}\right)\mathrm{d}S = \mathbb{S}^0 + d\frac{1}{4\pi}\int_{\mathcal{S}}\left(\frac{1}{c_n}\mathbb{N} + \frac{1}{c_t}\mathbb{T}\right)\mathrm{d}S \tag{12.10}$$

根据 Walpole 方向张量基的球面积分结果：

$$\frac{1}{4\pi}\int_{\mathcal{S}}\mathbb{N}\mathrm{d}S = \frac{1}{3}\mathbb{J} + \frac{2}{15}\mathbb{K}, \quad \frac{1}{4\pi}\int_{\mathcal{S}}\mathbb{T}\mathrm{d}S = \frac{2}{5}\mathbb{K} \tag{12.11}$$

得到系统的有效柔度张量：

$$\mathbb{S}^{\text{hom}} = \mathbb{S}^0 + d\mathbb{S}^d \tag{12.12}$$

式中

$$\mathbb{S}^d = \mathbb{A} : \mathbb{S}^0 = \frac{\beta_1}{2\mu_0}\mathbb{K} + \frac{\beta_2}{3k_0}\mathbb{J} \tag{12.13}$$

其中，$\mathbb{A} = \beta_1\mathbb{K} + \beta_2\mathbb{J}$，$\mathbb{S}^d$ 可以解释为单位损伤引起的系统柔度张量的改变值；β_1 和 β_2 是仅与基质材料泊松比 ν_0 有关的常数：

$$\beta_1 = \frac{32\left(1-\nu_0\right)\left(5-\nu_0\right)}{45\left(2-\nu_0\right)}, \quad \beta_2 = \frac{16}{9}\frac{1-\nu_0^2}{1-2\nu_0} \tag{12.14}$$

根据式 (12.12)，$\mu\left(d\right)$ 和 $k\left(d\right)$ 分别可表示为

$$\mu\left(d\right) = \frac{\mu_0}{1+\beta_1 d}, \quad k\left(d\right) = \frac{k_0}{1+\beta_2 d} \tag{12.15}$$

式中，μ_0 和 k_0 分别表示岩石在无损状态时的剪切模量和体积压缩模量.

经典连续损伤理论用杨氏模量的相对劣化来定义损伤变量，即

$$d^* = 1 - \frac{E\left(d\right)}{E_0} \tag{12.16}$$

式中，E_0 是基质的杨氏模量；$E\left(d\right)$ 是受损状态的杨氏模量.

根据各向同性固体弹性常数之间的关系式得到

$$E\left(d\right) = \frac{9k\left(d\right)\mu\left(d\right)}{3k\left(d\right)+\mu\left(d\right)} = \frac{E_0}{1+\beta_3 d} \tag{12.17}$$

式中，$\beta_3 = \dfrac{(1+\nu_0)(7-10\nu_0)}{15(1-\nu_0)}$.

据此得到基于杨氏模量劣化度的损伤变量 d^*：

$$d^* = \frac{\beta_3 d}{1 + \beta_3 d} \tag{12.18}$$

12.1.3　系统自由能与状态变量

有效柔度张量 (12.12) 的逆是系统的有效弹性张量 $\mathbb{C}^{\mathrm{hom}}(d)$，即

$$\mathbb{C}^{\mathrm{hom}} = \left(\mathbb{S}^{\mathrm{hom}}\right)^{-1} = \mathbb{C}^0 : (\mathbb{I} + d\mathbb{A})^{-1} \tag{12.19}$$

当裂隙处于张开状态时，根据有效弹性张量直接得到系统的应变自由能 Ψ^o：

$$\Psi^o = \frac{1}{2}\boldsymbol{\varepsilon} : \mathbb{C}^{\mathrm{hom}}(d) : \boldsymbol{\varepsilon} \tag{12.20}$$

从中推导出宏观应力应变关系：

$$\boldsymbol{\sigma} = \frac{\partial \Psi^o}{\partial \boldsymbol{\varepsilon}} = \mathbb{C}^{\mathrm{hom}}(d) : \boldsymbol{\varepsilon} \tag{12.21}$$

或其等价形式：

$$\boldsymbol{\sigma} = \mathbb{C}^0 : (\boldsymbol{\varepsilon} - \boldsymbol{\varepsilon}^p) \tag{12.22}$$

此时，非弹性应变 $\boldsymbol{\varepsilon}^p$ 具有如下显式形式：

$$\boldsymbol{\varepsilon}^p = d\mathbb{A} : (\mathbb{I} + d\mathbb{A})^{-1} : \boldsymbol{\varepsilon} \tag{12.23}$$

或基于应力表示：

$$\boldsymbol{\varepsilon}^p = d\mathbb{S}^d : \boldsymbol{\sigma} \tag{12.24}$$

同样得到与损伤变量关联的热力学力 (损伤驱动力)

$$F_d = -\frac{\partial W^o}{\partial d} = -\frac{1}{2}\boldsymbol{\varepsilon} : \frac{\partial \mathbb{C}^{\mathrm{hom}}(d)}{\partial d} : \boldsymbol{\varepsilon} = \frac{1}{2}\boldsymbol{\sigma} : \mathbb{S}^d : \boldsymbol{\sigma} \tag{12.25}$$

12.1.4　裂隙闭合状态

当裂隙处于闭合状态时，裂隙面相对摩擦滑移引起塑性变形是一个能量耗散过程，塑性应变与宏观总应变之间不存在显性关系式. 本书第二篇针对单一闭合裂

隙族特征单元体问题的应变分解和系统自由能的确定过程对各向同性简化下的理论推导仍然适用，可以建立如下系统自由能：

$$\Psi^c = \frac{1}{2}\left(\varepsilon - \varepsilon^p\right):\mathbb{C}^0:\left(\varepsilon - \varepsilon^p\right) + \frac{1}{2}\varepsilon^p:\mathbb{C}^p:\varepsilon^p \tag{12.26}$$

在裂隙张开/闭合的过渡状态，系统自由能应保持连续. 将式 (12.23) 代入式 (12.26)，根据连续条件得到

$$\mathbb{C}^p = \left(\mathbb{S}^{\mathrm{hom}} - \mathbb{S}^0\right)^{-1} = \frac{1}{d}\mathbb{C}^d \tag{12.27}$$

式中，$\mathbb{C}^d = \left(\mathbb{S}^d\right)^{-1}$.

从式 (12.26) 推导出与式 (12.22) 相同的应力应变关系：

$$\boldsymbol{\sigma} = \frac{\partial \Psi^c}{\partial \varepsilon} = \mathbb{C}^0:\left(\varepsilon - \varepsilon^p\right) \tag{12.28}$$

区别在于，在闭合裂隙摩擦滑移过程中，ε^p 是与能量耗散有关的热力学内变量.

另外得到与损伤变量 d 和塑性应变 ε^p 关联的热力学力：

$$F_d = -\frac{\partial \Psi^c}{\partial d} = \frac{1}{2d^2}\varepsilon^p:\mathbb{C}^d:\varepsilon^p \tag{12.29}$$

$$\boldsymbol{\sigma}^p = -\frac{\partial \Psi^c}{\partial \varepsilon^p} = \boldsymbol{\sigma} - \mathbb{C}^p:\varepsilon^p \tag{12.30}$$

12.1.5   基于背应力的统一强化与软化

岩土经典弹塑性理论中的塑性屈服条件一般是宏观应力张量 $\boldsymbol{\sigma}$ 的函数. 然而，根据细观力学分析，塑性应变演化的热力学驱动力 (12.30) 不仅包含宏观应力张量，还包含一个背应力项：

$$\varsigma = \mathbb{C}^p:\varepsilon^p = \frac{1}{d}\mathbb{C}^d:\varepsilon^p \tag{12.31}$$

后者可以统一地描述材料强化软化过程，从这个意义上分析，$\mathbb{C}^p$ 可以理解为四阶强化软化模量. 在应力峰值之前，相对于裂隙萌生扩展引起的损伤演化，摩擦滑移引起的塑性变形起主导作用，材料整体上表现出应变强化行为；在应力峰值之后，在经历裂隙扩展、连接和贯通之后，微裂隙局部化为宏观裂隙，材料破坏并最终进入残余应力阶段，损伤引起的材料劣化起主导作用，材料在宏观上表现出应变软化行为. 岩石强化和软化是一个连续的能量耗散过程，两种非线性力学机制 (摩擦滑移及其伴随的体胀和裂隙扩展引起的材料损伤) 是一个相互竞争的强耦合关系，当摩擦滑移占主导时，材料表现出强化现象，而当损伤占主导时，材料表现出应变软化现象.

12.1.6　塑性屈服准则

采用基于局部应力 $\boldsymbol{\sigma}^p$ 的广义库仑摩擦滑移准则来研究闭合裂隙的摩擦滑移行为:

$$f\left(\boldsymbol{\sigma}^p\right) = \|\boldsymbol{s}^p\| + \eta p^p \leqslant 0 \tag{12.32}$$

式中, $\boldsymbol{s}^p = \boldsymbol{\sigma}^p : \mathbb{K}$ 表示局部应力偏张量; $p^p = \frac{1}{3}\boldsymbol{\sigma}^p : \boldsymbol{\delta}$.

采用关联流动法则, 并根据正交化准则, 可将塑性应变增量表示成

$$\Delta\boldsymbol{\varepsilon}^p = \lambda^p \boldsymbol{D} \tag{12.33}$$

式中, λ^p 为塑性乘子; 梯度张量 $\boldsymbol{D}$ 定义塑性流动方向:

$$\boldsymbol{D} = \frac{\partial f}{\partial\boldsymbol{\sigma}^p} = \frac{\boldsymbol{s}^p}{\|\boldsymbol{s}^p\|} + \frac{1}{3}\eta\boldsymbol{\delta} \tag{12.34}$$

可知, $\boldsymbol{V} = \boldsymbol{s}^p/\|\boldsymbol{s}^p\|$ 是塑性应变偏张量的演化方向.

屈服准则 (12.32) 等价于

$$f\left(\boldsymbol{\sigma}^p\right) = \boldsymbol{\sigma}^p : \boldsymbol{D} \leqslant 0 \tag{12.35}$$

12.1.7　损伤准则

采用基于应变能释放率的损伤准则:

$$g(F_d, d) = F_d - R(d) \leqslant 0 \tag{12.36}$$

式中, $R(d)$ 为材料损伤抗力函数.

根据正交化准则得到损伤增量:

$$\Delta d = \lambda^d \frac{\partial g}{\partial F_d} = \lambda^d \tag{12.37}$$

式中, λ^d 为损伤乘子.

12.1.8　裂隙张开/闭合准则

以局部应力表示的裂隙张开/闭合临界条件为

$$\boldsymbol{\sigma}^p = \boldsymbol{\sigma} - \frac{1}{d}\mathbb{C}^d : \boldsymbol{\varepsilon}^p = 0 \tag{12.38}$$

从中得到关系式 (12.23)，说明上述理论推导是协调的.

在实际应用中，使用张量变量作为裂隙张开/闭合条件不是太方便，常采用裂隙张开/闭合转变判别条件 $\hbar(\boldsymbol{\sigma}^p) = \boldsymbol{\sigma}^p : \boldsymbol{\delta} = 0$. 根据式 (12.3) 和式 (12.30)，$\hbar(\boldsymbol{\sigma}^p)$ 进一步表示成

$$\hbar = p - \frac{k_0}{\beta_2}\frac{\beta}{d} = 0 \tag{12.39}$$

式中，$p = \frac{1}{3}\boldsymbol{\sigma} : \boldsymbol{\delta}$. 当 $\hbar > 0$ 时，认为裂隙处于张开状态；当 $\hbar \leqslant 0$ 时，裂隙处于闭合状态. 由于裂隙表面不光滑，裂隙的张开/闭合状态不仅与宏观应力有关，还与裂隙开度有关.

12.2　一致性条件与率形式应力应变关系

为了模拟应力峰后的应变软化现象，基于塑性损伤耦合模型的数值模拟常采用应变控制和增量加载方式. 在进行结构分析时，用切线弹性张量代替弹性张量能够有效提升计算效率. 为了推导切线弹性张量的表达式，需要建立应力增量 $\Delta\boldsymbol{\sigma}$ 和应变增量 $\Delta\boldsymbol{\varepsilon}$ 之间的线性关系：

$$\Delta\boldsymbol{\sigma} = \mathbb{C}^{\text{tan}} : \Delta\boldsymbol{\varepsilon} \tag{12.40}$$

式中，$\mathbb{C}^{\text{tan}}$ 为切线弹性张量，可以结合损伤一致性条件和塑性一致性条件来确定.

12.2.1　张开裂隙情况

在裂隙张开情况下，系统的能量耗散机制为裂隙扩展引起的材料损伤，宏观应力应变关系 (12.21) 的增量形式为

$$\Delta\boldsymbol{\sigma} = \mathbb{C}^{\text{hom}} : \Delta\boldsymbol{\varepsilon} + \frac{\partial\mathbb{C}^{\text{hom}}}{\partial d} : \boldsymbol{\varepsilon}\Delta d \tag{12.41}$$

损伤准则 (12.36) 的一致性条件为

$$\Delta g = \frac{\partial g}{\partial\boldsymbol{\varepsilon}} : \Delta\boldsymbol{\varepsilon} + \frac{\partial g}{\partial d}\Delta d = 0 \tag{12.42}$$

式中

$$
\left\{
\begin{aligned}
&\frac{\partial \mathbb{C}^{\text{hom}}}{\partial d} = -\mathbb{C}^{\text{hom}} : \mathbb{S}^d : \mathbb{C}^{\text{hom}} \\[2mm]
&\frac{\partial g}{\partial \boldsymbol{\varepsilon}} = \boldsymbol{\sigma} : \mathbb{S}^d : \mathbb{C}^{\text{hom}} \\[2mm]
&\frac{\partial g}{\partial d} = -\boldsymbol{\sigma} : \mathbb{S}^d : \mathbb{C}^{\text{hom}} : \mathbb{S}^d : \boldsymbol{\sigma} - \frac{\partial R}{\partial d}
\end{aligned}
\right.
$$

整理得到切线弹性张量 $\mathbb{C}^{\text{tan}}$

$$
\mathbb{C}^{\text{tan}} =
\left\{
\begin{aligned}
&\mathbb{C}^0, && g < 0, \text{或} g = 0, \dot{g} < 0 \\[2mm]
&\mathbb{C}^0 - \frac{1}{\mathcal{H}_o} \frac{\partial g}{\partial \boldsymbol{\varepsilon}} \otimes \frac{\partial g}{\partial \boldsymbol{\varepsilon}}, && g = 0 \text{且} \dot{g} = 0
\end{aligned}
\right.
\tag{12.43}
$$

式中，$\mathcal{H}_o = -\dfrac{\partial g}{\partial d}$. 容易知道，切线弹性张量 $\mathbb{C}^{\text{tan}}$ 是对称的.

12.2.2　闭合摩擦裂隙情况

在经典塑性理论中，加卸载条件可以表示成 Kuhn-Tucker 的形式：

$$
\lambda^p \geqslant 0, \ f\left(\boldsymbol{\sigma}^p\right) \leqslant 0, \ \lambda^p f\left(\boldsymbol{\sigma}^p\right) = 0
\tag{12.44}
$$

当材料处于加载状态时，塑性乘子 $\lambda^p > 0$ 且应力始终处于加载面上，即 $\Delta f = 0$，从而有

$$
\Delta f = \frac{\partial f}{\partial \boldsymbol{\varepsilon}} : \Delta \boldsymbol{\varepsilon} + \frac{\partial f}{\partial \boldsymbol{\varepsilon}^p} : \Delta \boldsymbol{\varepsilon}^p + \frac{\partial f}{\partial d} \Delta d = 0
\tag{12.45}
$$

同样，由损伤一致性条件得到

$$
\Delta g = \frac{\partial g}{\partial \boldsymbol{\varepsilon}^p} : \Delta \boldsymbol{\varepsilon}^p + \frac{\partial g}{\partial d} \Delta d = 0
\tag{12.46}
$$

式中

$$
\left\{
\begin{aligned}
&\frac{\partial f}{\partial \boldsymbol{\varepsilon}} = \boldsymbol{D} : \mathbb{C}^0 \\[2mm]
&\frac{\partial f}{\partial \boldsymbol{\varepsilon}^p} = -\boldsymbol{D} : \left(\mathbb{C}^0 + \mathbb{C}^p\right) \\[2mm]
&\frac{\partial f}{\partial d} = \frac{1}{d^2} \boldsymbol{D} : \mathbb{C}^d : \boldsymbol{\varepsilon}^p \\[2mm]
&\frac{\partial g}{\partial \boldsymbol{\varepsilon}^p} = \frac{1}{d^2} \mathbb{C}^d : \boldsymbol{\varepsilon}^p \\[2mm]
&\frac{\partial g}{\partial d} = -\frac{1}{d^3} \boldsymbol{\varepsilon}^p : \mathbb{C}^d : \boldsymbol{\varepsilon}^p - \frac{\partial R(d)}{\partial d}
\end{aligned}
\right.
$$

将 $\Delta\varepsilon^p = \lambda^p \boldsymbol{D}$ 和 $\Delta d = \lambda^d$ 代入式 (12.45) 和式 (12.46), 得到非负塑性乘子和损伤乘子

$$
\begin{cases}
\lambda^p = \dfrac{1}{\mathcal{H}_p} \dfrac{\partial f}{\partial \boldsymbol{\varepsilon}} : \Delta\boldsymbol{\varepsilon} \\[4mm]
\lambda^d = -\dfrac{\dfrac{\partial g}{\partial \boldsymbol{\varepsilon}^p} : \boldsymbol{D}}{\dfrac{\partial g}{\partial d} \mathcal{H}_p} \dfrac{\partial f}{\partial \boldsymbol{\varepsilon}} : \Delta\boldsymbol{\varepsilon}
\end{cases}
\tag{12.47}
$$

式中, $\mathcal{H}_p = \left(\dfrac{\partial f}{\partial d}\right)^2 \bigg/ \dfrac{\partial g}{\partial d} - \dfrac{\partial f}{\partial \boldsymbol{\varepsilon}^p} : \boldsymbol{D}$ 为硬化模量.

将式 (12.47) 代入式 (12.28) 的增量形式 $\Delta\boldsymbol{\sigma} = \mathbb{C}^0 : (\Delta\boldsymbol{\varepsilon} - \Delta\boldsymbol{\varepsilon}^p)$, 得到塑性损伤耦合情况下的切线弹性张量:

$$
\mathbb{C}^{\text{tan}} =
\begin{cases}
\mathbb{C}^0, & f(\boldsymbol{\sigma}^p) < 0 \\[3mm]
\mathbb{C}^0 - \dfrac{1}{\mathcal{H}_p} \dfrac{\partial f}{\partial \boldsymbol{\varepsilon}} \otimes \dfrac{\partial f}{\partial \boldsymbol{\varepsilon}}, & f(\boldsymbol{\sigma}^p) = 0
\end{cases}
\tag{12.48}
$$

由于采用关联流动法则, $\mathbb{C}^{\text{tan}}$ 是对称四阶张量.

12.3 本 章 小 结

在各向同性简化下, 本章给出了各向同性塑性损伤耦合模型的基本方程, 包括自由能表达式、状态变量、塑性和损伤准则及其演化方程、裂隙/张开闭合准则、增量应力应变关系及剪切弹性张量等严格的数学推导. 在理论推导过程中区分了裂隙张开和闭合两种几何状态, 涉及裂隙扩展引起的材料损伤以及闭合裂隙摩擦滑移引起的非弹性变形 (塑性应变) 等两种强耦合的能量耗散机制. 另外, 与塑性应变张量关联的热力学力包含的背应力项提供了统一的强化/软化函数, 这是多尺度塑性损伤本构模型的突出优点.

第13章

本构方程解析解
与破坏准则

在本书介绍的基于非均质材料均匀化理论的裂隙岩石多尺度本构模型中，脆性/准脆性岩石非线性变形、渐进损伤与破坏过程中的绝大部分力学现象可以归因于两个相互耦合的细观力学机制，即裂隙扩展引起的材料损伤和闭合裂隙摩擦引起的塑性变形. 模拟岩石非线性力学行为的主要任务，就是要考虑损伤与塑性强耦合的能量耗散过程. 在峰值应力之前，摩擦滑移在材料强化过程中起主导作用，而在应力峰后阶段，裂隙加速扩展及贯通是材料软化和最终破坏的决定因素.

宏观唯象弹塑性损伤模型应用非常广泛. 文献中有一些针对特殊形式弹塑性模型的应力应变关系解析表达式的研究成果，例如，Krieg 等[152] 建立了不考虑强化效应的 von Mises 弹塑性模型的解析解；Yoder 和 Whirley[153] 研究了考虑线性各向同性或运动强化准则的 von Mises 弹塑性模型的解析解；Loret 和 Prevost[154] 推导出了 Drucker-Prager 弹塑性模型的解析表达式；Kossa 和 Szabó[155] 得到了含线性各向同性–运动耦合强化 von Mises 弹塑性模型的应力控制和应变控制问题的半解析解. 然而，唯象塑性损伤强耦合本构方程解析解的研究难度比较大，这主要是因为，塑性和损伤耦合机理复杂，强化/软化函数类型多为经验型.

尽管特定简单加载条件下的本构关系解析解在工程结构分析中的应有价值有限，但是其可以作为参照用于验证数值算法的收敛性和计算效率，因而具有十分重要的意义. 基于塑性损伤耦合分析，本章将推导出多尺度塑性损伤耦合模型在四种常见加载路径 (常规三轴压缩、常规三轴环向卸荷、常规三轴等比例压缩、等平均应力常规三轴压缩) 下的应力应变关系解析表达式，并根据强度变形耦合分析推导出破坏准则.

13.1   常规三轴压缩试验

13.1.1   加载路径及塑性损伤耦合分析

常规三轴压缩试验通常首先施加静水应力至预定值 p_0，然后在轴向施加偏应力 (轴向应力与环向应力的差值) 直至材料破坏. 为了得到包含应力峰后软化段的完整应力应变曲线，需要采用非常规控制方式，如环向应变控制. 假设常规三轴压缩试验常用的圆柱形试样的轴向 (偏应力加载方向) 为 e_1，则常规三轴压缩试验的应力主值为 $(\sigma_1,\sigma_3,\sigma_3)$，且有代数关系 $\sigma_1 < \sigma_3$，因而得到应力偏张量 s:

$$\boldsymbol{s} = \frac{\sigma_1 - \sigma_3}{3} \begin{bmatrix} 2 & 0 & 0 \\ 0 & -1 & 0 \\ 0 & 0 & -1 \end{bmatrix} \qquad (13.1)$$

在不考虑初始非弹性应变的情况下，根据式 (12.34) 得到塑性应变偏量的流动方向

$$\boldsymbol{V} = \frac{\boldsymbol{s}}{\|\boldsymbol{s}\|} = \frac{-1}{\sqrt{6}} \begin{bmatrix} 2 & 0 & 0 \\ 0 & -1 & 0 \\ 0 & 0 & -1 \end{bmatrix} \qquad (13.2)$$

其在单调加载过程中是不变的. 同时，假设广义摩擦系数 η 为一常数，则在持续加载过程中塑性应变的流动方向 $\boldsymbol{D}$ 保持不变，这意味着塑性应变张量可以用累积塑性乘子 $\Lambda^p = \int \lambda^p$ 来表示:

$$\boldsymbol{\varepsilon}^p = \Lambda^p \boldsymbol{D} \qquad (13.3)$$

同样，根据式 (12.37)，当前损伤值等于损伤乘子的累积值:

$$d = \int \lambda^d \qquad (13.4)$$

定义常数

$$\chi = \boldsymbol{D} : \mathbb{C}^d : \boldsymbol{D} = \frac{2\mu_0}{\beta_1} + \frac{k_0 \eta^2}{\beta_2} \qquad (13.5)$$

将塑性屈服函数 (12.32) 写成

$$f = \|\boldsymbol{s}\| + \eta p - \frac{\Lambda^p}{d}\chi = 0 \qquad (13.6)$$

可知，裂隙摩擦滑移引起的塑性应变起硬化作用 (塑性流动引起弹性区扩大)，而裂隙扩展引起的材料损伤起软化作用 (损伤增加引起弹性区缩小)，就岩石强化和软化过程来说，塑性流动和损伤演化是一个相互竞争、耦合的过程.

另外，使用累积塑性乘子将损伤准则 (12.29) 改写成

$$g = \frac{1}{2}\left(\frac{\Lambda^p}{d}\right)^2 \chi - R(d) = 0 \qquad (13.7)$$

从中得到如下关键公式:

$$\frac{\Lambda^p}{d} = \sqrt{\frac{2R(d)}{\chi}} \tag{13.8}$$

将其代入塑性屈服函数 (13.6), 得到

$$f = \|\boldsymbol{s}\| + \eta p - \sqrt{2R(d)\chi} = 0 \tag{13.9}$$

根据 $\|\boldsymbol{s}\| = \sqrt{\dfrac{2}{3}}(\sigma_3 - \sigma_1)$ 以及 $p = \dfrac{1}{3}(\sigma_1 + 2\sigma_3)$, 将轴向应力 σ_1 用环向应力 σ_3 和损伤变量 d 表示如下:

$$\sigma_1 = \frac{\sqrt{6} + 2\eta}{\sqrt{6} - \eta}\sigma_3 - \frac{3\sqrt{2R(d)\chi}}{\sqrt{6} - \eta} \tag{13.10}$$

13.1.2　损伤抗力函数

局部应力 $\boldsymbol{\sigma}^p$ 中的背应力项同时包含损伤变量和塑性应变, 塑性屈服准则 (13.9) 表明强化/软化过程最终归结为由损伤抗力函数 $R(d)$ 控制. 为了描述岩石应力峰前强化和峰后软化行为, $R(d)$ 应是一个以损伤为变量的先增后减的连续函数. 目前, 基于细观力学方法严格推导损伤抗力函数的解析表达式仍是连续损伤力学研究的一大挑战. 这里, 根据 $R(d)$ 的基本特征, 给出如下函数形式选择.

(1) 选择一:

$$R_1(d) = r_c \frac{4\xi}{(1 + \xi)^2} \tag{13.11}$$

式中, $\xi = d/d_c$ 且 d_c 为对应于峰值应力的临界损伤值; r_c 为定义在 $d = d_c$ 处的最大损伤抗力, 其与临界塑性屈服面有关.

(2) 选择二:

$$R_2(d) = r_c \frac{n\xi}{(n - 1) + \xi^n} \tag{13.12}$$

式中, $n > 1$.

(3) 选择三:

$$R_3(d) = r_c \xi e^{1-\xi} \tag{13.13}$$

几种函数形式的比较如图 13.1 所示.

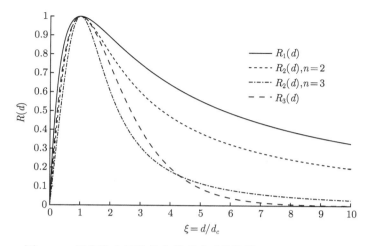

图 13.1　损伤抗力函数的几种形式及其比较 $(r_0 = 0,\ r_c = 1)$

13.1.3　应力应变关系解析表达式及计算流程

由宏观应力应变关系 (12.28) 得到

$$\varepsilon = \mathbb{C}^0 : \boldsymbol{\sigma} + \varLambda^p \boldsymbol{D} \tag{13.14}$$

另外，根据式 (13.8)，用损伤变量表示累积塑性乘子：

$$\varLambda^p = d\sqrt{\dfrac{2R(d)}{\chi}} \tag{13.15}$$

结合式 (13.2) 和式 (12.34)，确定塑性应变主值的流动方向如下：

$$D_{11} = -\dfrac{2}{\sqrt{6}} + \dfrac{\eta}{3}, \quad D_{22} = \dfrac{1}{\sqrt{6}} + \dfrac{\eta}{3}, \quad D_{33} = \dfrac{1}{\sqrt{6}} + \dfrac{\eta}{3} \tag{13.16}$$

在常规三轴压缩试验中，已知环向应力 $\sigma_2 = \sigma_3 = p_0$，根据式 (13.14) 得到应变分量的解析表达式

$$\begin{cases} \varepsilon_1 = \dfrac{1}{E_0}\sigma_1 - \dfrac{2\nu_0}{E_0}\sigma_3 - \left(\dfrac{2}{\sqrt{6}} - \dfrac{\eta}{3}\right)d\sqrt{\dfrac{2R(d)}{\chi}} \\[2mm] \varepsilon_2 = \dfrac{1-\nu_0}{E_0}\sigma_3 - \dfrac{\nu_0}{E_0}\sigma_1 + \left(\dfrac{1}{\sqrt{6}} + \dfrac{\eta}{3}\right)d\sqrt{\dfrac{2R(d)}{\chi}} \\[2mm] \varepsilon_3 = \dfrac{1-\nu_0}{E_0}\sigma_3 - \dfrac{\nu_0}{E_0}\sigma_1 + \left(\dfrac{1}{\sqrt{6}} + \dfrac{\eta}{3}\right)d\sqrt{\dfrac{2R(d)}{\chi}} \end{cases} \tag{13.17}$$

在弹性阶段 $(f < 0)$, $d = 0$, 上述应力应变关系退化为广义胡克定律.

在持续加载过程中, 材料损伤是一个不可逆的能量耗散过程, 即损伤值是单调增加的, 因此, 对于应力应变关系的非线性部分 $(d > 0)$, 设计如下基于损伤控制的应力和应变计算流程:

(1) 给定损伤值 d, 计算 $R(d)$ 以及累积塑性乘子 $\Lambda^p = d\sqrt{2R(d)/\chi}$;

(2) 根据式 (13.10), 对给定的围压值 σ_3 和损伤值 d, 计算轴向应力 σ_1, 据此确定与损伤值对应的应力状态;

(3) 根据应力应变关系 (13.17) 计算宏观应变分量.

13.1.4 算例

考虑单轴压缩以及围压为 10MPa 和 20MPa 的常规三轴压缩试验. 这里介绍的各向同性塑性损伤耦合模型包含五个参数, 分别为基质相的杨氏模量 E_0、泊松比 ν_0、广义摩擦系数 η、临界损伤抗力 r_c 以及临界损伤值 d_c, 取值如表 13.1 所示. 图 13.2 是根据解析解预测的不同围压下的应力应变曲线.

表 13.1   数值模拟采用的参数值

E_0/GPa	ν_0	η	r_c/(J·m^{-2})	d_c
50	0.2	1.5	0.01	2

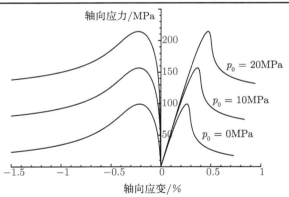

图 13.2   常规三轴压缩路径下的应力应变曲线

13.2   常规三轴环向卸荷试验

在常规三轴环向卸荷试验中, 首先施加围压至预定值 p_0, 即达到应力状态 $\sigma_1 =$

$\sigma_2 = \sigma_3 = p_0$；然后，保持 σ_2 和 σ_3 的值不变，在轴向施加偏应力 $\Delta\sigma_1 = \sigma_1 - \sigma_3$ 至预定值；最后，保持轴向应力 σ_1 不变，将环向应力 σ_2 和 σ_3 同步卸荷直至材料破坏. 为了实现上述试验，轴向应力应比岩石的单轴抗压强度略大，但同时要避免卸荷试验前出现裂隙扩展，为此第一阶段施加的围压不应太小，也就是说卸荷开始前岩石应处于弹性阶段. 对于常规三轴环向卸荷试验，塑性屈服函数 (13.9) 依然成立，当塑性准则满足时，环向应力 σ_3 可以表示成轴向应力 σ_1 与损伤变量 d 的函数：

$$\sigma_3 = \frac{\sqrt{6} - \eta}{\sqrt{6} + 2\eta}\sigma_1 + \frac{3\sqrt{2R(d)\chi}}{\sqrt{6} + 2\eta} \tag{13.18}$$

由此可知，损伤发展的环向应力临界点发生在 $\sigma_3 = \dfrac{\sqrt{6} - \eta}{\sqrt{6} + 2\eta}\sigma_1$. 在常规三轴环向卸荷试验中，应力应变关系的解析表达式 (13.17) 依然适用，应力状态和应变状态的计算流程如下：

(1) 给定损伤值 d，计算损伤抗力 $R(d)$ 和累积塑性乘子 $\Lambda^p = d\sqrt{\dfrac{2R(d)}{\chi}}$；

(2) 根据预设的轴向应力 σ_1 (环向卸荷过程中轴向应力保持不变) 和损伤值 d，利用式 (13.18) 计算环向应力 $\sigma_2 = \sigma_3$；

(3) 根据式 (13.17) 计算应变分量.

图 13.3 给出了初始围压为 $p_0 = 60\text{MPa}$，轴向应力为 110MPa、150MPa 和 200MPa 三种情况下的环向卸荷应力应变曲线，模型参数取值见表 13.1.

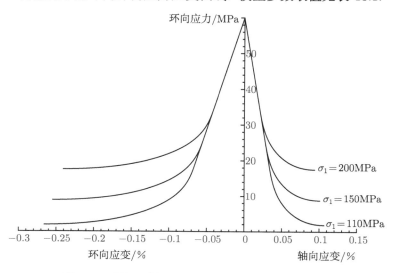

图 13.3　常规三轴环向卸荷路径下的应力应变曲线

13.3 常规三轴等比例压缩试验

在此加载路径下，轴向应力与环向应力按照比例 $\kappa = \sigma_1/\sigma_3$ 同步增加，因此加载过程中的主应力状态为 $(\kappa\sigma_3, \sigma_3, \sigma_3)$，相应的应力偏张量为

$$s = \frac{(\kappa - 1)\sigma_3}{3} \begin{bmatrix} 2 & 0 & 0 \\ 0 & -1 & 0 \\ 0 & 0 & -1 \end{bmatrix} \qquad (13.19)$$

且有应力不变量：

$$\|s\| = -\sqrt{\frac{2}{3}}(\kappa - 1)\sigma_3, \quad p = \frac{1}{3}(\kappa + 2)\sigma_3 \qquad (13.20)$$

此时，塑性应变偏张量的流动方向依然是 $s/\|s\| = \dfrac{-1}{\sqrt{6}}[2, -1, -1]$.

将 $\|s\|$ 和 p 代入加载函数 (13.9)，得到环向应力 σ_3 与损伤 d 的关系式

$$\sigma_3 = \frac{3\sqrt{2R(d)\chi}}{(\sqrt{6} + 2\eta) - (\sqrt{6} - \eta)\kappa} \qquad (13.21)$$

因为 $\sigma_3 < 0$，所以比例系数 κ 满足如下条件材料才可能进入屈服阶段：

$$\kappa > \frac{\sqrt{6} + 2\eta}{\sqrt{6} - \eta} \qquad (13.22)$$

最后，根据式 (13.14) 得到宏观应变分量的计算公式：

$$\begin{cases} \varepsilon_1 = \dfrac{\kappa - 2\nu_0}{E_0}\sigma_3 + \left(\dfrac{\eta}{3} - \dfrac{2}{\sqrt{6}}\right)d\sqrt{\dfrac{2R(d)}{\chi}} \\[2mm] \varepsilon_2 = \dfrac{1 - (1 + \kappa)\nu_0}{E_0}\sigma_3 + \left(\dfrac{\eta}{3} + \dfrac{1}{\sqrt{6}}\right)d\sqrt{\dfrac{2R(d)}{\chi}} \\[2mm] \varepsilon_3 = \dfrac{1 - (1 + \kappa)\nu_0}{E_0}\sigma_3 + \left(\dfrac{\eta}{3} + \dfrac{1}{\sqrt{6}}\right)d\sqrt{\dfrac{2R(d)}{\chi}} \end{cases} \qquad (13.23)$$

图 13.4 给出了 $\kappa = 10, 15, 20$ 三种情况下常规三轴等比例压缩条件下的应力应变曲线预测值，其中模型参数取值见表 13.1. 单轴压缩试验的应力应变曲线对应于比例系数 κ 趋向于无穷的情况. 可以发现，当比例系数足够小时，应力应变曲线的峰后阶段出现回弹现象.

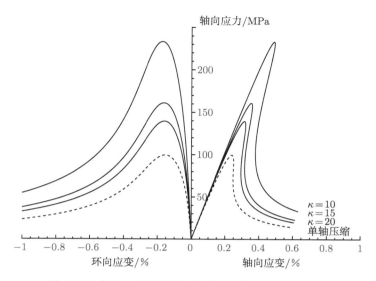

图 13.4　常规三轴等比例压缩路径下的应力应变曲线

13.4　等平均应力常规三轴压缩试验

等平均应力常规三轴压缩试验可以得到 π 平面上的破坏面特征, 对岩石破坏准则研究具有重要意义. 在此类试验中, 首先施加围压至预定值 p_0, 即达到应力状态 $\sigma_1 = \sigma_2 = \sigma_3 = p_0$, 然后保持平均应力 $(\sigma_1 + \sigma_2 + \sigma_3)/3 = p_0$ 不变, 按照 $\Delta\sigma_1 = -2\Delta\sigma_2 = -2\Delta\sigma_3$ 的增量关系, 降低环向应力的同时增加轴向应力, 直至岩石破坏. 此阶段的应力状态为

$$\boldsymbol{\sigma} = \begin{bmatrix} p_0 - 2\Delta\sigma_3 & 0 & 0 \\ 0 & p_0 + \Delta\sigma_3 & 0 \\ 0 & 0 & p_0 + \Delta\sigma_3 \end{bmatrix} \tag{13.24}$$

式中, $\Delta\sigma_3$ 为正值. 相应的应力偏张量为

$$\boldsymbol{s} = \Delta\sigma_3 \begin{bmatrix} -2 & 0 & 0 \\ 0 & 1 & 0 \\ 0 & 0 & 1 \end{bmatrix} \tag{13.25}$$

同时得到应力不变量为

$$\|\boldsymbol{s}\| = \sqrt{6}\Delta\sigma_3, \quad p = p_0 \tag{13.26}$$

塑性应变偏张量的流动方向依然为 $s/\|s\| = \dfrac{-1}{\sqrt{6}}\,[2,-1,-1]$.

根据加载函数的一般表达式 (13.9) 得到

$$\Delta\sigma_3 = \frac{1}{\sqrt{6}}\left(\sqrt{2R\left(d\right)\chi} - \eta p_0\right) \tag{13.27}$$

基于损伤控制的应力和应变分量计算流程如下:

(1) 给定损伤值 d, 计算损伤抗力 $R\left(d\right)$ 和累积塑性乘子 $\Lambda^p = d\sqrt{\dfrac{2R\left(d\right)}{\chi}}$;

(2) 根据给定的平均应力 p_0 和损伤值 d, 计算 $\Delta\sigma_3$, 进而确定应力张量 σ;

(3) 根据式 (13.17) 计算应变分量.

图 13.5 给出了平均应力 p_0 保持不变条件下的常规三轴压缩试验得到的应力应变曲线, 其中模型参数取值见表 13.1.

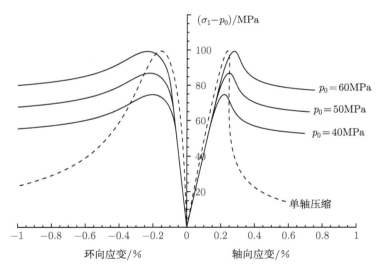

图 13.5 等平均应力常规三轴压缩路径下的应力应变曲线

13.5 I 类和 II 类应力应变曲线

基于常规三轴压缩加载路径下的应力应变关系解析表达式, 结合具体的损伤抗力函数, 本节讨论 I 类和 II 类应力应变曲线出现的条件.

13.5.1　试验观测结果

Wawersik 和 Fairhurst[156] 将室内试验得到的岩石全程应力应变曲线分为 I 类和 II 类, I 类曲线的应变是单调增加的, 试验过程可以采用应变控制加载方式; II 类曲线在应力峰后出现应变回弹现象 (图 13.6), 因此常用的轴向应变和轴向应力控制方式均无法得到完整的应力应变曲线. 为此, 学者提出了一些非常规加载控制方式, 如侧向位移控制、声发射率控制、非弹性体积应变控制等. 归纳起来, 这些试验手段都是利用了控制变量单调增加的特点, 本章前面部分提出根据损伤变量获得全程应力应变曲线的方法, 也是利用加载过程中损伤演化不可恢复即单调增加的特点.

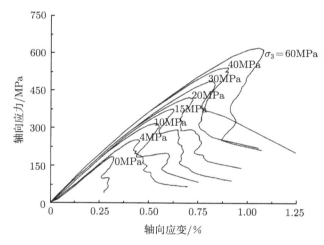

图 13.6　Lac du Bonnet 花岗岩在不同围压下的 II 类应力应变曲线

图片来源: Martin[157]

13.5.2　I 类曲线和 II 类曲线出现的临界条件

以常规三轴压缩试验为例进行讨论, 理论分析得到的轴向应力应变关系为

$$\varepsilon_1 = \frac{1}{E_0}\sigma_1 - \frac{2\nu_0}{E_0}\sigma_3 - \left(\frac{2}{\sqrt{6}} - \frac{\eta}{3}\right)d\sqrt{\frac{2R(d)}{\chi}} \tag{13.28}$$

将轴向应力表达式 (13.10) 代入式 (13.28), 整理后得到

$$\varepsilon_1 = \frac{1}{E_0}\left(\frac{\sqrt{6}+2\eta}{\sqrt{6}-\eta} - 2\nu_0\right)\sigma_3 - \frac{3\sqrt{2\mathcal{R}(d)\chi}}{E_0\left(\sqrt{6}-\eta\right)} - \frac{\sqrt{6}-\eta}{3}d\sqrt{\frac{2R(d)}{\chi}} \tag{13.29}$$

在加载过程中, 损伤是单调递增的, I 类曲线中的应变也是单调增加的, 而 II 类曲线中的应变会出现回弹现象. 轴向应变对损伤变量求导得到

$$
\frac{\partial \varepsilon_1}{\partial d} = \left(-\frac{1}{E_0} \frac{3\sqrt{2\chi}}{\sqrt{6}-\eta} - \frac{\sqrt{6}-\eta}{3} d \sqrt{\frac{2}{\chi}} \right) \frac{R'(d)}{2\sqrt{\mathcal{R}(d)}} - \frac{\sqrt{6}-\eta}{3} \sqrt{\frac{2R(d)}{\chi}} \tag{13.30}
$$

考虑损伤抗力函数:

$$
R(d) = r_c \frac{4\xi}{(1+\xi)^2} \tag{13.31}
$$

求导可得

$$
R'(d) = 4 \frac{r_c}{d_c} \frac{1-\xi}{(1+\xi)^3} \tag{13.32}
$$

将式 (13.32) 代入式 (13.30), 并令 $\dfrac{\partial \varepsilon_1}{\partial d} = 0$, 经简化整理得到

$$
\frac{\sqrt{6}-\eta}{6}\xi^2 + \left(\frac{\sqrt{6}-\eta}{2} - \frac{3\chi}{2\left(\sqrt{6}-\eta\right)E_0 d_c} \right) \xi + \frac{3\chi}{2\left(\sqrt{6}-\eta\right)E_0 d_c} = 0 \tag{13.33}
$$

式 (13.33) 是关于变量 ξ 的一元二次方程, 其判别式为

$$
\Delta_\xi = \left(\frac{3\chi}{2\left(\sqrt{6}-\eta\right)E_0 d_c} - \frac{\sqrt{6}-\eta}{2} \right)^2 - \frac{\chi}{E_0 d_c} \tag{13.34}
$$

简单分析可知, 总是存在足够小的临界损伤值 d_c, 满足方程存在实根的条件 $\Delta_\xi \geqslant 0$.

令 $x = 1/d_c$, 则可以证明一元二次方程

$$
\Delta_\xi = \left(\frac{3\chi}{2\left(\sqrt{6}-\eta\right)E_0} x - \frac{\sqrt{6}-\eta}{2} \right)^2 - \frac{\chi}{E_0} x = 0 \tag{13.35}
$$

存在两个实根

$$
x_1 = \frac{E_0}{9\chi}\left(\sqrt{6}-\alpha\right)^2, \quad x_2 = \frac{E_0}{\chi}\left(\sqrt{6}-\alpha\right)^2 \tag{13.36}
$$

经过分析, 当 $x \geqslant x_2$, 即 $d_c \leqslant \dfrac{1}{x_2} = \dfrac{\chi}{E_0\left(\sqrt{6}-\alpha\right)^2}$ 时, 式 (13.33) 有符合条件的正实根

$$
\xi = \frac{\left(\dfrac{3\chi}{2\left(\sqrt{6}-\eta\right)E_0 d_c} - \dfrac{\sqrt{6}-\eta}{2} \right) \pm \sqrt{\Delta_\xi}}{\dfrac{\sqrt{6}-\eta}{3}} \tag{13.37}
$$

进一步分析表明, 如果式 (13.33) 有实数根, 则两根均大于 1, 也就是说, 应力应变曲线在应力峰后软化阶段关于应变有两个驻点, 应力应变曲线为 II 类曲线.

13.6　破　坏　准　则

在弹塑性理论中，材料破坏函数是塑性屈服函数的临界情况，即屈服面构成的弹性区域最大. 在岩石力学中，岩石破坏一般通过破坏准则来研究. 本章建立基于多尺度强度变形耦合分析的岩石破坏准则.

13.6.1　张拉破坏情况

在拉应力作用下，裂隙处于张开状态，当局部拉应力超过临界值时，裂隙扩展引起材料损伤，此时仅存在裂隙扩展引起的能量耗散. 根据式 (12.12) 直接得到系统的吉布斯自由能 $\Psi^* = \dfrac{1}{2}\boldsymbol{\sigma} : \mathbb{S}^{\mathrm{hom}} : \boldsymbol{\sigma}$，从中推导出与损伤变量关联的热力学力 (即损伤驱动力)F_d

$$F_d = \frac{1}{2}\boldsymbol{\sigma} : \mathbb{S}^d : \boldsymbol{\sigma} = \frac{1}{2}\boldsymbol{\sigma} : \left(\frac{\beta_1}{2\mu_0}\mathbb{K} + \frac{\beta_2}{3k_0}\mathbb{J} \right) : \boldsymbol{\sigma} \tag{13.38}$$

则基于应力不变量 $p = \boldsymbol{\sigma} : \boldsymbol{\delta}/3$ 和 $q = \sqrt{3\boldsymbol{s} : \boldsymbol{s}/2}$ 的损伤准则为

$$g = \frac{1}{2}\left(\frac{\beta_1}{3\mu_0}q^2 + \frac{\beta_2}{k_0}p^2 \right) - R(d) \leqslant 0 \tag{13.39}$$

显然，损伤加载函数 (13.39) 在 (p, q) 平面上定义了一个椭圆形区域，该区域 (即弹性区) 的大小由损伤抗力函数 $R(d)$ 决定. 由于峰值强度包线对应的弹性区最大，因此岩石破坏发生时损伤抗力 $R(d)$ 取最大值. 假设在临界损伤 $d = d_c$ 时，损伤抗力取最大值 $r_c = R(d_c)$，则裂隙张开情况下的岩石破坏面函数为

$$\frac{1}{2}\left(\frac{\beta_1}{3\mu_0}q^2 + \frac{\beta_2}{k_0}p^2 \right) - r_c = 0 \tag{13.40}$$

13.6.2　压剪破坏情况

在岩石承受压剪应力作用时，根据塑性损伤耦合分析得到塑性加载函数：

$$f = \|\boldsymbol{s}\| + \eta p - \sqrt{2R(d)\chi} = 0 \tag{13.41}$$

或者基于 p 和 $q = \sqrt{\dfrac{3}{2}\boldsymbol{s} : \boldsymbol{s}}$ 得到

$$f = q + \sqrt{\frac{3}{2}}\eta p - \sqrt{3R(d)\chi} = 0 \tag{13.42}$$

同样，当 $R(d)$ 取最大值时，塑性加载函数 (13.42) 确定的弹性区最大，此时加载函数定义材料的破坏面. 根据 13.1.2 节的研究，当 $d = d_c$ 时，$R(d)$ 取最大值 r_c，当采用 "以压为正" 的符号约定时，由式 (13.42) 确定的破坏准则为

$$f = q - \sqrt{\frac{3}{2}}\eta p - \sqrt{3r_c\chi} = 0 \tag{13.43}$$

类似于 Drucker-Prager 准则，破坏准则 (13.43) 在 (p, q) 平面上是一条直线.

综合裂隙张开/闭合两种情况下的破坏函数，图 13.7 给出了 (p, q) 平面内的强度包线示意图，其中杨氏模量、泊松比和临界损伤抗力取值分别为 70GPa、0.2 和 0.01，考虑了摩擦系数 $\eta = 1.5$ 和 2.0 两种情况.

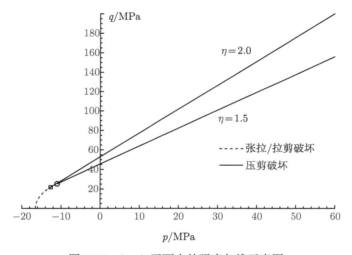

图 13.7　(p, q) 平面内的强度包线示意图

空心圆和空心方块分别表示 $\eta = 2.0$ 和 1.5 时的破坏模式转折点

13.6.3　强度准则的连续性与光滑性

联立损伤加载函数 (13.39) 和塑性加载函数 (13.41)，建立关于应力不变量 p 和 q 的方程组，其具有唯一解：

$$(p, q) = \left(-\frac{k_0\eta}{\beta_2}\sqrt{\frac{2R(d)}{\chi}}, \ \frac{2\mu_0}{\beta_1}\sqrt{\frac{3R(d)}{\chi}} \right) \tag{13.44}$$

这说明，描述张开裂隙发展的损伤加载函数以及描述闭合裂隙摩擦滑移的塑性加载函数在整个强化/软化过程中始终是连续的，破坏面函数作为临界状态，即损伤

抗力函数 $R(d)$ 取最大值，自然也是连续的，并且分段函数的交点为

$$(p_c, q_c) = \left(-\frac{k_0\eta}{\beta_2}\sqrt{\frac{2r_c}{\chi}}, \ \frac{2\mu_0}{\beta_1}\sqrt{\frac{3r_c}{\chi}} \right) \tag{13.45}$$

为了证明破坏准则的光滑性，仅需证明在 (p, q) 平面上张拉破坏曲线在交点 (p_c, q_c) 处的切线斜率等于压剪破坏曲线 (直线) 的斜率 $\sqrt{\frac{3}{2}}\eta$.

将破坏函数 (13.40) 进行全微分

$$\frac{\beta_1}{3\mu_0}q\mathrm{d}q + \frac{\beta_2}{k_0}p\mathrm{d}p = 0 \tag{13.46}$$

得到椭圆曲线上任一点处的切线斜率公式

$$\frac{\mathrm{d}q}{\mathrm{d}p} = -\frac{3\mu_0\beta_2}{k_0\beta_1}\frac{p}{q} \tag{13.47}$$

将交点坐标 (p_c, q_c) 代入式 (13.47)，得到 $\frac{\mathrm{d}q}{\mathrm{d}p} = \sqrt{\frac{3}{2}}\eta$，说明分段函数在交点处是相切的，强度包线在其定义域上是连续且光滑的.

13.6.4　压拉强度比

岩石单轴抗压强度 σ_c 和抗拉强度 σ_t 的比值是岩体工程设计中一个重要参数. 下面理论推导根据各向同性假设得到的强度准则对此给出的预测值.

(1) 在单轴压缩条件下，近似认为岩石裂隙整体上处于闭合状态. 假定轴向应力为 σ_1，则有 $p = \sigma_1/3$ 和 $q = \sigma_1$(以压为正)，代入式 (13.43) 得到

$$\sigma_c = \frac{3\sqrt{2r_c\chi}}{\sqrt{6} - \eta} \tag{13.48}$$

(2) 在单轴拉伸条件下，根据式 (13.40) 得到单轴抗拉强度

$$|\sigma_t| = \frac{3\sqrt{2r_c}}{\sqrt{\dfrac{\beta_2}{k_0} + \dfrac{3\beta_1}{\mu_0}}} \tag{13.49}$$

据此得到单轴抗压和单轴抗拉强度比的理论预测值

$$\frac{\sigma_c}{|\sigma_t|} = \frac{\sqrt{(\eta^2/\kappa_\nu + 2)(\kappa_\nu + 3)}}{\sqrt{6} - \eta}, \quad \kappa_\nu = \frac{\mu_0\beta_2}{k_0\beta_1} = \frac{15(2 - \nu_0)}{4(5 - \nu_0)} \tag{13.50}$$

图 13.8 给出了泊松比 $\nu_0 = 0.2$ 时压拉强度比随摩擦系数的变化曲线. 由于岩石泊松比的取值范围相对较小, 摩擦系数 η 是影响压拉强度比的决定因素. 从图中可以看出, 在各向同性假设下得到的岩石压拉强度比的理论预测值偏小.

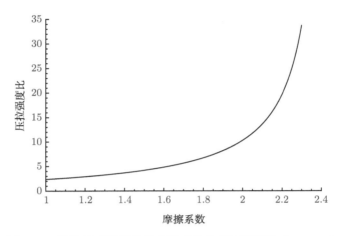

图 13.8   压拉强度比随摩擦系数变化的理论预测值 $(\nu_0 = 0.2)$

13.7   半理论半经验强度准则

强度的准确测量仍是岩石力学有待解决的难点问题之一. 难度主要体现在两个方面: 一方面是岩石本身的非均质性引起的测试结果的离散性. 岩石作为天然非均质材料, 内含各类非均质体, 甚至是不连续体, 给特征单元体尺寸的确定带来很高的要求, 而目前普遍采用的标准试样在尺寸上处于推荐范围的下界. 另一方面是测试技术的局限性, 端部效应引起的岩样内部一定范围内的应力重分布, 容易引起破坏模式和破坏强度的失真, 甚至可以说室内试验数据对岩石破坏理论的研究仅具有参考意义.

本节从特征单元体自由能的一般表达式 (12.26) 出发, 基于岩石强度包线的室内试验观察, 建立一个类似于 Hoek-Brown 准则的半理论半经验强度准则.

13.7.1   试验观察

图 13.9 给出了 Lac du Bonnet 花岗岩在常规三轴压缩条件下室内试验获得的破坏应力. 从图中可以看出, 在大主应力和小主应力平面上, 低围压区的岩石峰值

应力具有明显的非线性特征, 而高围压区的破坏应力可以用线性函数加以拟合.

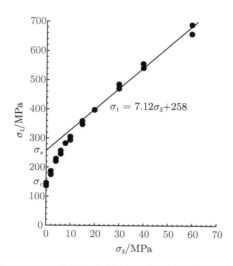

图 13.9　Lac du Bonnet 花岗岩在常规三轴压缩试验中的破坏应力情况[3]

13.7.2　非线性损伤抗力函数

根据塑性屈服函数 (13.9) 得到破坏面函数:

$$\sigma_1 = \frac{\sqrt{6}+2\eta}{\sqrt{6}-\eta}\sigma_3 + \frac{3\sqrt{2r_c\chi}}{\sqrt{6}-\eta} \tag{13.51}$$

为了反映低围压区岩石强度的非线性, 临界损伤抗力 r_c 采用如下经验公式:

$$r_c = r_{cf} - (r_{cf} - r_{c0})\,\mathrm{e}^{-b\sigma_3/\sigma_c} \tag{13.52}$$

在单轴压缩条件 $(\sigma_3 = 0)$ 下, 有关系式

$$\sigma_1 = \frac{3\sqrt{2r_{c0}\chi}}{\sqrt{6}-\eta} = \sigma_c \tag{13.53}$$

式中, σ_c 表示单轴抗压强度. 当围压 σ_3 足够大时, $r_c \approx r_{cf}$, 进而得到

$$\sigma_1 = \frac{3\sqrt{2r_{cf}\chi}}{\sqrt{6}-\eta} = \sigma_s \tag{13.54}$$

式中, σ_s 为高围压区线性拟合函数与大主应力轴的交点.

为了方便, 定义斜率

$$\alpha = \frac{\sqrt{6}+2\eta}{\sqrt{6}-\eta} \tag{13.55}$$

和比值

$$m = \frac{r_{cf}}{r_{c0}} = \left(\frac{\sigma_s}{\sigma_c}\right)^2 \tag{13.56}$$

参数 b 和单轴抗拉强度 σ_t 存在如下联系：

$$b = \frac{\sigma_c}{|\sigma_t|} \ln \frac{\sigma_s^2 - (\alpha\sigma_t)^2}{\sigma_s^2 - \sigma_c^2} \tag{13.57}$$

最后，建立如下半理论半经验非线性强度准则：

$$\sigma_1 = \alpha\sigma_3 + \sigma_c\sqrt{m + (1-m)\,\mathrm{e}^{-b\sigma_3/\sigma_c}} \tag{13.58}$$

13.7.3　模拟实例

图 13.10 给出了 Lac du Bonnet 花岗岩强度的模拟结果，其中 $\alpha = 7.12$，$\sigma_c = 157\mathrm{MPa}$ 以及 $m = 2.7$. 为了研究参数 b 的影响，考虑了 $b = 10, 15, 20$ 三种情况. 由于采用了控制点和控制线，强度准则 (13.58) 的参数标定比 Hoek-Brown 准则更方便.

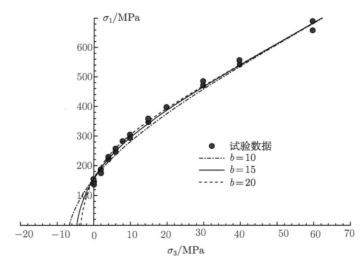

图 13.10　Lac du Bonnet 花岗岩强度的模拟结果

图 13.11 是 Westerly 花岗岩强度的模拟结果，该花岗岩的研究成果较为完整丰富，包括拉应力区和压应力区的室内试验强度数据. 数值模拟涉及的参数如下：$\sigma_c = 230\mathrm{MPa}$，$m = 2.73$，$b = 8$ 以及 $\xi = 6.37$.

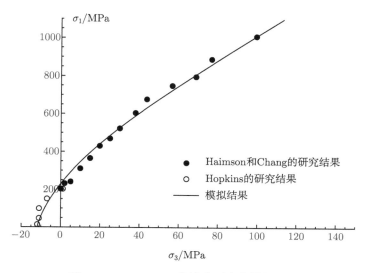

图 13.11　Westerly 花岗岩强度的模拟结果

13.8　数值模拟实例: 北山花岗岩

以我国甘肃北山花岗岩为例, 本节将多尺度各向同性塑性损伤模型用于典型准脆性岩石常规三轴压缩试验的模拟, 将重点介绍参数标定方法和数值模拟步骤. 常规三轴压缩试验是岩石室内试验使用最为广泛的试验类型, 一般采用标准圆柱形试样. 在试验过程中, 环向应力 σ_2 和 σ_3 始终相等, 首先通过压力室中的液压油施加围压 p_0, 然后在轴向施加偏应力 $\Delta\sigma_1$, 如图 13.12 所示. 为了获得应力峰后即

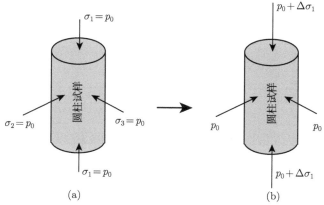

图 13.12　常规三轴压缩试验的两步加载过程

第一步施加围压 p_0(图 (a)), 第二步在轴向施加偏应力 $\Delta\sigma_1$(图 (b))

应变软化阶段的应力应变曲线, 常在峰值前将加载控制方式切换成环向应变控制. 一组不同围压下的常规三轴压缩试验常用于参数标定 (如摩擦系数和黏聚力等) 和模型验证.

根据试验数据确定北山 BS28 钻孔所获岩芯加工的花岗岩标准岩样的杨氏模量与泊松比的平均值分别为 $E_0 = 45000\text{MPa}$ 和 $\nu_0 = 0.15$. 从不同围压下的常规三轴压缩试验应力应变曲线中提取峰值强度以及峰后残余强度对应的应力状态, 在 (p, q) 平面上标出峰值强度和残余强度的坐标点, 如图 13.13 所示. 对不同围压下的峰值应力点进行线性拟合, 得到拟合方程 $q = 2.105p + 40.667$, 与

$$f = q - \sqrt{\frac{3}{2}}\eta_c p - \sqrt{3r_c\chi} = 0 \tag{13.59}$$

相比较, 建立关系式:

$$\sqrt{\frac{3}{2}}\eta_c = 2.105, \quad \sqrt{3r_c\chi} = 40.667$$

从中得到 $\eta_c = 1.72$ 和 $r_c = 0.012$.

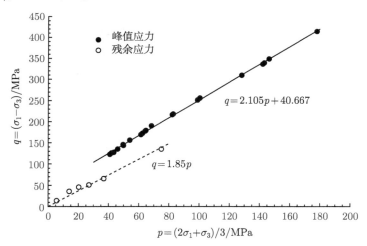

图 13.13　北山花岗岩峰值强度包线和残余应力包线

残余应力的拟合直线为 $q = 1.85p$, 从而确定应力残余阶段的摩擦系数 $\eta_r = 1.37$. 采用如下经验公式来反映摩擦系数的衰减:

$$\eta = \eta_c - (\eta_c - \eta_r)\tanh(b\langle\xi - 1\rangle) \tag{13.60}$$

控制摩擦系数演化速度的参数 b 可以根据体积变形的转折点来确定, 为了简化, 可以根据拟合数据来确定, 这里取值 $b = 0.05$.

　　峰值应力处的临界损伤值 d_c 与不可恢复变形之间存在线性关系, 根据单轴压缩试验数据, 取 $d_c = 8.0$.

　　不同围压下常规三轴压缩试验应力应变曲线的数值模拟结果如图 13.14 所示.

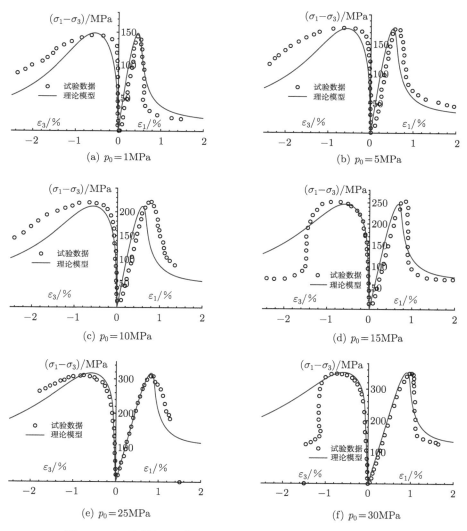

图 13.14　不同围压下北山花岗岩常规三轴压缩试验的常值模拟

13.9　本 章 小 结

本章基于塑性损伤耦合分析，推导出了四种常见加载路径下的各向同性塑性损伤本构模型应力应变关系的解析解，明确了强化和软化全过程的控制因素是损伤抗力函数，损伤抗力函数应是先增后减的连续函数，并给出了三种具体函数形式.

塑性损伤强耦合本构方程的解析解尽管只针对少数特殊加载路径，对于一般应力状态和加载路径仍需借助数值手段来求解，但是特殊加载路径下建立的应力应变关系解析解可以为数值算法研究提供参照，解决数值算法研究的"参照系"问题. 这里给出的应力应变关系解析解可以直接用于岩石力学试验的模拟.

本章基于变形强度耦合分析得到了裂隙张开和闭合两种情况下的强度准则解析表达式，从理论上验证了破坏函数的连续性和光滑性. 根据试验观察，提出了一个半理论半经验的非线性强度准则.

第14章

各向同性水力耦合
分析

在第 10 章研究的基础上，本章介绍各向同性塑性流动和损伤演化条件下的裂隙岩石水力耦合本构方程. 一方面，岩石内部存在大量的微缺陷，形成初始孔隙率；另一方面，本构模型研究主要关注岩石在外荷载作用下的裂隙扩展，常常忽略初始微孔洞的变化. 这里采用两步均匀化方法来建立水力耦合本构关系：首先，以初始微缺陷和固体基质构成的特征单元体 (图 14.1) 为对象，得到的有效弹性张量 $\mathbb{C}^0$ 作为两步均匀化的基质相；其次，研究基质和裂隙系统在应力和孔隙水压力共同作用下的非线性力学行为；最后，将根据裂隙张开/闭合临界状态的连续性条件建立特征单元体的自由能，推导出与内变量相关联的状态变量，并讨论不排水条件下应力–孔压耦合问题的解析解.

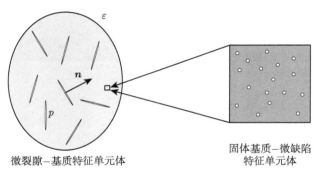

微裂隙–基质特征单元体   固体基质–微缺陷
                              特征单元体

图 14.1   孔隙介质两步均匀化路径

以固体相和原生微缺陷构成的特征单元体为裂隙–基质系统的基质相

14.1   初 始 状 态

假设初始状态时无外荷载作用，特征单元体中的固体相具有各向同性线弹性力学特性，弹性张量为 $\mathbb{C}^s$. 假设初始孔隙率为 ϕ_0，则固体相的体积比率为 $\phi_s = 1 - \phi_0$，同时假设初始孔隙水压力 $p_{w0} = 0$. 简化起见，假设初始微缺陷均为球形孔洞，根据 MT 方法得到多孔介质的有效弹性张量：

$$\mathbb{C}^0 = \phi_s \mathbb{C}^s : \left[\phi_s \mathbb{I} + \phi_0 \left(\mathbb{I} - \mathbb{S}_e \right)^{-1} \right]^{-1} \tag{14.1}$$

相应的有效柔度张量为

$$\mathbb{S}^0 = \mathbb{S}^s + \frac{\phi_0}{\phi_s} \left(\mathbb{I} - \mathbb{S}_e \right)^{-1} : \mathbb{S}^s \tag{14.2}$$

此等效固体介质将作为两步均匀化中裂隙–基质系统中的各向同性基质相.

已知球形夹杂体的 Eshelby 张量 $\mathbb{S}_e$ 具有解析表达式:

$$\mathbb{S}_e = \alpha_k\mathbb{J} + \alpha_\mu\mathbb{K}, \quad \alpha_k = \frac{3k_s}{3k_s + 4\mu_s}, \quad \alpha_\mu = \frac{6\left(k_s + 2\mu_s\right)}{5\left(3k_s + 4\mu_s\right)} \tag{14.3}$$

从而建立如下关系:

$$\frac{k_0}{k_s} = 1 - \frac{\phi_0}{1 - (1-\phi_0)\alpha_k} \tag{14.4}$$

$$\frac{\mu_0}{\mu_s} = 1 - \frac{\phi_0}{1 - (1-\phi_0)\alpha_\mu} \tag{14.5}$$

14.2 张开裂隙情况

假设裂隙–基质特征单元体外边界上存在宏观均匀应变为 ε,裂隙内的水压力为 p_w. 简化起见,假设岩石处于水饱和状态且孔隙水压力为均匀分布. 当裂隙处于张开状态时,根据 10.1 节的结果,特征单元体的宏观应力应变关系为

$$\boldsymbol{\sigma} = \mathbb{C}^{\text{hom}} : \boldsymbol{\varepsilon} - p_w\boldsymbol{b} \tag{14.6}$$

式中,$\boldsymbol{b}$ 为二阶 Biot 系数张量.

在各向同性假设下,受损材料的有效弹性张量 $\mathbb{C}^{\text{hom}}$ 具有表达式:

$$\mathbb{C}^{\text{hom}} = 2\mu\left(d\right)\mathbb{K} + 3k\left(d\right)\mathbb{J} \tag{14.7}$$

根据 MT 方法,裂隙材料在受损状态和初始状态时的弹性常数存在如下关系:

$$\frac{k_0}{k\left(d\right)} = 1 + \frac{16\left(1-\nu_0^2\right)}{9\left(1-2\nu_0\right)}d, \quad \frac{\mu_0}{\mu\left(d\right)} = 1 + \frac{32\left(1-\nu_0\right)\left(5-\nu_0\right)}{45\left(2-\nu_0\right)}d \tag{14.8}$$

根据第 10 章的研究成果,Biot 系数张量与有效弹性张量存在如下关系:

$$\boldsymbol{b} = \boldsymbol{\delta} - \mathbb{C}^{\text{hom}} : \mathbb{S}^s : \boldsymbol{\delta} \tag{14.9}$$

式中,$\mathbb{S}^s$ 表示固体相的柔度张量. 式 (14.9) 也可以表示为

$$\boldsymbol{b} = b\boldsymbol{\delta} \tag{14.10}$$

式中

$$b = 1 - \frac{k(d)}{k_s} \tag{14.11}$$

在宏观应变与孔隙水压力共同作用下，系统的应变自由能为

$$\Psi = \frac{1}{2}\boldsymbol{\varepsilon} : \mathbb{C}^{\text{hom}} : \boldsymbol{\varepsilon} + \frac{1}{2}Np_w^2 \tag{14.12}$$

式中，N 为 Biot 模量，可用 Biot 系数张量表示为

$$N = (\boldsymbol{b} - \phi\boldsymbol{\delta}) : \mathbb{S}^s : \boldsymbol{\delta} \tag{14.13}$$

在初始状态时，$\mathbb{C}^{\text{hom}} = \mathbb{C}^0$ 且 $\phi = \phi_0$. 此时，初始 Biot 系数张量和初始 Biot 模量分别为

$$\boldsymbol{b}_0 = b_0\boldsymbol{\delta}, \quad N_0 = \frac{b_0 - \phi_0}{k_s} \tag{14.14}$$

式中，$b_0 = 1 - \dfrac{k_0}{k_s}$ 表示初始 Biot 系数.

特征单元体的孔隙率变化与孔隙水压力和宏观应变存在如下联系：

$$(\phi - \phi_0) = Np_w + \boldsymbol{b} : \boldsymbol{\varepsilon} \tag{14.15}$$

考虑热力学上的协调性，引入热力学势 $\psi = \Psi - p_w(\phi - \phi_0)$，从而得到

$$\psi = \frac{1}{2}\boldsymbol{\varepsilon} : \mathbb{C}^{\text{hom}} : \boldsymbol{\varepsilon} - \frac{1}{2}Np_w^2 - p_w\boldsymbol{b} : \boldsymbol{\varepsilon} \tag{14.16}$$

根据式 (14.16) 可以推导出与内变量关联的热力学力. 由 $\boldsymbol{\sigma} = \partial\psi/\partial\boldsymbol{\varepsilon}$ 得到系统宏观应力应变关系 (14.6)，根据 $\phi - \phi_0 = \partial\psi/\partial p_w$ 得到关系式 (14.15). 同样可以得到与损伤内变量 d 关联的热力学力，即损伤驱动力：

$$F_d = -\frac{\partial\psi}{\partial d} = \frac{1}{2}(\boldsymbol{\sigma} + p_w\boldsymbol{\delta}) : \frac{\partial\mathbb{S}^{\text{hom}}}{\partial d} : (\boldsymbol{\sigma} + p_w\boldsymbol{\delta}) \tag{14.17}$$

14.3　闭合裂隙情况

14.3.1　自由能和状态变量

当裂隙闭合时，可将孔隙水压力作为作用在闭合裂隙局部应力 $\boldsymbol{\sigma}^p$ 的一部分，根据第 10 章的研究结果，特征单元体的应变自由能具有如下形式：

$$\Psi = \frac{1}{2}(\boldsymbol{\varepsilon} - \boldsymbol{\varepsilon}^p) : \mathbb{C}^0 : (\boldsymbol{\varepsilon} - \boldsymbol{\varepsilon}^p) + \frac{1}{2}\boldsymbol{\varepsilon}^p : \mathbb{C}^p : \boldsymbol{\varepsilon}^p + \frac{1}{2}N_0p_w^2 \tag{14.18}$$

式中，$\mathbb{C}^p = \mathbb{C}^0 : (d\mathbb{A})^{-1} = \frac{1}{d}\mathbb{C}^d$, $\mathbb{C}^d = (\mathbb{S}^d)^{-1} = \mathbb{C}^0 : \mathbb{A}^{-1}$.

与张开裂隙情况一样，定义系统热力学势 $\psi = \Psi - p_w(\phi - \phi_0)$. 孔隙率的变化 $(\phi - \phi_0)$ 包含可恢复部分 ϕ_e 和不可恢复部分 ϕ_p. 根据张开裂隙情况下的研究结果，ϕ_e 与孔隙水压力和弹性应变有关，而 ϕ_p 与塑性应变张量有关，且有 $\phi_p = \mathrm{tr}\boldsymbol{\varepsilon}^p$. 因此，系统势能 ψ 可以写成如下一般形式：

$$\psi = \frac{1}{2}(\boldsymbol{\varepsilon} - \boldsymbol{\varepsilon}^p) : \mathbb{C}^0 : (\boldsymbol{\varepsilon} - \boldsymbol{\varepsilon}^p) + \frac{1}{2}\boldsymbol{\varepsilon}^p : \mathbb{C}^p : \boldsymbol{\varepsilon}^p - \frac{1}{2}\tilde{N}p_w^2 - p_w\tilde{\boldsymbol{b}} : (\boldsymbol{\varepsilon} - \boldsymbol{\varepsilon}^p) - p_w\mathrm{tr}\boldsymbol{\varepsilon}^p$$

(14.19)

根据不可逆热力学理论建立状态方程：

$$\begin{cases} \boldsymbol{\sigma} = \dfrac{\partial \psi}{\partial \boldsymbol{\varepsilon}} = \mathbb{C}^0 : (\boldsymbol{\varepsilon} - \boldsymbol{\varepsilon}^p) - p_w\tilde{\boldsymbol{b}} & (14.20) \\[3mm] \boldsymbol{\sigma}^p = -\dfrac{\partial \psi}{\partial \boldsymbol{\varepsilon}^p} = (\boldsymbol{\sigma} + p_w\boldsymbol{\delta}) - \mathbb{C}^p : \boldsymbol{\varepsilon}^p & (14.21) \\[3mm] \phi - \phi_0 = -\dfrac{\partial \psi}{\partial p} = \tilde{N}p_w + \tilde{\boldsymbol{b}} : (\boldsymbol{\varepsilon} - \boldsymbol{\varepsilon}^p) + \mathrm{tr}\boldsymbol{\varepsilon}^p & (14.22) \end{cases}$$

14.3.2　确定 Biot 系数张量

在裂隙张开/闭合过渡的临界状态，系统的势能、宏观应力、宏观应变、孔隙水压力以及孔隙率等变量保持连续. 从闭合裂隙向张开裂隙转化需要满足张开/闭合条件 $\boldsymbol{\sigma}^p = 0$，结合式 (14.21) 和式 (14.20) 得到

$$\boldsymbol{\varepsilon}^p = \left(\mathbb{C}^0 + \mathbb{C}^p\right)^{-1} : \left(\mathbb{C}^0 : \boldsymbol{\varepsilon} - p_w\tilde{\boldsymbol{b}} + p_w\boldsymbol{\delta}\right)$$

(14.23)

将式 (14.23) 代入式 (14.20)，得到

$$\begin{aligned} \boldsymbol{\sigma} = {} & \left[\mathbb{C}^0 - \mathbb{C}^0 : \left(\mathbb{C}^0 + \mathbb{C}^p\right)^{-1} : \mathbb{C}^0\right] : \boldsymbol{\varepsilon} \\ & - \left[\mathbb{C}^0 : \left(\mathbb{C}^0 + \mathbb{C}^p\right)^{-1} : \left(\boldsymbol{\delta} - \tilde{\boldsymbol{b}}\right) + \tilde{\boldsymbol{b}}\right]p_w \end{aligned}$$

(14.24)

根据应力连续条件，式 (14.24) 应该与式 (14.6) 具有相同的形式，提取孔隙水压力 p_w 项的系数建立如下等式：

$$\mathbb{C}^0 : \left(\mathbb{C}^0 + \mathbb{C}^p\right)^{-1} : \left(\boldsymbol{\delta} - \tilde{\boldsymbol{b}}\right) + \tilde{\boldsymbol{b}} = \boldsymbol{b}$$

(14.25)

考虑到 $\mathbb{C}^p = \mathbb{C}^0 : (d\mathbb{A})^{-1}$，由式 (14.25) 可得

$$\begin{aligned}
\tilde{\boldsymbol{b}} &= (\mathbb{I} + d\mathbb{A}) : \boldsymbol{b} - d\mathbb{A} : \boldsymbol{\delta} \\
&= (\mathbb{I} + d\mathbb{A}) : \left(\boldsymbol{\delta} - \mathbb{C}^{\mathrm{hom}} : \mathbb{S}^s : \boldsymbol{\delta} \right) - d\mathbb{A} : \boldsymbol{\delta} \\
&= (\mathbb{I} + d\mathbb{A}) : \left(\boldsymbol{\delta} - (\mathbb{I} + d\mathbb{A}) : \mathbb{C}^0 : \mathbb{S}^s : \boldsymbol{\delta} \right) - d\mathbb{A} : \boldsymbol{\delta} \\
&= \boldsymbol{\delta} - \mathbb{C}^0 : \mathbb{S}^s : \boldsymbol{\delta} \\
&= \boldsymbol{b}_0
\end{aligned} \tag{14.26}$$

同时可以证明，式 (14.24) 中等号右侧的第一项可以化简为 $\mathbb{C}^{\mathrm{hom}} : \boldsymbol{\varepsilon}$，从而验证宏观应力的连续性.

14.3.3　确定 Biot 模量

下面根据裂隙张开/闭合过程中的孔隙率连续条件确定 Biot 模量 $\tilde{N}$. 根据式 (14.22) 和式 (14.15) 建立等式

$$\tilde{N} p_w + \boldsymbol{b}_0 : (\boldsymbol{\varepsilon} - \boldsymbol{\varepsilon}^p) + \mathrm{tr}\,\boldsymbol{\varepsilon}^p = N p_w + \boldsymbol{b} : \boldsymbol{\varepsilon} \tag{14.27}$$

将式 (14.23) 代入式 (14.27)，提取 p_w 项的系数建立如下等式:

$$\tilde{N} + (\boldsymbol{\delta} - \boldsymbol{b}_0) : \left(\mathbb{C}^0 + \mathbb{C}^d \right)^{-1} : (\boldsymbol{\delta} - \boldsymbol{b}_0) = N \tag{14.28}$$

经整理可得

$$\begin{aligned}
\tilde{N} &= N - (\boldsymbol{\delta} - \boldsymbol{b}_0) : \left(\mathbb{C}^0 + \mathbb{C}^d \right)^{-1} : (\boldsymbol{\delta} - \boldsymbol{b}_0) \\
&= (\boldsymbol{b} - \phi\boldsymbol{\delta}) : \mathbb{S}^s : \boldsymbol{\delta} - (\boldsymbol{\delta} - \boldsymbol{b}_0) : \left(\mathbb{C}^0 + \mathbb{C}^d \right)^{-1} : (\boldsymbol{\delta} - \boldsymbol{b}_0) \\
&= (1 - \phi)\,\boldsymbol{\delta} : \mathbb{S}^s : \boldsymbol{\delta} - \boldsymbol{\delta} : \mathbb{S}^s : \mathbb{C}^0 : \mathbb{S}^s : \boldsymbol{\delta} \\
&= (\boldsymbol{b}_0 - \phi\boldsymbol{\delta}) : \mathbb{S}^s : \boldsymbol{\delta} \\
&= N_0
\end{aligned} \tag{14.29}$$

同时证明

$$\boldsymbol{b}_0 + (\boldsymbol{\delta} - \boldsymbol{b}_0) : \left(\mathbb{C}^0 + \mathbb{C}^d \right)^{-1} : \mathbb{C}^0 = \boldsymbol{b} \tag{14.30}$$

即式 (14.27) 中宏观应变 $\boldsymbol{\varepsilon}$ 项也是成立的.

14.3.4　结果与分析

综合上述结果，裂隙闭合情况下的系统热力学势具有如下表达式：

$$
\psi = \frac{1}{2}\left(\boldsymbol{\varepsilon}-\boldsymbol{\varepsilon}^p\right):\mathbb{C}^0:\left(\boldsymbol{\varepsilon}-\boldsymbol{\varepsilon}^p\right)+\frac{1}{2}\boldsymbol{\varepsilon}^p:\mathbb{C}^p:\boldsymbol{\varepsilon}^p
$$
$$
-\frac{1}{2}N_0p_w^2-p_w\boldsymbol{b}_0:\left(\boldsymbol{\varepsilon}-\boldsymbol{\varepsilon}^p\right)-p_w\mathrm{tr}\boldsymbol{\varepsilon}^p \tag{14.31}
$$

据此建立与变量关联的状态变量：

$$
\begin{cases}
\boldsymbol{\sigma}=\dfrac{\partial\psi}{\partial\boldsymbol{\varepsilon}}=\mathbb{C}^0:\left(\boldsymbol{\varepsilon}-\boldsymbol{\varepsilon}^p\right)-p_w\boldsymbol{b}_0 & (14.32)\\[2mm]
\boldsymbol{\sigma}^p=-\dfrac{\partial\psi}{\partial\boldsymbol{\varepsilon}^p}=\left(\boldsymbol{\sigma}+p_{\boldsymbol{w}}\boldsymbol{\delta}\right)-\mathbb{C}^p:\boldsymbol{\varepsilon}^p & (14.33)\\[2mm]
\phi-\phi_0=-\dfrac{\partial\psi}{\partial p}=N_0p_w+\boldsymbol{b}_0:\left(\boldsymbol{\varepsilon}-\boldsymbol{\varepsilon}^p\right)+\mathrm{tr}\boldsymbol{\varepsilon}^p & (14.34)\\[2mm]
F_d=-\dfrac{\partial\psi}{\partial d}=-\dfrac{1}{2d^2}\boldsymbol{\varepsilon}^p:\mathbb{C}^d:\boldsymbol{\varepsilon}^p & (14.35)
\end{cases}
$$

经比较可以发现，式 (14.35) 与裂隙干燥状态的表达式 (12.29) 基本一致，说明在局部压应力作用下 (闭合裂隙)，孔隙水压力对裂隙扩展过程的影响不是直接的. 同时，孔隙水压力包含在闭合裂隙的局部应力 $\boldsymbol{\sigma}^p$ 中，以及张开裂隙的损伤驱动力 (14.17) 中，并以 Terzaghi 有效应力 $(\boldsymbol{\sigma}+p_w\boldsymbol{\delta})$ 的方式影响裂隙扩展和摩擦滑移. 由于孔隙水压力的存在，在应力不变量 (p,q) 平面内的强度包线将沿着 p 轴整体发生平移，孔隙水压力的存在导致岩石强度降低.

14.3.5　孔隙水压力对塑性加载函数的影响

假设孔隙处于水饱和状态，考虑常规三轴压缩和常孔压下的排水试验，则塑性加载函数为

$$
f=q+\sqrt{\frac{3}{2}}\eta\left(p+p_w\right)-\sqrt{3R\left(d\right)\chi}=0 \tag{14.36}
$$

基于大主应力和小主应力的表达式为

$$
\sigma_1=\frac{\sqrt{6}+2\eta}{\sqrt{6}-\eta}\sigma_3-\frac{3\sqrt{2R\left(d\right)\chi}}{\sqrt{6}-\eta}+\frac{3\eta}{\sqrt{6}-\eta}p_w \tag{14.37}
$$

14.3.6　不排水条件下的水力耦合分析

孔隙水压力的变化可以表示如下[147]：

$$
\dot{p}_w=M\left[-\boldsymbol{b}_0:\left(\dot{\boldsymbol{\varepsilon}}-\dot{\boldsymbol{\varepsilon}}^p\right)+\frac{\dot{m}_f}{\rho_f}-\dot{\phi}_p\right] \tag{14.38}
$$

式中

$$\frac{1}{M} = N_0 + \frac{\phi_0}{k_f} \tag{14.39}$$

M 是与孔隙率有关的变量；$\boldsymbol{b}_0 = b_0 \boldsymbol{\delta}$ 为裂隙闭合情况下的 Biot 系数张量；$\dot{m}_f$ 为孔隙流体的质量变化率；ρ_f 为孔隙流体的密度；k_f 为孔隙流体的体积压缩模量，常温条件下水的取值为 $k_f = 2200\text{MPa}$；塑性孔隙变化率可以用塑性体积应变表示，即 $\dot{\phi}_p = \boldsymbol{\delta} : \dot{\boldsymbol{\varepsilon}}^p = \dot{\varepsilon}_v^p$.

在不排水条件下，岩石试样中的孔隙流体不与外界发生交换，孔隙流体的质量变化为零，即 $\dot{m}_f = 0$. 因此，式 (14.38) 简化为

$$\dot{p}_w = M \left[-\boldsymbol{b}_0 : (\dot{\boldsymbol{\varepsilon}} - \dot{\boldsymbol{\varepsilon}}^p) - \dot{\phi}_p \right] \tag{14.40}$$

另外，从宏观应力应变关系 (14.32) 导出关系式：

$$\dot{\boldsymbol{\varepsilon}} - \dot{\boldsymbol{\varepsilon}}^p = \mathbb{S}^0 : (\dot{\boldsymbol{\sigma}} + \dot{p}_w \boldsymbol{b}_0) \tag{14.41}$$

将式 (14.41) 代入式 (14.40)，经化简整理并令 $\varkappa = \dfrac{M}{k_0 + M b_0^2}$ 可得

$$\dot{p}_w = -\varkappa (b_0 \dot{p} + k_0 \dot{\varepsilon}_v^p) \tag{14.42}$$

式中，$p = \dfrac{1}{3} \boldsymbol{\delta} : \boldsymbol{\sigma}$ 为平均应力. 在不考虑初始应力且无初始塑性应变时，式 (14.42) 积分可得

$$p_w = p_{w0} - \varkappa (b_0 p + k_0 \varepsilon_v^p) \tag{14.43}$$

式中，p_{w0} 表示不排水试验开始时的孔隙水压力. 在常规三轴压缩排水试验中，体积塑性应变可以用累积塑性乘子来表示，因而得到

$$p_w = p_{w0} - (\varkappa b_0 p + k_0 \eta \Lambda^p) \tag{14.44}$$

将式 (14.44) 代入加载函数 (14.36)，整理可得

$$\sigma_1 = \frac{\sqrt{6} + 2\eta (1 - \varkappa b_0)}{\sqrt{6} - \eta (1 - \varkappa b_0)} \sigma_3 + \frac{3\eta p_{w0} - 3 \left(\eta^2 \varkappa k_0 d + \chi \right) \sqrt{2R(d)/\chi}}{\sqrt{6} - \eta (1 - \varkappa b_0)} \tag{14.45}$$

在常规三轴压缩条件下，基于损伤控制的应力应变状态的求解流程如下：

(1) 对于给定的损伤值，计算损伤抗力函数和累积塑性乘子；

(2) 给定围压值 σ_3 和损伤值 d，根据加载函数 (14.45) 计算轴向应力 σ_1，从而确定宏观应力；

(3) 根据应力和累积塑性乘子, 由式 (14.44) 计算孔隙水压力 p_w;

(4) 根据式 (14.32) 计算宏观应变:

$$\boldsymbol{\varepsilon} = \mathbb{S}^0 : (\boldsymbol{\sigma} + b_0 p_w \boldsymbol{\delta}) + \boldsymbol{\varepsilon}^p \tag{14.46}$$

其分量如下:

$$\begin{cases} \varepsilon_1 = \dfrac{1}{E_0}\sigma_1 - \dfrac{2\nu_0}{E_0}\sigma_3 + \dfrac{b_0}{3k_0}p_w + \left(\dfrac{\eta}{3} - \dfrac{2}{\sqrt{6}}\right)d\sqrt{\dfrac{2R\,(d)}{\chi}} \\[3mm] \varepsilon_2 = \dfrac{1-\nu_0}{E_0}\sigma_3 - \dfrac{\nu_0}{E_0}\sigma_1 + \dfrac{b_0}{3k_0}p_w + \left(\dfrac{\eta}{3} + \dfrac{1}{\sqrt{6}}\right)d\sqrt{\dfrac{2R\,(d)}{\chi}} \\[3mm] \varepsilon_3 = \dfrac{1-\nu_0}{E_0}\sigma_3 - \dfrac{\nu_0}{E_0}\sigma_1 + \dfrac{b_0}{3k_0}p_w + \left(\dfrac{\eta}{3} + \dfrac{1}{\sqrt{6}}\right)d\sqrt{\dfrac{2R\,(d)}{\chi}} \end{cases} \tag{14.47}$$

14.4　本 章 小 结

在各向同性假设下, 本章分析了孔隙水压力对岩石力学行为的影响, 讨论了裂隙张开和裂隙闭合两种情况. 运用两步均匀化方法确定了裂隙张开情况下的水力耦合基本公式, 并根据连续性确定了裂隙闭合情况下特征单元体的自由能和热力学势, 推导出了与热力学变量相关联的状态变量, 建立了考虑应力–孔压耦合作用的本构关系.

第15章

亚临界时效损伤
与变形行为

在外部荷载持续作用下,岩石材料内部会发生裂隙萌生、扩展、连接和贯通,引起材料细观结构的改变和物理力学性能的逐渐劣化. 对岩石等准脆性材料,这种物理力学性能的改变不会随着加载停止而骤然停止,事实上,由于应力侵蚀效应,裂隙扩展仍会持续,只是演化速度较慢. 可以用亚临界裂隙扩展理论来研究脆性岩石的时效损伤和变形行为.

15.1 亚临界裂隙扩展理论

经典断裂力学理论认为,只有裂隙尖端的应力强度因子 K 超过某一临界值 K_c 时裂隙才会发展. 然而,实验研究表明,在长期荷载作用下,即使应力强度因子显著低于 K_c,裂隙也会以一定的速度扩展,这种现象称为亚临界裂隙扩展,可以较好地解释硬岩的流变变形和损伤行为.

亚临界裂隙扩展可以发生于大到地质结构体小到岩块的不同尺度. 引起亚临界裂隙扩展的机理复杂多样,如应力侵蚀、物质扩散、接触溶解、离子交换、微塑性变形等,亚临界裂隙扩展的影响因素既有物理的,也有化学的,包括应力强度因子、裂隙断裂模式、裂隙水压力、化学因素、温度、细观结构变量 (矿物成分、结晶程度、颗粒大小、孔隙率、非均质程度、裂隙发育程度) 等[158]. 对外力作用下的花岗岩等硬岩,亚临界裂隙扩展引起的细观结构改变与应力侵蚀有关,裂隙扩展程度主要与受力状态和裂隙发育程度有关.

15.2 亚临界时效损伤

15.2.1 损伤变量分解

根据以上分析,岩石在变形过程中可能存在两种损伤发展机理,即加载引起的瞬时损伤和亚临界裂隙扩展引起的时效损伤,分别用 ω 和 ς 表示. 认为裂隙扩展引起的材料劣化是一个连续的能量耗散过程,总损伤可以分解为两部分:

$$d = \omega + \varsigma \tag{15.1}$$

或其增量形式:

$$\Delta d = \Delta \omega + \Delta \varsigma \tag{15.2}$$

15.2.2 细观结构演化的数学描述

为了研究岩石时效损伤 $\varsigma(t)$，引入描述材料细观结构平衡态的状态变量 $\bar{\varsigma}$，并假设应力侵蚀引起的时效损伤演化总是使材料损伤趋向于其平衡态，即 $\varsigma(t) \to \bar{\varsigma}$. 在这一过程中，时效损伤促使裂隙面产生摩擦滑移，宏观上出现时效变形. 另外，认为时效损伤的演化速度与当前损伤状态 ς 到目标 (平衡) 状态的距离 $(\bar{\varsigma} - \varsigma)$ 有关，距离越远演化速度越快，距离越接近演化速度越慢. 这里采用简单线性形式来描述：

$$\dot{\varsigma} = \gamma(\bar{\varsigma} - \varsigma) \tag{15.3}$$

式中，γ 是控制时效损伤演化速度的模型参数. 针对 MT 方法，$\bar{\varsigma} \in (0, \infty)$ 且 $\varsigma \in [0, \bar{\varsigma}]$.

对式 (15.3) 进行拉普拉斯变换：

$$\mathcal{L}(\dot{\varsigma}) = s\mathcal{L}(\varsigma) - \varsigma(t=0) \tag{15.4}$$

取初始值 $\varsigma(t=0) = 0$，并将式 (15.3) 代入式 (15.4) 得

$$\gamma(\mathcal{L}(\bar{\varsigma}) - \mathcal{L}(\varsigma)) = s\mathcal{L}(\varsigma) \tag{15.5}$$

因此有

$$\mathcal{L}(\varsigma) = \frac{\gamma}{\gamma + s}\mathcal{L}(\bar{\varsigma}) \tag{15.6}$$

同时注意到

$$\frac{\gamma}{\gamma + s} = \mathcal{L}(\gamma e^{-\gamma t}) \tag{15.7}$$

得到

$$\mathcal{L}(\varsigma) = \mathcal{L}(\bar{\varsigma})\mathcal{L}(\vartheta e^{-\gamma t}) \tag{15.8}$$

最后，根据卷积理论得到时效损伤的积分计算公式：

$$\varsigma(t) = \int_0^t \gamma\bar{\varsigma}(\tau) e^{-\gamma(t-\tau)}d\tau \tag{15.9}$$

式中，指数项 $e^{-\gamma(t-\tau)}$ 代表损伤记忆效应，说明时效损伤与岩石的损伤变形历史有关.

15.2.3　传统矩形数值积分

弹塑性损伤数值模拟通常采用分步加载方式, 假设当前时刻为 t_k, 则式 (15.9) 中的时域积分区间为 $[0, t_k]$, 经历加载步数为 k, 相应的时间步长为 $\mathrm{d}t_i\,(i = 1, 2, \cdots, k)$, 则积分 (15.9) 可按矩形公式计算如下:

$$\varsigma_k = \sum_{i=1}^{k} \frac{1}{2}\gamma(\bar{\varsigma}_{i-1} + \bar{\varsigma}_i)\mathrm{e}^{-\gamma\left(t_k - t_i + \frac{1}{2}\mathrm{d}t_i\right)}\mathrm{d}t_i \tag{15.10}$$

从上面求和公式可知, 为了计算 t_k 时刻的时效损伤 ς_k, 数值程序需要将加载历史上的全部离散值 $\bar{\varsigma}_i\,(i = 0, 1, \cdots, k)$ 存储起来. 显然, 这种基于矩形公式的数值积分方法存在数据存储和读取量大、求和运算频繁计算效率低的缺点, 尤其是在大型结构有限元计算时, 上述弊端更加凸显, 因此需要发展一种显式积分算法.

15.2.4　显式积分算法

在流变变形的 t_k 时刻, 式 (15.9) 的积分区间为 $[0, t_k]$, 因而有

$$\varsigma_k = \int_0^{t_k} \bar{\varsigma}(\tau)\,\gamma\mathrm{e}^{-\gamma(t_k - \tau)}\mathrm{d}\tau \tag{15.11}$$

仅简单变换得到

$$\varsigma_k \mathrm{e}^{\gamma t_k} = \gamma \int_0^{t_k} \bar{\varsigma}(\tau)\,\mathrm{e}^{\gamma\tau}\mathrm{d}\tau \tag{15.12}$$

在 t_{k-1} 时刻, 积分区间为 $[0, t_{k-1}]$, 且有 $t_{k-1} = t_k - \mathrm{d}t_k$, 类似于式 (15.12), 可以得到

$$\varsigma_{k-1} \mathrm{e}^{\gamma(t_k - \mathrm{d}t_k)} = \gamma \int_0^{t_{k-1}} \bar{\varsigma}(\tau)\,\mathrm{e}^{\gamma\tau}\mathrm{d}\tau \tag{15.13}$$

将式 (15.12) 和式 (15.13) 作差可得

$$\varsigma_k \mathrm{e}^{\gamma t_k} - \varsigma_{k-1}\mathrm{e}^{\gamma(t_k - \mathrm{d}t_k)} = \gamma \int_0^{t_k} \bar{\varsigma}(\tau)\,\mathrm{e}^{\gamma\tau}\mathrm{d}\tau - \gamma \int_0^{t_{k-1}} \bar{\varsigma}(\tau)\,\mathrm{e}^{\gamma\tau}\mathrm{d}\tau \tag{15.14}$$

将式 (15.14) 等号左边项整理为

$$\varsigma_k \mathrm{e}^{\gamma t_k} - \varsigma_{k-1}\mathrm{e}^{\gamma(t_k - \mathrm{d}t_k)} = \mathrm{e}^{\gamma t_k}\left(\varsigma_k - \varsigma_{k-1}\mathrm{e}^{-\gamma \mathrm{d}t_k}\right) \tag{15.15}$$

然后, 对式 (15.14) 等号右边的两个积分项运用矩形积分计算公式, 分别得到

$$\gamma \int_0^{t_k} \bar{\varsigma}(\tau)\,\mathrm{e}^{\gamma\tau}\mathrm{d}\tau = \gamma \sum_{i=1}^{k} \left(\frac{\bar{\varsigma}_i + \bar{\varsigma}_{i-1}}{2}\right)\mathrm{e}^{\gamma\left(t_i - \frac{1}{2}\mathrm{d}t_i\right)}\mathrm{d}t_i \tag{15.16}$$

和

$$\gamma \int_0^{t_{k-1}} \bar{\varsigma}(\tau)\, \mathrm{e}^{\gamma\tau}\mathrm{d}\tau = \gamma \sum_{i=1}^{k-1} \left(\frac{\bar{\varsigma}_i + \bar{\varsigma}_{i-1}}{2} \right) \mathrm{e}^{\gamma\left(t_i - \frac{1}{2}\mathrm{d}t_i\right)}\mathrm{d}t_i \tag{15.17}$$

等号左右两侧分别作差可得

$$\gamma \int_0^{t_k} \bar{\varsigma}(\tau)\, \mathrm{e}^{\gamma\tau}\mathrm{d}\tau - \gamma \int_0^{t_{k-1}} \bar{\varsigma}(\tau)\, \mathrm{e}^{\gamma\tau}\mathrm{d}\tau = \gamma \left(\frac{\bar{\varsigma}_k + \bar{\varsigma}_{k-1}}{2} \right) \mathrm{e}^{\gamma\left(t_k - \frac{1}{2}\mathrm{d}t_k\right)}\mathrm{d}t_k \tag{15.18}$$

将式 (15.15) 和式 (15.18) 代入式 (15.14)，得到基本代数计算公式：

$$\varsigma_k = \varsigma_{k-1}\mathrm{e}^{-\gamma\mathrm{d}t_k} + \frac{1}{2}\left(\bar{\varsigma}_k + \bar{\varsigma}_{k-1}\right)\gamma\mathrm{d}t_k \mathrm{e}^{-\frac{1}{2}\gamma\mathrm{d}t_k} \tag{15.19}$$

15.2.5 线性化算法

将式 (15.19) 中的非线性项 $\mathrm{e}^{-\gamma\mathrm{d}t_k}$ 和 $\mathrm{e}^{-\frac{1}{2}\gamma\mathrm{d}t_k}$ 在 $\mathrm{d}t_k = 0$ 处进行泰勒级数展开：

$$\mathrm{e}^{-\gamma\mathrm{d}t_k} = 1 - \gamma\mathrm{d}t_k + \frac{1}{2}\left(\gamma\mathrm{d}t_k\right)^2 - \frac{1}{6}\left(\gamma\mathrm{d}t_k\right)^3 + \cdots \tag{15.20}$$

$$\mathrm{e}^{-\frac{1}{2}\gamma\mathrm{d}t_k} = 1 - \frac{1}{2}\gamma\mathrm{d}t_k + \frac{1}{8}\left(\gamma\mathrm{d}t_k\right)^2 + \cdots \tag{15.21}$$

将式 (15.20) 和式 (15.21) 代入式 (15.19)，合并整理得到

$$\varsigma_k = \varsigma_{k-1} + C_1\gamma\mathrm{d}t_k - C_2\left(\gamma\mathrm{d}t_k\right)^2 + C_3\left(\gamma\mathrm{d}t_k\right)^3 - \cdots \tag{15.22}$$

式中，C_1、C_2 和 C_3 分别是关于 $(\gamma\mathrm{d}t_k)$ 的线性项、二次项和三次项的系数，具体表达式为

$$\begin{cases} C_1 = \dfrac{\bar{\varsigma}_k + \bar{\varsigma}_{k-1}}{2} - \varsigma_{k-1} \\[2mm] C_2 = \dfrac{\bar{\varsigma}_k + \bar{\varsigma}_{k-1}}{4} - \dfrac{\varsigma_{k-1}}{2} \\[2mm] C_3 = \dfrac{\bar{\varsigma}_k + \bar{\varsigma}_{k-1}}{16} - \dfrac{\varsigma_{k-1}}{6} \end{cases} \tag{15.23}$$

容易知道，当 $\gamma\mathrm{d}t_k \ll 1$ 时，式 (15.22) 中的二次项和三次项均为高阶小项. 当仅保留线性项时，由式 (15.19) 可得

$$\varsigma_k = \varsigma_{k-1} + \gamma \left(\frac{\bar{\varsigma}_k + \bar{\varsigma}_{k-1}}{2} - \varsigma_{k-1} \right)\mathrm{d}t_k \tag{15.24}$$

令

$$\dot{\varsigma}_k = \gamma \left(\frac{\bar{\varsigma}_k + \bar{\varsigma}_{k-1}}{2} - \varsigma_{k-1} \right) \tag{15.25}$$

最后得到

$$\varsigma_k = \varsigma_{k-1} + \dot{\varsigma}_k\mathrm{d}t_k \tag{15.26}$$

15.3　几点讨论

15.3.1　蠕变过程中的损伤演化

根据损伤本构方程，在常规三轴压缩试验中，塑性加载函数可以表示成

$$f = \|\boldsymbol{s}\| + \eta p - \frac{\Lambda^p}{d}\chi = 0 \tag{15.27}$$

在蠕变试验过程中，应力张量不变量 $\|\boldsymbol{s}\|$ 和 p 保持不变，因此有如下关系：

$$\frac{\Lambda^p}{d} = \frac{1}{\chi}\left(\|\boldsymbol{s}\| + \eta p\right) = \text{常数} \tag{15.28}$$

进一步分析可知，在蠕变变形过程中瞬时损伤演化的驱动力为

$$F_d = \frac{1}{2d^2}\boldsymbol{\varepsilon}^p : \mathbb{C}^d : \boldsymbol{\varepsilon}^p = \frac{1}{2}\left(\frac{\Lambda^p}{d}\right)^2\chi \tag{15.29}$$

也保持不变.

另外，在岩石蠕变破坏之前，损伤抗力函数 $R(d)$ 的值单调增加，即随着蠕变损伤演化，损伤抗力大于损伤驱动力，因此蠕变过程中不会同时存在瞬时损伤演化，这在理论上是协调的.

15.3.2　状态参数 ς 的选择

状态参数 ς 在流变模型中发挥关键作用. 大量已有试验成果表明，岩石蠕变变形大致分为三个阶段：第一阶段为初始蠕变或过渡蠕变，应变随时间延续而增加，但增加的速度逐渐减慢；第二阶段为稳态蠕变或定常蠕变，应变随时间延续而匀速增加；第三阶段为加速蠕变，应变随时间延续而加速增加，直达蠕变破裂. 在常规三轴压缩蠕变试验中，偏应力越大，蠕变的总时间越短，反之，初始偏应力越小，蠕变的总时间越长. 在蠕变模拟中，参数 ς 可以采用下面的函数形式：

$$\bar{\varsigma} = \frac{\xi^2}{B + \xi}e^{\xi - 1} \tag{15.30}$$

式中，$\xi = d/d_c$. 从函数角度分析，当损伤接近其临界值 d_c 时，变量 ς 的值快速增大，时效损伤演化加速，材料发生蠕变破坏.

15.4　本　章　小　结

脆性岩石的流变变形可以看作由与应力侵蚀相关的亚临界裂隙扩展引起. 通过引入描述材料平衡态的状态变量, 在瞬时损伤本构关系基础上, 发展了时效损伤模型, 提出了积分性时效损伤计算公式的快速显式积分算法.

第16章

数值算法与二次
开发

多尺度本构关系研究基于材料细观结构特征和局部力学特性建立宏观应力应变关系. 以主应力和主应变空间的非线性问题为例, 宏观应力张量的主值为 $\sigma_1, \sigma_2, \sigma_3$, 宏观应变张量的主值为 $\varepsilon_1, \varepsilon_2, \varepsilon_3$. 由于问题的客观性和解的唯一性, 理论上总是可以通过三个已知量来确定另外三个未知量. 例如, 在常规三轴压缩试验 (给定围压) 中, 考虑包含硬化和软化的岩石全过程应力应变曲线的强非线性, 数值模拟一般采用轴向应变 (ε_1) 加载方式, 在这种情况下, 已知量 (输入条件) 为 $\varepsilon_1, \varepsilon_2, \sigma_3$, 需要确定的变量为 $\sigma_1, \varepsilon_2, \varepsilon_3$. 第 13 章给出了几个特定加载路径下的塑性损伤耦合问题的解析解, 然而对于应力路径 (如剪应力分量不为零、加卸载循环试验等), 本构方程的求解需要借助于数值手段开发合适的数值迭代算法.

16.1 弹性预测–塑性损伤修正

16.1.1 模型基本公式

各向同性模型和各向异性模型在内变量存储方式、损伤乘子和塑性乘子确定方法等方面略有不同, 但是它们在数值求解方面具有共性. 为了便于论述, 这里以各向同性塑性损伤模型为对象就数值程序研制进行讨论. 弹塑性损伤耦合模型的基本方程归纳如下.

(1) 应变分解: $\boldsymbol{\varepsilon} = \boldsymbol{\varepsilon}^e + \boldsymbol{\varepsilon}^p$.

(2) 宏观应力应变关系: $\boldsymbol{\sigma} = \mathbb{C}^0 : \boldsymbol{\varepsilon}^e = \mathbb{C}^0 : (\boldsymbol{\varepsilon} - \boldsymbol{\varepsilon}^p)$.

(3) 摩擦滑移准则: $f(\boldsymbol{\sigma}^p) = \|\boldsymbol{s}^p\| + \eta p^p \leqslant 0$.

(4) 损伤准则: $g(F_d, d) = F_d - R(d) \leqslant 0$.

(5) 关联流动法则: $\dot{\boldsymbol{\varepsilon}}^p = \lambda^p \dfrac{\partial f}{\partial \boldsymbol{\sigma}^p}$.

(6) 损伤演化法则: $\dot{d} = \lambda^d \dfrac{\partial g}{\partial F_d} = \lambda^d$.

16.1.2 返回映射算法

在非线性本构关系数值求解中, 返回映射算法的应用非常广泛[159]. 该算法分为两步, 即弹性预测和非弹性修正. 在弹性预测阶段, 首先假设当前加载步的应变增量均为弹性应变, 非弹性修正 (塑性应变和损伤) 采用前一加载步确定的值, 如果试算出的应力状态在弹性区之外, 则通过返回映射算法中的非弹性数值迭代将应力状态 "拉回到" 塑性屈服面上, 同时输出状态变量的值.

图 16.1 给出的是初始围压为 50MPa 的常规三轴压缩试验过程中的返回映射算法的示意图. 假设轴向应力为 σ_1, 环向应力为 $\sigma_2 = \sigma_3$, 则平均应力的增量为 $\Delta p = \Delta\sigma_1/3$, 而偏应力 $q = \Delta(\sigma_1 - \sigma_3) = \Delta\sigma_1$, (p, q) 平面上的加载路径如图 16.1 所示. 在硬化阶段, 弹性区域逐渐增大; 反之, 在软化阶段 (图 16.2), 弹性区域逐渐缩小. 理论上, 硬化阶段相比软化阶段数值迭代效率要高得多.

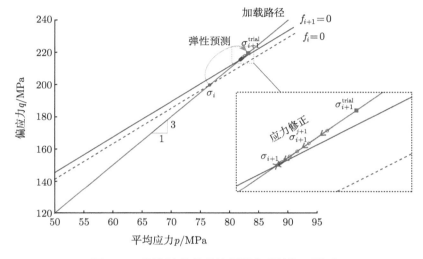

图 16.1　硬化阶段的弹性预测非弹性修正图示

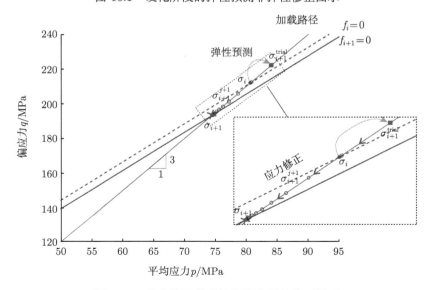

图 16.2　软化阶段的弹性预测非弹性修正图示

16.1.3 弹性预测–塑性损伤修正流程

在一般加载路径下, 弹塑性损伤耦合本构方程的求解需要"两步走", 即弹性预测和塑性损伤修正. 假设加载步序列为 $1, 2, \cdots, n$, 在施加第 i 个应变增量 $\Delta \varepsilon^i$(部分分量的增量为直接施加, 其他通过增量本构关系预测得到) 时, 并且假设在第 $i-1$ 加载步的数值循环结束时, 变量 ε^{i-1}, σ^{i-1}, $\varepsilon^{p,i-1}$, d^{i-1} 的值完全确定, 数值迭代的任务是确定第 i 加载步的变量值, 即 ε^i, σ^i, $\varepsilon^{p,i}$, d^i.

(1) 弹性预测: 假设新的应变增量 $\Delta \varepsilon^i$ 为弹性, 则弹性应变的预测值为

$$\varepsilon_0^{e,i} = \varepsilon^{i-1} - \varepsilon^{p,i-1} + \Delta \varepsilon^i$$

(2) 根据宏观应力应变关系计算宏观应力, 判断摩擦滑移准则和损伤准则是否满足加载条件;

(3) 确定塑性应变增量 $\Delta \varepsilon^{p,i}$ 和损伤增量 Δd^i;

(4) 更新应力张量, 并求解应变修正量 $\delta \varepsilon$;

(5) 计算收敛指标值, 若满足收敛条件, 更新变量值, 进入下一加载步, 若不满足, 返回步骤 (2).

16.1.4 应变增量的修正

当采用应变控制加载方式时, 根据加载路径的特征, 某些加载方向上的应变分量增量是给定的, 其余应变分量可以通过剪切弹性张量 $\mathbb{C}^{\mathrm{tan}}$ 来预测, 然后利用应力条件逐步修正. 应变修正模式如下:

$$\Delta \varepsilon_j^i = \Delta \varepsilon_{j-1}^i + \left(\mathbb{C}^{\mathrm{tan},i} \right)^{-1} : \Delta \sigma_j^i \tag{16.1}$$

式中, 下标 $j = 1, 2, \cdots, n_{\mathrm{iter}}$ 表示数值迭代序号; $\Delta \sigma_j^i$ 表示第 i 加载步第 j 次循环结束时应力张量相对于加载条件的未平衡应力部分. 引入收敛容许值 $\epsilon_{\mathrm{global}}$, 基于应变相对残差的收敛条件如下:

$$\kappa_{\boldsymbol{\varepsilon}} = \frac{\left\| \Delta \varepsilon_j^i - \Delta \varepsilon_{j-1}^i \right\|}{\left\| \Delta \varepsilon_{j-1}^i \right\|} \leqslant \epsilon_{\mathrm{global}} \tag{16.2}$$

16.1.5 塑性和损伤耦合修正算法

由于塑性变形和材料损伤是强耦合的, 所以首先讨论塑性和损伤耦合修正算法, 即通过联立塑性一致性条件和损伤一致性条件同步计算塑性应变 ε^p 和损伤变

量 d 的增量. 假设材料始终处于加载状态, 对塑性加载函数 $f^{j+1}(\varepsilon^{p,j} + \delta\varepsilon^{p,j}, d^j + \delta d^j) = 0$ 和损伤加载函数 $g^{j+1}(\varepsilon^{p,j} + \delta\varepsilon^{p,j}, d^j + \delta d^j) = 0$ 进行泰勒级数展开:

$$\begin{cases} f^{j+1} = f^j + \dfrac{\partial f^j}{\partial \varepsilon^{p,j}} : \delta\varepsilon^{p,j} + \dfrac{\partial f^j}{\partial d^j}\delta d^j \approx 0 \\[3mm] g^{j+1} = g^j + \dfrac{\partial g^j}{\partial \varepsilon^{p,j}} : \delta\varepsilon^{p,j} + \dfrac{\partial g^j}{\partial d^j}\delta d^j \approx 0 \end{cases} \tag{16.3}$$

式中, $\delta\varepsilon^{p,j}$ 和 δd^j 分别是第 j 次循环得到的 $\varepsilon^{p,j}$ 和 d^j 的修正值, 并有如下基于损伤乘子和塑性乘子的表达式:

$$\delta\varepsilon^{p,j} = \delta\lambda^{p,j}\boldsymbol{D}^j, \qquad \delta d^j = \delta\lambda^{d,j} \tag{16.4}$$

$\delta\lambda^{p,j}$ 和 $\delta\lambda^{d,j}$ 可以看作 $\lambda^{p,j}$ 和 $\lambda^{d,j}$ 的修正值. 把式 (16.4) 代入式 (16.3) 得到

$$\begin{cases} f^{j+1} = f^j + \delta\lambda^{p,j}\dfrac{\partial f^j}{\partial \varepsilon^{p,j}} : \boldsymbol{D}^j + \delta\lambda^{d,j}\dfrac{\partial f^j}{\partial d^j} \approx 0 \\[3mm] g^{j+1} = g^j + \delta\lambda^{p,j}\dfrac{\partial g^j}{\partial \varepsilon^{p,j}} : \boldsymbol{D}^j + \delta\lambda^{d,j}\dfrac{\partial g^j}{\partial d^j} \approx 0 \end{cases} \tag{16.5}$$

这样, 塑性乘子和损伤乘子就可以通过 Newton-Raphson 方法数值迭代求解, 其中设初值 $\lambda^{p,1} = 0$ 和 $\lambda^{d,1} = 0$:

$$\left\{\begin{array}{c} \lambda^{p,j+1} \\ \lambda^{d,j+1} \end{array}\right\} = \left\{\begin{array}{c} \lambda^{p,j} \\ \lambda^{d,j} \end{array}\right\} - \left[\begin{array}{cc} \dfrac{\partial f^j}{\partial \varepsilon^{p,j}} : \boldsymbol{D}^j & \dfrac{\partial f^j}{\partial d^j} \\[3mm] \dfrac{\partial g^j}{\partial \varepsilon^{p,j}} : \boldsymbol{D}^j & \dfrac{\partial g^j}{\partial d^j} \end{array}\right]^{-1} \left\{\begin{array}{c} f^j \\ g^j \end{array}\right\} \tag{16.6}$$

根据计算得到的塑性乘子和损伤乘子更新塑性应变和损伤值:

$$\varepsilon^{p,j+1} = \varepsilon^{p,i} + \lambda^{p,j+1}\boldsymbol{D}^j \tag{16.7}$$

$$d^{j+1} = d^i + \lambda^{d,j+1} \tag{16.8}$$

然后, 计算应力张量:

$$\boldsymbol{\sigma}^{j+1} = \mathbb{C}^0 : \left(\varepsilon - \varepsilon^{p,j+1}\right) \tag{16.9}$$

当满足下面条件时, 内部迭代停止:

$$\left|f^{j+1}\right| \leqslant \epsilon_{\text{local}}^f$$

且

$$\left|g^{j+1}\right| \leqslant \epsilon_{\text{local}}^g \tag{16.10}$$

16.1.6　两步修正解耦数值迭代算法

在两步修正解耦数值迭代算法中, 首先根据上一加载步确定的变量值计算塑性乘子. 对于持续加载过程, 弹性预测应有 $f^j\left(\varepsilon^{p,j}\right) > 0$, 并且 $f^{j+1}\left(\varepsilon^{p,j} + \delta\varepsilon^{p,j}\right) = 0$, 因此有如下线性化表达式:

$$f^{j+1} = f^j + \frac{\partial f^j}{\partial \varepsilon^{p,j}} : \delta\varepsilon^{p,j} \approx 0 \tag{16.11}$$

根据正交化准则 (16.4), 得到

$$f^{j+1} = f^j + \delta\lambda^{p,j}\frac{\partial f^j}{\partial \varepsilon^{p,j}} : \boldsymbol{D}^j \approx 0 \tag{16.12}$$

从中导出

$$\delta\lambda^{p,j} = -\frac{f^j}{\frac{\partial f^j}{\partial \varepsilon^{p,j}} : \boldsymbol{D}^j} \tag{16.13}$$

从而, 更新塑性应变张量:

$$\varepsilon^{p,j+1} = \varepsilon^{p,j} + \delta\lambda^{p,j}\boldsymbol{D}^j \tag{16.14}$$

其次, 考察损伤准则 $g^j\left(\varepsilon^{p,j+1}, d^j\right)$. 如果 $g^j\left(\varepsilon^{p,j+1}, d^j\right) \leqslant 0$, 则有 $d^{j+1} = d^j$; 否则, 假设 $g^j\left(\varepsilon^{p,j+1}, d^j + \delta d^j\right) = 0$, 根据损伤加载函数的线性化形式:

$$g^{j+1} = g^j + \delta d^j\frac{\partial g^j}{\partial d^j} \approx 0 \tag{16.15}$$

得到损伤乘子:

$$\delta\lambda^{d,j} = -\frac{g^j}{\frac{\partial g^j}{\partial d^j}} \tag{16.16}$$

从而更新损伤值:

$$d^{j+1} = d^j + \delta\lambda^{d,j} \tag{16.17}$$

最后, 计算宏观应力张量:

$$\boldsymbol{\sigma}^{j+1} = \mathbb{C}^0 : \left(\varepsilon - \varepsilon^{p,j+1}\right) \tag{16.18}$$

当收敛条件满足时, 停止数值迭代, 进入下一加载步.

16.1.7　耦合修正算法和解耦修正算法计算流程

基于返回映射算法的弹性预测–塑性损伤耦合修正算法计算流程如下.

Algorithm 1: 弹性预测-塑性损伤耦合修正算法计算流程

Input: $\Delta\varepsilon_{i+1}, \boldsymbol{\sigma}_i, \varepsilon_i, d_i, \varepsilon_i^p$

Output: $\boldsymbol{\sigma}_{i+1}, \varepsilon_{i+1}, d_{i+1}, \varepsilon_{i+1}^p, \mathbb{C}_{i+1}^{\tan}$

for $m = 1, 2, \cdots, n_{\text{iter}}$ **do**

   弹性预测：$\varepsilon_{i+1}^m = \varepsilon_i + \Delta\varepsilon_{i+1}^m$

   $\boldsymbol{\sigma}_{i+1}^m = \mathbb{C}^0 : \left(\varepsilon_{i+1}^m - \varepsilon_i^p\right)$

   if $f_{i+1}^m\left(\boldsymbol{\sigma}^p\right) \leqslant 0$ **then**

     | $d_{i+1}^m = d_i$; $\varepsilon_{i+1}^{p,m} = \varepsilon_i^p$; $\mathbb{C}_{i+1}^{\tan,m} = \mathbb{C}^0$

   else

     塑性损伤耦合修正

     for $j = 1, 2, \cdots, m_{\text{iter}}$ **do**

       根据式(16.6)计算塑性乘子和损伤乘子

       更新变量

       $\varepsilon^{p,j+1} = \varepsilon_i^p + \lambda^{p,j+1}\boldsymbol{D}^j$;

       $d^{j+1} = d_i + \lambda^{d,j+1}$;

       $\boldsymbol{\sigma}^{j+1} = \mathbb{C}^0 : \left(\varepsilon - \varepsilon^{p,j+1}\right)$;

       if $\left|f^{j+1}\right| \leqslant \epsilon_{\text{local}}^f$ and $\left|g^{j+1}\right| \leqslant \epsilon_{\text{local}}^g$. **then**

         | Return;

       else

         | $j = j + 1$

       end

     end

     $\mathbb{C}_{i+1}^{\tan,m} = \mathbb{C}^0 - \frac{1}{H_1}\left(\mathbb{C}^0 : \boldsymbol{D}\right) \otimes \left(\boldsymbol{D} : \mathbb{C}^0\right)$;

   end

   $\Delta\varepsilon_{i+1}^{m+1} = \Delta\varepsilon_{i+1}^m + \left(\mathbb{C}_{i+1}^{\tan,m}\right)^{-1} : \Delta\boldsymbol{\sigma}_{i+1}^m$;

   if $\kappa_{\boldsymbol{\varepsilon}} \leqslant \epsilon_{\text{global}}$ **then**

     | Return;

   else

     | $m = m + 1$

   end

end

基于返回映射算法的弹性预测–塑性损伤解耦修正算法计算流程如下.

Algorithm 2: 弹性预测-塑性损伤解耦修正算法计算流程

Input: $\Delta\boldsymbol{\varepsilon}_{i+1}, \boldsymbol{\sigma}_i, \boldsymbol{\varepsilon}_i, d_i, \boldsymbol{\varepsilon}_i^p$

Output: $\boldsymbol{\sigma}_{i+1}, \boldsymbol{\varepsilon}_{i+1}, d_{i+1}, \boldsymbol{\varepsilon}_{i+1}^p, \mathbb{C}^{\mathrm{tan}}$

for $m = 1, 2, \cdots, n_{\mathrm{iter}}$ **do**

    弹性预测: $\boldsymbol{\varepsilon}_{i+1}^m = \boldsymbol{\varepsilon}_i + \Delta\boldsymbol{\varepsilon}_{i+1}^m$;

    $\boldsymbol{\sigma}_{i+1}^{\mathrm{trial},m} = \mathbb{C}^0 : \left(\boldsymbol{\varepsilon}_{i+1}^m - \boldsymbol{\varepsilon}_i^p\right)$

    if $f_{i+1}^m\left(\boldsymbol{\sigma}^p\right) \leqslant 0$ **then**

        $\Delta\boldsymbol{\varepsilon}_{i+1}^{p,m} = \boldsymbol{0}$ and $\Delta d_{i+1}^m = 0$;

        $d_{i+1}^m = d_i$; $\boldsymbol{\varepsilon}_{i+1}^{p,m} = \boldsymbol{\varepsilon}_i^p$; $\mathbb{C}_{i+1}^{\mathrm{tan},m} = \mathbb{C}^0$

    else

        for $j = 1, 2, \cdots, m_{\mathrm{iter}}$ **do**

            计算塑性乘子$\delta\lambda^{p,j}$;

            更新塑性应变张量$\boldsymbol{\varepsilon}^{p,j+1} = \boldsymbol{\varepsilon}^{p,j} + \delta\lambda^{p,j}\boldsymbol{D}^j$;

            if $g^j\left(\boldsymbol{\varepsilon}^{p,j+1}, d^j\right) \geqslant 0$ **then**

                计算损伤乘子修正值$\delta\lambda^{d,j} = -g^j / \frac{\partial g^j}{\partial d^j}$

            else

                $\delta\lambda^{d,j} = 0$.

            end

            更新损伤变量值$d^{j+1} = d^j + \delta\lambda^{d,j}$;

            if $\left|f^{j+1}\right| \leqslant \epsilon_{\mathrm{local}}$ **then**

                Return;

            else

                $j = j + 1$

            end

        end

        $\mathbb{C}_{i+1}^{\mathrm{tan},m} = \mathbb{C}^0 - \frac{1}{H_1}\left(\mathbb{C}^0 : \boldsymbol{D}\right) \otimes \left(\boldsymbol{D} : \mathbb{C}^0\right)$;

        $\boldsymbol{\sigma}^{j+1} = \mathbb{C}^0 : \left(\boldsymbol{\varepsilon} - \boldsymbol{\varepsilon}^{p,j+1}\right)$;

    end

    $\Delta\boldsymbol{\varepsilon}_{i+1}^{m+1} = \Delta\boldsymbol{\varepsilon}_{i+1}^m + \left(\mathbb{C}_{i+1}^{\mathrm{tan},m}\right)^{-1} : \Delta\boldsymbol{\sigma}_{i+1}^m$;

    if $\kappa_{\boldsymbol{\varepsilon}} \leqslant \epsilon_{\mathrm{global}}$ **then**

        Return;

    else

        $m = m + 1$

    end

end

16.2　基于 Abaqus 用户模块 UMAT 的有限元二次开发

本节介绍非线性塑性损伤本构模型基于商业有限元软件 Abaqus 进行二次开发时涉及的数值问题,包括有限单元法处理非线性力学问题的基本要素,以及基于内变量的非线性本构关系的有限元程序研制等.

16.2.1　有限元方法概述

考虑可变形固体,其占有外边界为 $\partial\Omega$ 的空间区域 Ω,并且外边界 $\partial\Omega$ 被完全划分为位移边界 $\partial\Omega_u$ 和面力边界 $\partial\Omega_t$,如图 16.3 所示.

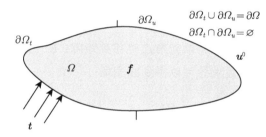

图 16.3　有限元力学问题边界条件

力学问题求解的目的是要确定所有时刻 $t \in [0, T]$ 满足如下条件的位移场 $\boldsymbol{u}$ 和相应的应力场 $\boldsymbol{\sigma}$.

(1) 位移场是运动学相容的 (kinematically admissible),且满足边界条件:

$$\boldsymbol{u} = \boldsymbol{u}^0, \quad \boldsymbol{x} \in \partial\Omega_u \tag{16.19}$$

(2) 应力场 $\boldsymbol{\sigma}$ 是静力学相容的 (statically admissible),是连续的且连续可微分的,同时在任一点满足平衡条件:

$$\mathrm{div}\boldsymbol{\sigma} + \boldsymbol{f} = 0, \quad \forall \boldsymbol{x} \in \Omega \tag{16.20}$$

式中,$\boldsymbol{f}$ 为体力. 应力场满足面力边界条件:

$$\boldsymbol{\sigma} \cdot \boldsymbol{n} = \boldsymbol{t}, \quad \forall \boldsymbol{x} \in \partial\Omega_t \tag{16.21}$$

$\boldsymbol{t}$ 为作用在边界 $\partial\Omega_t$ 上的面力向量.

(3) 在小变形情况下, 应变与位移满足如下条件:

$$\boldsymbol{\varepsilon} = \frac{1}{2}\left(\operatorname{grad}\boldsymbol{u} + \operatorname{grad}^{\mathrm{T}}\boldsymbol{u}\right), \quad \forall \boldsymbol{x} \in \Omega \tag{16.22}$$

(4) 应力张量 $\boldsymbol{\sigma}$ 和应变张量 $\boldsymbol{\varepsilon}$ 满足材料本构方程:

考虑任意运动学相容的虚位移场 $\boldsymbol{u}^*$, 对力学系统运用虚功理论建立积分方程:

$$\int_{\Omega} \boldsymbol{\sigma} : \boldsymbol{\varepsilon}^*\left(\boldsymbol{u}^*\right)\mathrm{d}V = \int_{\partial\Omega_u} \boldsymbol{f} \cdot \boldsymbol{u}^*\mathrm{d}V + \int_{\partial\Omega_t} \boldsymbol{t} \cdot \boldsymbol{u}^*\mathrm{d}S \tag{16.23}$$

有限元方法求解非线性力学问题的基本思想, 是将材料或结构区域 Ω 划分为有限数量的单元, 然后进行分片积分. 在每个单元上, 位移场通过节点位移 $\boldsymbol{U}$ 插值函数来确定:

$$\boldsymbol{u} = \boldsymbol{N}\boldsymbol{U}, \quad \boldsymbol{u}^* = \boldsymbol{N}\boldsymbol{U}^* \tag{16.24}$$

式中, $\boldsymbol{N}$ 为形函数矩阵; $\boldsymbol{U}$ 为单元节点位移列矩阵; $\boldsymbol{U}^*$ 为单元节点虚位移列矩阵. 相应地, 通过对形函数求导可以得到应变场:

$$\boldsymbol{\varepsilon} = \boldsymbol{B}\boldsymbol{U}, \quad \boldsymbol{\varepsilon}^* = \boldsymbol{B}\boldsymbol{U}^* \tag{16.25}$$

将式 (16.25) 代入式 (16.23), 得到

$$\int_{\Omega} \boldsymbol{\sigma}\left(\boldsymbol{U}\right) : \boldsymbol{B}\boldsymbol{U}^*\mathrm{d}V = \int_{\partial\Omega_u} \boldsymbol{f} \cdot \boldsymbol{N}\boldsymbol{U}^*\mathrm{d}V + \int_{\partial\Omega_t} \boldsymbol{t} \cdot \boldsymbol{N}\boldsymbol{U}^*\mathrm{d}S \tag{16.26}$$

式 (16.26) 对任意动力学相容的且满足位移边界条件的虚位移场都是成立的, 由于 $\boldsymbol{U}^*$ 是节点虚位移列矩阵 (与积分区域和路径无关), 因此得到

$$\int_{\Omega} \boldsymbol{\sigma}\left(\boldsymbol{U}\right) : \boldsymbol{B}\mathrm{d}V = \int_{\partial\Omega_u} \boldsymbol{f} \cdot \boldsymbol{N}\mathrm{d}V + \int_{\partial\Omega_t} \boldsymbol{t} \cdot \boldsymbol{N}\mathrm{d}S \tag{16.27}$$

定义节点残余力为

$$R\left(\boldsymbol{U}\right) = \int_{\Omega} \boldsymbol{\sigma}\left(\boldsymbol{U}\right) : \boldsymbol{B}\mathrm{d}V - \int_{\partial\Omega_u} \boldsymbol{f} \cdot \boldsymbol{N}\mathrm{d}V - \int_{\partial\Omega_t} \boldsymbol{t} \cdot \boldsymbol{N}\mathrm{d}S \tag{16.28}$$

问题求解的目标变为, 基于第 n 加载步确定的变量 (位移、损伤、塑性应变等), 通过数值迭代计算第 $n+1$ 加载步的位移场和应力场. 容易知道, 由于问题的非线性以及弹性预测–非弹性修正算法的特征, 节点力往往存在残余值, 即

$$R\left(\boldsymbol{U}_{n+1}^i\right) \neq 0 \tag{16.29}$$

式中, 上标 i 表示第 i 次数值迭代.

数值上, 常采用 Newton-Raphson 迭代方法计算修正值 δU^{i+1}, 来消除节点不平衡力. 对节点不平衡力表达式进行一阶泰勒级数展开:

$$R\left(U_{n+1}^i + \delta U^{i+1}\right) = R\left(U_{n+1}^i\right) + K\left(U_{n+1}^i\right)\delta U^{i+1} \tag{16.30}$$

式中, K 为整体刚度矩阵, 具体表达式为

$$K\left(U_{n+1}^i\right) = \frac{\partial R\left(U_{n+1}^i\right)}{\partial U_{n+1}^i} = \int_\Omega B^T : \mathbb{C}^{\mathrm{tan},i} : B\mathrm{d}V \tag{16.31}$$

其中, $\mathbb{C}^{\mathrm{tan},i}$ 是从局部本构关系得到的第 i 次循环的切线弹性张量:

$$\mathbb{C}^{\mathrm{tan},i} = \frac{\partial \boldsymbol{\sigma}_{n+1}^i}{\partial \boldsymbol{\varepsilon}_{n+1}^i} \tag{16.32}$$

最后, 通过求解线性方程组确定节点位移修正值:

$$\delta U^{i+1} = -\left[K\left(U_{n+1}^i\right)\right]^{-1} R\left(U_{n+1}^i\right) \tag{16.33}$$

并更新位移场:

$$U_{n+1}^{i+1} = U_{n+1}^i + \delta U^{i+1} \tag{16.34}$$

上述求解过程对弹塑性和弹塑性损伤问题均是适用的.

16.2.2　用户子程序 UMAT (Abaqus)

有限元软件 Abaqus 提供了材料模型接口子程序 UMAT, 用户仅需根据接口程序配置要求编写 FORTRAN 代码, 就可以实现用户材料模型的二次开发, 进行结构数值分析, 本节对此作简要介绍.

1) 输入变量

在 UMAT 接口程序中, 有些变量是输入参数, 由主程序代入子程序, 具体如下.

(1) 二阶应力张量和二阶应变张量, 均采用 Voigt 向量形式存储, 元素的个数为 NTENS, 并且 NTENS 取值与处理问题的类型有关: 对于三维体积单元, 该参数取值为 6; 对于平面问题, NTENS 为 4. 相应地, 四阶张量 (如弹性张量) 以维度为 NTENS×NTENS 的矩阵形式存储.

(2) 在每一加载步的开始阶段, 部分变量由主程序输入, 对于力学问题, 这些变量包括: 总应变 STRAN(NTENS) 和应变增量 DSTRAN(NTENS), 以及内变量 STATEV (NSTATV), 所有内变量以列向量形式存储, NSTATV 是全部内变量的元素的总和. 在本书讨论的弹塑性损伤模型中, 内变量包含损伤变量和塑性应变, 在水力耦合模型中, 还需要考虑孔隙率等因素.

2) 输出变量

在每一加载步数值迭代结束并返回主程序时, 部分变量的值需要更新并作为输出值返回给主程序. 这些变量包括应力 STRESS(NTENS), 针对不同问题的应力向量存储方式如下.

(1) 一般应力状态: $\{\sigma_{11}, \sigma_{22}, \sigma_{33}, \sigma_{12}, \sigma_{13}, \sigma_{23}\}$.

(2) 平面应变问题: $\{\sigma_{11}, \sigma_{22}, \sigma_{33}, \sigma_{12}\}$.

(3) 平面应力问题: $\{\sigma_{11}, \sigma_{22}, \sigma_{12}\}$.

在非线性力学问题中, 输出变量还包括由增量本构关系确定的剪切弹性张量 DDSDDE (NTENS,NTENS) 以及内变量列向量 STATEV(NSTATV).

16.3　高阶对称张量的降阶和存储

16.3.1　二阶对称张量的降阶表示

根据笛卡儿坐标系下的标准张量基, 任意二阶张量 $\boldsymbol{A}$ 表示为

$$\boldsymbol{A} = A_{ij}\boldsymbol{e}_i \otimes \boldsymbol{e}_j \tag{16.35}$$

力学问题中的张量, 如应力张量和应变张量, 通常是对称的, 即 $A_{ij} = A_{ji}$, 这样二阶对称张量包含六个独立分量, 属于六维向量空间, 因此可以利用笛卡儿坐标系下的单位向量基 $\boldsymbol{e}_i(i = 1,2,3)$ 构建如下六维空间中的向量基 $\tilde{\boldsymbol{e}}_I(I = 1,2,\cdots,6)$[160]:

$$\begin{cases} \tilde{\boldsymbol{e}}_1 = \boldsymbol{e}_1 \otimes \boldsymbol{e}_1, & \tilde{\boldsymbol{e}}_4 = \dfrac{1}{\sqrt{2}}(\boldsymbol{e}_2 \otimes \boldsymbol{e}_3 + \boldsymbol{e}_3 \otimes \boldsymbol{e}_2) \\[2mm] \tilde{\boldsymbol{e}}_2 = \boldsymbol{e}_2 \otimes \boldsymbol{e}_2, & \tilde{\boldsymbol{e}}_5 = \dfrac{1}{\sqrt{2}}(\boldsymbol{e}_3 \otimes \boldsymbol{e}_1 + \boldsymbol{e}_1 \otimes \boldsymbol{e}_3) \\[2mm] \tilde{\boldsymbol{e}}_3 = \boldsymbol{e}_3 \otimes \boldsymbol{e}_3, & \tilde{\boldsymbol{e}}_6 = \dfrac{1}{\sqrt{2}}(\boldsymbol{e}_1 \otimes \boldsymbol{e}_2 + \boldsymbol{e}_2 \otimes \boldsymbol{e}_1) \end{cases} \tag{16.36}$$

如此，二阶对称张量 $\boldsymbol{A}$ 可以降阶表示成向量形式 $\tilde{\boldsymbol{A}}$，其具有元素 $\tilde{A}_I(I = 1, 2, \cdots, 6)$:

$$\tilde{\boldsymbol{A}} = (A_{11}, A_{22}, A_{33}, \sqrt{2}A_{23}, \sqrt{2}A_{31}, \sqrt{2}A_{12}) \tag{16.37}$$

由上述两种表示方式的等价性可以建立如下关系:

$$A_{ij}\boldsymbol{e}_i \otimes \boldsymbol{e}_j = \tilde{A}_I\tilde{\boldsymbol{e}}_I, \quad i, j = 1, 2, 3; I = 1, 2, \cdots, 6 \tag{16.38}$$

16.3.2　四阶对称张量的降阶表示

假定任意四阶张量 $\mathbb{U}$，通过标准张量基表示成

$$\mathbb{U} = U_{ijkl}\boldsymbol{e}_i \otimes \boldsymbol{e}_j \otimes \boldsymbol{e}_k \otimes \boldsymbol{e}_l \tag{16.39}$$

且具有如下对称性:

$$U_{ijkl} = U_{jikl} = U_{ijlk} = U_{klij} \tag{16.40}$$

因此，$\mathbb{U}$ 仅有 36 个元素是独立的. 基于同构性，二阶对称张量的降阶表示可以扩展到四阶对称张量，并有如下关系:

$$U_{ijkl}\boldsymbol{e}_i \otimes \boldsymbol{e}_j \otimes \boldsymbol{e}_k \otimes \boldsymbol{e}_l = \tilde{U}_{IJ}\tilde{\boldsymbol{e}}_I \otimes \tilde{\boldsymbol{e}}_J \tag{16.41}$$

16.3.3　张量运算与矩阵表示

根据 16.3.1 节和 16.3.2 节的分析，基于标准向量基 $\boldsymbol{e}_i(i = 1, 2, 3)$ 的二阶张量在向量空间 $\tilde{\boldsymbol{e}}_I(I = 1, 2, \cdots, 6)$ 中可以用六元素的向量表示 (如用 $\tilde{\boldsymbol{A}}$ 代替张量 $\boldsymbol{A}$，元素为 $\tilde{A}_I$)，四阶对称张量可以降阶为二阶对称张量 (如四阶对称张量 $\mathbb{U}$ 用 $\tilde{\boldsymbol{U}}$ 表示，具有元素 U_{IJ}). 下面用维度为 6×1 的列矩阵 $[\boldsymbol{A}]$ 来表示二阶张量 $\boldsymbol{A}$ 的降阶形式 $\tilde{A}_I$，同样用维度 6×6 的矩阵 $[\mathbb{U}]$ 表示四阶张量 $\mathbb{U}$ 的降阶形式，即二阶张量 $\tilde{U}_{IJ}$.

两种表达方式的元素 $\tilde{A}_I$ 和 A_{ij} 具有如下关系:

$$[\boldsymbol{A}]_{6 \times 1} = \begin{bmatrix} A_{11} & A_{22} & A_{33} & \sqrt{2}A_{23} & \sqrt{2}A_{31} & \sqrt{2}A_{12} \end{bmatrix}^{\mathrm{T}} \tag{16.42}$$

四阶张量 $\mathbb{U}$ 两种表达方式的元素 $\tilde{U}_{IJ}$ 和 U_{ijkl} 具有如下关系:

$$[\mathbb{U}]_{6\times6} = \begin{bmatrix} U_{1111} & U_{1122} & U_{1133} & \sqrt{2}U_{1123} & \sqrt{2}U_{1131} & \sqrt{2}U_{1112} \\ U_{2211} & U_{2222} & U_{2233} & \sqrt{2}U_{2223} & \sqrt{2}U_{2231} & \sqrt{2}U_{2212} \\ U_{3311} & U_{3322} & U_{3333} & \sqrt{2}U_{3323} & \sqrt{2}U_{3331} & \sqrt{2}U_{3312} \\ \sqrt{2}U_{2311} & \sqrt{2}U_{2322} & \sqrt{2}U_{2333} & 2U_{2323} & 2U_{2331} & 2U_{2312} \\ \sqrt{2}U_{3111} & \sqrt{2}U_{3122} & \sqrt{2}U_{3133} & 2U_{3123} & 2U_{3131} & 2U_{3112} \\ \sqrt{2}U_{1211} & \sqrt{2}U_{1222} & \sqrt{2}U_{1233} & 2U_{1223} & 2U_{1231} & 2U_{1212} \end{bmatrix} \tag{16.43}$$

利用张量降阶, 常见的张量运算列举如下.

(1) 二阶张量 $\boldsymbol{A}$ 和 $\boldsymbol{B}$ 的标量积:

$$\boldsymbol{A} : \boldsymbol{B} = A_{ij}B_{ij} = \tilde{A}_I\tilde{B}_I = [\boldsymbol{A}]^{\mathrm{T}}[\boldsymbol{B}] \tag{16.44}$$

(2) 四阶张量 $\mathbb{U}$ 与二阶张量 $\boldsymbol{A}$ 的张量积:

$$\mathbb{U} : \boldsymbol{A} = U_{ijkl}A_{kl} = \tilde{U}_{IJ}\tilde{A}_J \tag{16.45}$$

矩阵相乘形式为

$$[\mathbb{U} : \boldsymbol{A}] = [\mathbb{U}][\boldsymbol{A}] \tag{16.46}$$

(3) 四阶张量 $\mathbb{U}$ 和 $\mathbb{V}$ 间的双重点积:

$$\mathbb{U} : \mathbb{V} = U_{ijrs}V_{rskl} = \tilde{U}_{IK}\tilde{V}_{KJ} \tag{16.47}$$

且有

$$[\mathbb{U} : \mathbb{V}] = [\mathbb{U}][\mathbb{V}], \quad [\mathbb{U}^{-1}] = [\mathbb{U}]^{-1} \tag{16.48}$$

(4) 四阶张量 $\mathbb{U}$ 与二阶张量 $\boldsymbol{A}$ 和 $\boldsymbol{B}$ 缩合间的点积:

$$\boldsymbol{A} : \mathbb{U} : \boldsymbol{B} = A_{ij}U_{ijkl}B_{kl} = \tilde{A}_I\tilde{U}_{IJ}\tilde{B}_J = [\boldsymbol{A}]^{\mathrm{T}}[\mathbb{U}][\boldsymbol{B}] \tag{16.49}$$

16.4　不同表达方式之间的关系

在材料描述和数值计算中, 四阶对称张量 $\mathbb{U}$ 的 Voigt 表达较为常见, 记为 $[\boldsymbol{U}^v]$

或 $[\mathbb{U}]^v$. 在 Voigt 矩阵中，矩阵元素 $[\boldsymbol{U}^v]$ 与原四阶张量 $\mathbb{U}$ 的元素存在如下关系：

$$[\boldsymbol{U}^v]_{6\times6} = [\mathbb{U}]^v_{6\times6} = \begin{bmatrix} U_{1111} & U_{1122} & U_{1133} & U_{1123} & U_{1131} & U_{1112} \\ U_{2211} & U_{2222} & U_{2233} & U_{2223} & U_{2231} & U_{2212} \\ U_{3311} & U_{3322} & U_{3333} & U_{3323} & U_{3331} & U_{3312} \\ U_{2311} & U_{2322} & U_{2333} & U_{2323} & U_{2331} & U_{2312} \\ U_{3111} & U_{3122} & U_{3133} & U_{3123} & U_{3131} & U_{3112} \\ U_{1211} & U_{1222} & U_{1233} & U_{1223} & U_{1231} & U_{1212} \end{bmatrix} \tag{16.50}$$

需要指出的是，Voigt 矩阵式 (16.50) 不具有张量特性，而在向量空间 $\tilde{e}_I (I = 1, 2, \cdots, 6)$ 中通过张量降阶得到的式 (16.43) 是二阶对称张量，后者便于张量间的各类运算. 下面给出元素 U_{ijlk}、U^v_{IJ} 和 $\tilde{U}_{IJ}$ 之间的关系：

$$\begin{cases} U_{1111} = U^v_{11} = \tilde{U}_{11} & U_{2222} = U^v_{22} = \tilde{U}_{22} & U_{3333} = U^v_{33} = \tilde{U}_{33} \\[2mm] U_{1122} = U^v_{12} = \tilde{U}_{12} & U_{1133} = U^v_{13} = \tilde{U}_{13} & U_{2233} = U^v_{23} = \tilde{U}_{23} \\[2mm] U_{1123} = U^v_{14} = \dfrac{1}{\sqrt{2}}\tilde{U}_{14} & U_{1113} = U^v_{15} = \dfrac{1}{\sqrt{2}}\tilde{U}_{15} & U_{1112} = U^v_{16} = \dfrac{1}{\sqrt{2}}\tilde{U}_{16} \\[2mm] U_{2223} = U^v_{24} = \dfrac{1}{\sqrt{2}}\tilde{U}_{24} & U_{2213} = U^v_{25} = \dfrac{1}{\sqrt{2}}\tilde{U}_{25} & U_{2212} = U^v_{26} = \dfrac{1}{\sqrt{2}}\tilde{U}_{26} \\[2mm] U_{3323} = U^v_{34} = \dfrac{1}{\sqrt{2}}\tilde{U}_{34} & U_{3313} = U^v_{35} = \dfrac{1}{\sqrt{2}}\tilde{U}_{35} & U_{3312} = U^v_{36} = \dfrac{1}{\sqrt{2}}\tilde{U}_{36} \\[2mm] U_{2323} = U^v_{44} = \dfrac{1}{2}\tilde{U}_{44} & U_{2313} = U^v_{45} = \dfrac{1}{2}\tilde{U}_{45} & U_{2312} = U^v_{46} = \dfrac{1}{2}\tilde{U}_{46} \\[2mm] U_{1313} = U^v_{55} = \dfrac{1}{2}\tilde{U}_{55} & U_{1312} = U^v_{56} = \dfrac{1}{2}\tilde{U}_{56} & U_{1212} = U^v_{66} = \dfrac{1}{2}\tilde{U}_{66} \end{cases} \tag{16.51}$$

参 考 文 献

[1] Liu J, Chen L, Wang C, et al. Characterizing the mechanical tensile behavior of Beishan granite with different experimental methods. International Journal of Rock Mechanics and Mining Sciences, 2014, 69: 50–58.

[2] Griggs D T. Deformation of rocks under high confining pressures: I. experiments at room temperature. Journal of Geology, 1936, 44: 541–577.

[3] Martin C D, Chandler N A. The progressive fracture of Lac du Bonnet granite. International Journal of Rock Mechanics and Mining Science Geomechanics Abstracts, 1994, 31: 643–659.

[4] 陈亮, 刘建锋, 王春萍, 等. 北山深部花岗岩弹塑性损伤模型研究. 岩石力学与工程学报, 2013, 32: 289–298.

[5] 赵星光, 李鹏飞, 郭政, 等. 北山花岗岩在三轴压缩条件下的强度参数演化. 岩石力学与工程学报, 2017, 36(7): 1599-1610.

[6] Haimson B, Chang C. A new true triaxial cell for testing mechanical properties of rock and its use to determine rock strength and deformability of Westerly granite. International Journal of Rock Mechanics and Mining Sciences, 2000, 37: 285–296.

[7] Feng X T, Zhang X, Kong R, et al. A novel Mogi-type true triaxial testing apparatus and its use to obtain complete stress-strain curves of hard rocks. Rock Mechanics and Rock Engineering, 2016, 49: 1649–1662.

[8] Khazraei R. Etude Expérimentale et Modélisation de L'endommagement Anisotrope des Roches Fragiles. Licle: University of Lille, 1995.

[9] Dropek R K, Johnson J N, Walsh J B. The influence of pore pressure on the mechanical properties of Kayenta sandstone. Journal of Geophysical Research Solid Earth, 1978, 83(B6): 2817-2824.

[10] Green D H, Wang H F. Fluid pressure response to undrained compression in saturated sedimentary rock. Geophysics, 1986, 51: 948–956.

[11] Shao J F. Poroelastic behaviour of brittle rock materials with anisotropic damage. Mechanics of Materials, 1998, 30: 41–53.

[12] Hoxha D, Lespinasse M, Sausse J, et al. A microstructural study of natural and experimentally induced cracks in a granodiorite. Tectonophysics, 2006, 395: 99–112.

[13] Paterson M S. Experimental Rock Deformation-the Brittle Field. Berlin: Springer-Verlag, 1978.

[14] Simmons G, Richter D. Microcracks in rocks//The Physics and Chemistry of Minerals

and Rocks. New York: Wiley-Interscience, 1976, 105-137.

[15] Bieniawski Z T. Mechanism of brittle fracture of rock. part I : Theory of the fracture process, part II: Experimental study. International Journal of Rock Mechanics and Mining Science, 1967, 4: 395–430.

[16] Hallbauer D K, Wagner H, Cook N G W. Some observations concerning the microscopic and mechanical behaviour of quartzite specimens in stiff, triaxial compression tests. International Journal of Rock Mechanics and Mining Science, 1973, 10: 713–726.

[17] Peng S, Johnson A M. Crack growth and faulting in cylindrical specimens of Chelmsford granite. International Journal of Rock Mechanics and Mining Science, 1972, 9: 37–86.

[18] Tapponnier P, Brace W F. Development of stress-induced microcracks in Westerly granite. International Journal of Rock Mechanics and Mining Science Geomechanics Abstracts, 1976, 13: 103–112.

[19] Wong T F. Micromechanics of faulting in Westerly granite. International Journal of Rock Mechanics and Mining Science Geomechanics Abstracts, 1982, 19: 49–64.

[20] Kranz R L. Microcracks in rocks: A review. Tectonophysics, 1983, 100: 44–80.

[21] Bieniawski Z T. Mechanism of brittle fracture of rock : Part II — experimental studies. International Journal of Rock Mechanics and Mining Sciences, 1967, 4: 407–423.

[22] Hoek E, Martin C D. Fracture initiation and propagation in intact rock—A review. Journal of Rock Mechanics and Geotechnical Engineering, 2014, 6: 287–300.

[23] Sayers C M, Kachanov M. Microcrack-induced elastic wave anisotropy of brittle rocks. Journal of Geophysical Research Solid Earth, 1995, 100(B3): 4149–4156.

[24] Ramsey J M, Chester F M. Hybrid fracture and the transition from extension fracture to shear fracture. Nature, 2004, 428(6978): 63-66.

[25] Kachanov L M. Time of the rupture process under creep conditions. Izvestiya Akademii Nauk SSSR Otdelenie Tekhniches, 1958, 8: 26–31.

[26] Rabotnov Y. Creep Problems of Structural Members. Amsterdam: North-Holland, 1969.

[27] Lemaitre J. A Course on Damage Mechanics. Berlin: Springer-Verlag, 1992.

[28] Dougill J W, Lau J C, Burt N J. Toward a Theoretical Model for Progressive Failure and Softening in Rock, Concrete and Similar Material. Waterloo: University of Waterloo Press, 1976: 335–355.

[29] Dragon A, Mroz Z. A continuum model for plastic brittle behavior of rock and concrete. International Journal of Engineering Science, 1979, 17: 121–137.

[30] 谢和平. 岩石混凝土损伤力学. 徐州: 中国矿业大学出版社, 1990.

[31] 冯西桥, 余寿文. 准脆性材料细观损伤力学. 北京: 高等教育出版社, 2002.

[32] Krajcinovic D. Damage Mechanics. Amsterdam: Elsevier, 1996.

[33] Eshelby J D. The determination of the elastic field of an ellipsoidal inclusion and related problems. Proceedings of the Royal Society of London A Mathematical Physical and Engineering Sciences, 1957, 241(1226): 376–396.

[34] Mura T. Micromechanics of Defects in Solids. 2nd ed. Boston: Martinus Nijhoff Publication, 1987.

[35] Nemat-Nasser S, Hori M. Micromechanics: Overall Properties of Heterogeneous Materials. Amsterdam: Elsevier, 1993.

[36] Qu J, Cherkaoui M. Fundamentals of Micromechanics of Solids. London: Wiley, 2007.

[37] Li S F, Wang G. Introduction to Micromechanics and Nanomechanics. Singapore: World Scientific, 2008.

[38] Jaeger J C, Cook N G W, Zimmerman R W. Fundamentals of Rock Mechanics. 4th ed. London: Blackwell Publishing Ltd., 2007.

[39] Mori T, Tanaka K. Averages stress in matrix and average elastic energy of materials with misfitting inclusions. Acta Metallurgica, 1973, 21: 571–574.

[40] Benveniste Y. On the Mori-Tanaka method in cracked bodies. Mechanics Research Communications, 1986, 13: 193–201.

[41] Hill R. A self-consistent mechanics of composite materials. Journal of the Mechanics and Physics of Solids, 1965, 13: 213–222.

[42] Budiansky B. On the elastic moduli of some heterogeneous materials. Journal of the Mechanics and Physics of Solids, 1965, 13: 223–226.

[43] Hashin Z. The differential scheme and its application to cracked materials. Journal of the Mechanics and Physics of Solids, 1988, 36: 719–734.

[44] Ponte-Castaneda P, Willis J R. The effect of spatial distribution on the effective behavior of composite materials and cracked media. Journal of the Mechanics and Physics of Solids, 1995, 43: 1919–1951.

[45] Zheng Q S, Du D X. An explicit and universally applicable estimate for the effective properties of multiphase composites which accounts for inclusion distribution. Journal of the Mechanics and Physics of Solids, 2001, 49: 2765–2788.

[46] Bristow J R. Microcracks, and the static and dynamic elastic constants of annealed and heavily cold-worked metals. British Journal of Applied Physics, 1960, 11: 81–85.

[47] Walsh J B. The effect of cracks on the compressibility of rock. Journal of Geophysical Research, 1965, 70: 381–389.

[48] Walsh J B. The effect of cracks in rocks on Poisson's ratio. Journal of Geophysical Research, 1965, 70: 5249–5257.

[49] Kachanov M. Continuum model of medium with crack. Journal of the Engineering Mechanics Division, 1980, 106: 1039-1051.

[50] Kachanov M. Effective elastic properties of cracked solids: Critical review of some basic concepts. Applied Mechanics Review, 1992, 45: 304–335.

[51] Kachanov M. Elastic solids with many cracks and related problems. Advances in Applied Mechanics, 1994, 30: 259–445.

[52] Schoenberg M. Elastic wave behavior across linear slip interfaces. Journal of the Acoustical Society of America, 1980, 68: 1516–1521.

[53] Schoenberg M, Sayers C M. Seismic anisotropy of fractured rock. Geophysics, 1995, 60: 204–211.

[54] Hudson J A. Overall properties of cracked solid. Mathematical Proceedings of the Cambridge Philosophical Society, 1980, 88: 371–384.

[55] Budiansky B, O'Connell R J. Elastic moduli of a cracked solid. International Journal of Solids and Structures, 1976, 12: 81–97.

[56] Hoenig A. Elastic moduli of a non-randomly cracked body. International Journal of Solids and Structures, 1979, 15: 137–154.

[57] Zimmerman R W. The effect of microcracks on the elastic moduli of brittle materials. Journal of Materials Science Letters, 1985, 4: 1457–1460.

[58] Zaoui A. Continuum micromechanics: survey. Journal of Engineering Mechanics, 2002, 128: 808–816.

[59] Giraud A, Sevostianov I. Micromechanical modeling of the effective elastic properties of oolitic limestone. International Journal of Rock Mechanics and Mining Sciences, 2013, 62: 23–27.

[60] Rodin R J, Weng G J. On reflected interactions in elastic solids containing inhomogeneities. Journal of the Mechanics and Physics of Solids, 2014, 68: 197–209.

[61] Hashin Z, Shtrikman S. A variational approach to the theory of the elastic behaviour of multiphase materials. Journal of the Mechanics and Physics of Solids, 1963, 11: 127–140.

[62] Kantor Y, Bergman D J. Improved rigorous bounds on the effective elastic moduli of a composite material. Journal of the Mechanics and Physics of Solids, 1984, 32:

41–62.

[63]　He Q C, Gu S T, Zhu Q Z. Lower strain and stress bounds for elastic random composites consisting of two isotropic phases and exhibiting cubic symmetry. International Journal of Engineering Science, 2010, 48: 429–445.

[64]　Feng X Q, Qin Q H, Yu S W. Quasi-micromechanical damage model for brittle solids with interacting microcracks. Mechanics of Materials, 2004, 36: 261–273.

[65]　Takemura T, Golshani A, Oda M, et al. Preferred orientations of open microcracks in granite and their relation with anisotropic elasticity. International Journal of Rock Mechanics and Mining Sciences, 2003, 40: 443–454.

[66]　Rodin R J, Weng G J. On reflected interactions in elastic solids containing inhomogeneities. Journal of the Mechanics and Physics of Solids, 2014, 68: 197–209.

[67]　Markenscoff X, Dascalu C. Asymptotic homogenization analysis for damage amplification due to singular interaction of micro-cracks. Journal of the Mechanics and Physics of Solids, 2012, 60: 1478–1485.

[68]　Grechka V, Kachanov M. Effective elasticity of rocks with closely spaced and intersecting cracks. Geophysics, 2006, 71(3): 85–91.

[69]　Lapin R L, Kuzkin V A, Kachanov M. On the anisotropy of cracked solids. International Journal of Engineering Science, 2018, 124: 16–23.

[70]　Chaboche J L. Damage induced anisotropy: On the difficulties associated with the active/passive unilateral condition. International Journal of Damage Mechanics, 1992, 1: 148–171.

[71]　Chaboche J L. Development of continuum damage mechanics for elastic solids sustaining anisotropic and unilateral damage. International Journal of Damage Mechanics, 1993, 2: 311–329.

[72]　Curnier A, He Q C, Zysset P. Conewise linear elastic materials. Journal of Elasticity, 1995, 37: 1–38.

[73]　Halm D, Dragon A. A model of anisotropic damage by mesocrack growth: Unilateral effect. International Journal of Damage Mechanics, 1996, 5: 384–402.

[74]　Carol I, Willam K. Spurious energy dissipation/generation in stiffness recovery models for elastic degradation and damage. International Journal of Solids and Structures, 1996, 33: 2939–2957.

[75]　Murakami S. Continuum Damage Mechanics: A Continuum Mechanics Approach to the Analysis of Damage and Fracture. Berlin: Springer, 2012.

[76]　Prat P C, Bazant Z P. Tangential stiffness of elastic materials with systems of growing

or closing cracks. Journal of the Mechanics and Physics of Solids, 1997, 45: 611–636.

[77] Brencich A, Gambarotta L. Isotropic damage model with different tensile-compressive response for brittle materials. International Journal of Solids and Structures, 2001, 38: 5865–5892.

[78] Welemane H, Cormery F. An alternative 3D model for damage induced anisotropy and unilateral effect in microcracked materials. Journal de Physique, 2003, 105: 329–336.

[79] Cormery F, Welemane H. A critical review of some damage models with unilateral effect. Mechanics Research Communication, 2002, 29: 391–395.

[80] Deudé V, Dormieux L, Kondo D, et al. Micromechanical Approach to non-linear poroelasticity: Application to cracked rocks. Journal of Applied Mechanics ASCE, 2002, 128: 848–855.

[81] Pensée V, Kondo D, Dormieux L. Micromechanical analysis of anisotropic damage in brittle materials. Journal of Engineering Mechanics ASCE, 2002, 128: 889–897.

[82] Dormieux L, Kondo D, Ulm F J. Microporomechanics. Chichester: Wiley, 2006.

[83] Zhu Q Z, Kondo D, Shao J F. Homogenization-based analysis of anisotropic damage in brittle materials with unilateral effect and interactions between microcracks. International Journal for Numerical and Analytical Methods in Geomechanics, 2009, 33(6): 749–772.

[84] Jaener J C. The frictional properties of joints in rock. Pure and Applied Geophysics, 1959, 43: 148–158.

[85] McClintock F A, Walsh B. Friction on Griffith cracks in rocks under pressure. Proceedings of the 4th U.S. National Congress of Applied Mechanics, 1962: 1015–1021.

[86] Byerlee J D. Frictional characteristics of granite under high confining pressure. Journal of Geophysical Research, 1967, 72: 3639–3648.

[87] Jaeger J C. Friction of rocks and stability of rock slopes. Geotechnique, 1971, 21: 97–134.

[88] Halm D, Dragon A. An anisotropic model of damage and frictional sliding for brittle materials. European Journal of Mechanics - A/Solids, 1998, 17: 439–460.

[89] Leguillon D, Sanchez-Palencia E. On the behaviour of a cracked elastic body with (or without) friction. Journal de Mécanique Théorique et Appliquée, 1982, 1: 195–209.

[90] Kachanov M. A microcrack model of rock inelasticity, Part I: Frictional sliding on microcracks; Part II: Propagation of microcraks. Mechanics of Materials, 1982, 1: 19–41.

[91] Andrieux S, Bamberger Y, Marigo J J. Un modèle de matériau microfissureé pour les

roches et les bétons. Journal de Mécanique Théorique et Appliquée, 1986, 5: 471–513.

[92]   Lawn B R, Marshall D B. Nonlinear stress-strain curves for solids containing closed cracks with friction. Journal of the Mechanics and Physics of Solids, 1998, 46: 85–113.

[93]   Barthélémy J F, Dormieux L, Kondo D. Détermination du comportement macro-scopique d'un milieu à fissures frottantes. Comptes Rendus Mecanique, 2003, 331: 77–84.

[94]   Zhu Q Z, Kondo D, Shao J F. Micromechanical analysis of coupling between anisotropic damage and friction in quasi brittle materials: Role of the homogenization scheme. International Journal of Solids and Structures, 2008, 45: 1385–1405.

[95]   Zhu Q Z, Kondo D, Shao J F, et al. Micromechanical modelling of anisotropic damage in brittle rocks and application. International Journal of Rock Mechanics and Mining Sciences, 2008, 45: 467–477.

[96]   Zhu Q Z, Kondo D, Shao J F. A micromechanics-based non-local anisotropic model for unilateral damage in brittle materials. Comptes Rendus Mecanique, 2008, 336: 320–328.

[97]   Zhu Q Z, Shao J F, Kondo D. A micromechanics-based thermodynamic formulation of isotropic damage with unilateral and friction effects. European Journal of Mechanics-A/Solids, 2011, 30: 316–325.

[98]   Zhu Q Z, Shao J F. A refined micromechanical damage-friction model with strength prediction for rock-like materials under compression. International Journal of Solids and Structures, 2015, 60-61: 75–83.

[99]   Zhu Q Z, Zhao L Y, Shao J F. Analytical and numerical analysis of frictional damage in quasi brittle materials. Journal of the Mechanics and Physics of Solids, 2016, 92: 137–163.

[100]   Biot M A. General theory of three-dimensional consolidation. Journal of Applied Physics, 1941, 12: 155–164.

[101]   Biot M A. Theory of elasticity and consolidation for a porous anisotropic solid. Journal of Applied Physics, 1955, 26: 182–185.

[102]   Biot M A. Nonlinear and semilinear rheology of porous solids. Journal of Geophysical Research, 1973, 78: 4924–4937.

[103]   Brace W F. An extension of the Griffith theory of fracture to rocks. Journal of Geo-physical Research, 1960, 65: 3477–3480.

[104]   Thompson M, Willis J R. A reformation of the equations of anisotropic poroelasticity. Journal of Applied Mechanics, 1991, 211: 612–616.

[105]   Chateau X, Dormieux L. Approche micromécanqiue du comportement d'un milieu poreux non saturé. Comptes Rendus de l'Acad é mie des Science Paris, série IIB, 1998, 326: 533–538.

[106]   Deudé V, Dormieux L, Kondo D, et al. Propriétés élastiques non linéaires d'un milieu mésofissuré. Comptes Rendus Mécanique, 2002, 330: 587–592.

[107]   Deudé V, Dormieux L, Kondo D, et al. Micromechanical approach to non-linear poroelasticity: Application to cracked rocks. Journal of Engineering Mechanics - ASCE, 2002, 128: 848–855.

[108]   Dormieux L, Molinari A, Kondo D. Micromechanical approach to the behavior of poroelastic materials. Journal of the Mechanics and Physics of Solids, 2002, 50: 2203–2231.

[109]   Dormieux L, Kondo D. Micromechanics of damage propagation in fluid-saturated cracked media. European Journal of Environmental and Civil Engineering, 2007, 11: 945–962.

[110]   Xie N, Zhu Q Z, Shao J F, et al. Micromechanical analysis of damage in saturated quasi brittle materials. International Journal of Solids and Structures, 2012, 49: 919–928.

[111]   Jiang T, Shao J F, Xu W Y, et al. Experimental investigation and micromechanical analysis of damage and permeability variation in brittle rocks. International Journal of Rock Mechanics and Mining Sciences, 2013, 247: 703–713.

[112]   Chen Y F, Hu S, Wei K, et al. Experimental characterization and micromechanical modeling of damage-induced permeability variation in Beishan granite. International Journal of Rock Mechanics and Mining Sciences, 2014, 71: 64–76.

[113]   Zhu Q Z. Strength prediction of dry and saturated brittle rocks by unilateral damage-friction coupling analyses. Computers and Geotechnics, 2016, 73: 16–23.

[114]   Giraud A, Huynh Q V, Hoxha D, et al. Effective poroelastic properties of transversely isotropic rock-like composites with arbitrarily oriented ellipsoidal inclusions. Mechanics of Materials, 2007, 39: 1006–1024.

[115]   Barthélémy J F. Compliance and hill polarization tensor of a crack in an anisotropic matrix. International Journal of Solids and Structures, 2009, 46: 4064–4072.

[116]   Qi M, Shao J F, Giraud A, et al. Damage and plastic friction in initially anisotropic quasi brittle materials. International Journal of Plasticity, 2016, 82: 260–282.

[117]   Qi M, Giraud A, Shao J F, et al. A numerical damage model for initially anisotropic materials. International Journal of Solids and Structures, 2016, 100-101: 245–256.

[118] Zhu Q Z. A new rock strength criterion from microcracking mechanisms which provides theoretical evidence of hybrid failure. Rock Mechanics and Rock Engineering, 2017, 50: 341–352.

[119] Lemaitre J, Chaboche J L. Phenomenological approach of damage rupture. Journal de Mécaque Appliquée, 1978, 2: 317–365.

[120] Marigo J J. Formulation d'une loi d'endommagement d'un matériau élastique. Comptes Rendus de l'Acad é mie des Science Paris, 1981, 19: 1309–1312.

[121] Walpole L J. Elastic behavior of composite materials: Theoretical foundations. Advances in Applied Mechanics, 1981, 21: 169–242.

[122] Lubarda V A, Krajcinovic D. Damage tensors and the crack density distribution. International Journal of Solids and Structures, 1993, 30: 2859–2877.

[123] Willis J R. The stress field around an elliptical crack. International Journal of Engineering Science, 1968, 6 : 253–263.

[124] Horii H, Nemat-Nasser S. Overall moduli of solids with microcracks: Load-induced anisotropy. Journal of the Mechanics and Physics of Solids, 1983, 31: 155–171.

[125] Eshelby J D. Elastic Inclusions and Inhomogeneities, Progress in Solid. Amsterdam: North Holland Publishing Co., 1961.

[126] Zaoui A. Matériaux hétérogènes et composites. Cours de l'Ecole Polytechnique, 2000.

[127] Zhu Q Z, Yuan S S, Shao J F. Bridging meso- and microscopic anisotropic unilateral damage formulations for microcracked solids. Comptes Rendus Mécanique, 2017, 345: 281–292.

[128] Halm D, Dragon A. An anisotropic model of damage and frictional sliding for brittle materials. European Journal of Mechanics-A/Solids, 1998, 17: 439–460.

[129] Bazant Z P, Oh B H. Efficient numerical integration on the surface of a sphere. ZAMM-Fournal of Applied Mathematics and Machanics, 1986, 66: 37–49.

[130] Rudnicki J W. Effects of dilatant hardening on the development of concentrated shear deformation in fissured rock masses. Journal of Geophysical Research, 1984, 89: 9259–9270.

[131] Moss W C, Gupta Y M. A constitutive model describing dilatancy and cracking in brittle rocks. Journal of Geophysical Research, 1982, 87: 2985–2998.

[132] Nemat-Nasser S, Obata M. A microcrack model of dilatancy in brittle materials. Journal of Applied Mechanics, 1998, 55: 24–35.

[133] Basista M, Gross D. The sliding crack model of brittle deformation: An internal variable approach. International Journal of Solids and Structures, 1998, 45: 487–509.

[134] Gambarotta L, Lagomarsino S. A microcrak damage model for brittle materials. International Journal of Solids and Structures, 1993, 30: 177–198.

[135] Pensée V, Kondo D. Une analyse micromécanique 3-D de l'endommagement par mésofissuration. Comptes Rendus de l'Acadḿie des Sciences - Série IIb - Mécanique, 2001, 329: 271–276.

[136] Ashby M F, Sammis C G. The damage mechanics of brittle solids in compression. Pure and Applied Geophysics, 1990, 133: 489–521.

[137] Curnier A. A theory of friction. International Journal of Solids and Structures, 1984, 20: 637–647.

[138] Drucker D C. Coulomb friction, plasticity and limit loads. Journal of Applied Mechanics ASME, 1954, 21: 71–74.

[139] Michalowski R, Mroz Z. Associated and non-associated sliding rules in contact friction problems. Archive of Applied Mechanics, 1978, 30: 259–276.

[140] Antoni N. A further analysis on the analogy between friction and plasticity in solid mechanics. International Journal of Engineering Science, 2017, 121: 34–51.

[141] Griffith A A. The phenomena of rupture and flow in solids. The Philosophical Transactions of the Royal Society London (Series A), 1921, 22: 163–198.

[142] Griffith A A. The theory of rupture. Proceedings of First International Congress of Applied Mechanics, Delft, 1924.

[143] Cen D, Huang D. Direct shear tests of sandstone under constant normal tensile stress condition using a simple auxiliary device. Rock Mechanics and Rock Engineering, 2017, 50: 1425–1438.

[144] Carroll M M. An effective stress law for anisotropic elastic deformation. Journal of Geophysical Research, 1979, 84: 7510–7512.

[145] Thompson M, Willis J R. A reformulation of the equations of anisotropic poroelasticity. Journal of Applied Mechanics, 1991, 58: 612–616.

[146] Coussy O. A general theory of thermoporoelastoplasticity for saturated porous material. Transport in Porous Media, 1989, 4: 281–293.

[147] Coussy O. Poromechanics. Chichester: John Wiley & Sons, Ltd., 2004.

[148] Auriault J L, Sanchez-Palencia E. Etude du comportement macroscopique d'un milieu poreux saturé déformable. Journal de Mécanique, 1977, 16: 575–603.

[149] Lubarda V A, Krajcinovic D. Damage tensors and the crack density distribution. International Journal of Solids and Structures, 1993, 30: 2859–2877.

[150] Yang Q, Chen X, Tham L G. Relationship of crack fabric tensors of different orders.

Mechanics Research Communications, 2004, 31: 661–666.

[151] Yang Q, Li Z, Tham L G. An explicit expression of second-order fabric-tensor dependent elastic compliance tensor. Mechanics Research Communications, 2001, 28: 255–260.

[152] Krieg R D, Krieg D B. Accuracies of numerical solution methods for the elastic-perfectly plastic model. Journal of Pressure Vessel Technology-ASME, 1977, 99: 510–515.

[153] Yoder P J, Whirley R G. On the numerical implementation of elastoplastic models. Journal of Applied Mechanics ASME, 1984, 51: 283–288.

[154] Loret B, Prevost J H. Accurate numerical solutions for Drucker-Prager elastic-plastic models. Computer Methods in Applied Mechanics and Engineering, 1986, 54: 259–277.

[155] Kossa A, Szabó S. Exact integration of the von Mises elastoplasticity model with combined linear isotropic-kinematic hardening. International Journal of Plasticity, 2009, 25: 1083–1106.

[156] Wawersik W R, Fairhurst C. A study of brittle rock fracture in laboratory compression experiments. International Journal of Rock Mechanics and Mining Science Geomechanics Abstracts, 1970, 7: 561–564.

[157] Martin C D. Seventeenth Canadian Geotechnical Colloquium: The effect of cohesion loss and stress path on brittle rock strength. Canadian Geotechnical Journal, 1997, 34: 698–725.

[158] Atkinson B K. Subcritical crack growth in geological materials. Journal of Geophysical Research Atmospheres, 1984, 89(B6): 4077–4114.

[159] Simo J C, Hughes T J R. Computational Inelasticity. Berlin: Springer, 1998.

[160] Mehrabadi M M, Cowin S C. Eigentensors of linear anisotropic elastic materials. Quarterly Journal of Mechanics and Applied Mathematics, 1990, 43: 15-41.

索　引